建筑工人职业技能培训系列教材

木 工

主 编 祁振悦

副主编 荆新华

主 审 王 辉

中国建材工业出版社

图书在版编目（CIP）数据

木工／祁振悦主编. -- 北京：中国建材工业出版社，2020.5

建筑工人职业技能培训系列教材

ISBN 978-7-5160-2875-9

Ⅰ.①木… Ⅱ.①祁… Ⅲ.①建筑工程－木工－技术培训－教材 Ⅳ.①TU759.1

中国版本图书馆 CIP 数据核字（2020）第 055819 号

木　工
Mugong
主编　祁振悦

出版发行：中国建材工业出版社
地　　址：北京市海淀区三里河路 1 号
邮　　编：100044
经　　销：全国各地新华书店
印　　刷：北京雁林吉兆印刷有限公司
开　　本：889mm×1194mm　1/32
印　　张：13.375
字　　数：300 千字
版　　次：2020 年 5 月第 1 版
印　　次：2020 年 5 月第 1 次
定　　价：46.00 元

建筑工人职业技能培训系列教材
编审委员会

出版说明

当前建筑工人流动性大、老龄化严重、技能素质偏低等问题，严重制约了建筑业的持续健康发展，为加快培育新时期建筑工人队伍，构建终身职业技能培训体系，广泛开展技能培训，全面提升企业职工岗位技能，强化工匠精神和职业素质培育，建设一支知识型、技能型、创新型的建筑业产业工人大军，满足建筑企业发展和建筑工人就业，河南省建设教育协会、河南省建设行业劳动管理协会联合成立了"建筑工人职业技能培训教材编审委员会"，组织相关建设类专业院校的教师和建筑施工企业的专家编写了《建筑工人职业技能培训系列教材》。

本系列教材依据国家及行业颁布的职业技能标准，紧扣建设行业对各工种的技能要求，对新技术、新工艺、新要求做了全新解读。本系列教材图文并茂、通俗易懂，理论与实践相结合，注重对建筑工人基本技能的培养，有助于工人对工艺规范、质量标准的理解。

《建筑工人职业技能培训系列教材》全套共 8 册，分为钢筋工、砌筑工、混凝土工、管道工、木工、油漆工、防水工、抹灰工等 8 个工种。每册教材涵盖初级、中级、高级三个级别的专业基础知识和专业技能的培训内容。

本系列教材可作为建筑工人职业培训考核用书，也可作为相关从业人员自学辅导用书或建设类专业职业院校参考用书，培训单位可依据国家或行业颁布的职业技能标准因需施教。

在此对参与教材编写及审稿的相关建设类院校教师和建筑施工企业行业专家表示衷心的感谢。

由于编写时间仓促，虽经多次修改，书中内容难免有不妥之处，恳请各位读者批评指正，提出宝贵意见，我们将在再版时予以修订完善。

建筑工人职业技能培训教材编审委员会

2020 年 5 月

前　　言

　　为加强建筑工程施工生产操作人员队伍建设，提升建筑工程施工生产操作人员职业技能，培养高素质的专业技能员工队伍，推进木工职业技能标准的贯彻落实，特编写本教材。本教材依据中华人民共和国行业标准《建筑工程施工职业技能标准》（JGJ/T 314—2016）第9章木工职业技能标准编写，主要用于建筑工人职业技能培训，亦可用于木工专业从业人员学习和参考。

　　本教材主要包括岗位理论知识和岗位操作技能两部分内容。按照木工职业技能标准针对职业技能五、四、三、二、一级的职业要求和技能要求进行安排，由浅入深，循序渐进。

　　本教材既注重对基本理论的讲解，又强调与工程实践的紧密结合，重点突出针对性、实用性，注重技能操作并力求图文并茂，通俗易懂。教材具有以下特点：

　　1. 内容基础，适合培训和自学。教材主要讲述木工职业相关的安全生产知识、理论知识和操作技能，适合短期培训。能在较短的时间内，让受培训者熟悉木工的职业要求和技能要求，掌握相应职业技能等级的安全生产知识、理论知识和操作技能。

　　2. 知识点全面，注重实用。以岗位所需知识和能力为主线，保证教材内容的完整和实用。内容既包括基础知识、专业知识和相关知识，又注重培养基本操作技能，从而提高教材的实用性。

　　3. 层次清晰，图文并茂，易于掌握。本教材通过图文相结合的方式，按照国家规范，逐步介绍基础理论和操作步骤，层次清晰，语言通俗，便于受培训者理解和掌握。

本教材由焦作市职业技术学校祁振悦任主编，焦作市职业技术学校荆新华任副主编，河南建筑职业技术学院王辉任主审。焦作市职业技术学校石芳芳编写第一章；焦作市职业技术学校褚喜娟编写第二、三章；祁振悦编写第四、九、十三章；焦作市职业技术学校张永红编写第五章；天行健国际招标（北京）有限公司董全周编写第六、十四章；焦作市职业技术学校李静编写第七章；河南正博建设监理有限公司郑默涵编写第八章；焦作市职业技术学校史嘉伦编写第十、十一章；荆新华编写第十二章。编写过程中，本教材得到了河南建筑职业技术学院王辉的认真审核，同时得到了河南省建设教育协会领导的大力支持和帮助，并参考了许多专家、学者的研究成果，编者对这些专家和学者的指导和帮助致以衷心感谢。

由于编者水平所限，教材中难免有不足和疏漏，敬请广大读者批评指正。

编　者

2020 年 2 月

目　　录

第一篇　岗位理论知识

第二篇　岗位操作技能

第一篇　岗位理论知识

第一章　房屋构造与识图基本知识

第一节　房屋构造基础

一、建筑物的构造组成

建筑物的构造组成按功能不同分为结构支撑系统、围护分隔系统、相关的设备系统以及辅助部分。结构支撑系统起到建筑骨架的作用，一般由基础、柱、梁、承重墙体、楼板、屋盖组成；围护分隔系统起到围合和分隔空间的作用，一般由外围护墙、内分隔墙、门窗等组成；设备系统是建筑正常使用的保障，包括强弱电、给排水、暖通、空调等；辅助部分一般包括楼梯、电梯、自动扶梯、阳台、栏杆、台阶、坡道、雨篷等。

二、民用建筑主要构件

1. 基础

基础是建筑物最下部的承重构件，它的作用是把房屋上部的荷载传给地基。基础应坚固、稳定，能够经受冰冻和地下水及其他化学物质的侵蚀。

2. 墙和柱

墙体是围护建筑物和分隔房间的实体，同时也是房屋的承重构件。作为承重构件，墙体承受着建筑物由屋顶或楼板层传来的荷载，并将这些荷载再传给基础；作为围护构件，外墙起着抵御自然界各种因素对室内侵袭的作用，内墙起着分隔空间、组成房间、隔声、遮挡视线以及保证室内环境舒适的作用。墙体应具有足够的强度、稳定性和保温、隔热、隔声、防火、防水等性能。

柱是框架或排架结构的主要承重构件，和承重墙一样承受屋顶和楼板层传来的荷载，它必须具有足够的强度、刚度和稳定性。

3. 楼板层和地坪层

楼板层（或称楼盖）是水平方向的承重结构，并用来分隔楼层之间的空间，承受作用在上面的人和家具设备的荷载，并将这些荷载传递给墙或柱，它应有足够的强度和刚度及隔声、防火、防水、防潮等性能。地坪层是指房屋底层的地坪，它应具有均匀传力、防潮、坚固、耐磨、易清洁等性能。

4. 楼梯和电梯

楼梯是房屋的垂直交通工具，作为人们上下楼层和紧急疏散人流之用。楼梯应有足够的通行能力，并做到坚固和安全。电梯是建筑的垂直运输工具，应有足够的运送能力和方便快捷的性能。消防电梯则用于应急消防扑救之用。楼梯和电梯均需满足消防安全要求。

5. 屋顶

屋顶（或称屋盖）是房屋顶部的围护构件，抵抗风、雨、雪的侵袭和太阳辐射热的影响，又是房屋的承重结构，承受风、雪和施工期间各种荷载的作用。屋顶应坚固耐久，不渗漏水和保温隔热。

6. 门窗

门主要用来通行人流，窗主要用来采光和通风。位于外墙上的门窗又是围护结构的一部分，应考虑防水和热工要求。

第二节　建筑识图基础

一、图纸的幅面和图线

（一）幅面

1. 图纸的幅面

图纸的幅面应根据所画图样的大小来选定。建筑工程图纸的幅面及图框尺寸应符合表 1-1 规定。

表 1-1　图幅及图框尺寸　　　　　　　　mm

尺寸代号	幅面代号				
	A0	A1	A2	A3	A4
$b×l$	841×1189	594×841	420×594	297×420	210×297
c	10			5	
a	25				

在表 1-1 中，b 和 l 分别表示图幅短边及长边的尺寸。图纸的幅面如图 1-1 所示。工程上常把 A1 图纸简称为 1 号图纸。

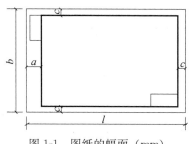

图 1-1　图纸的幅面（mm）

在特殊情况下允许加长 A0～A3 图纸的长度、宽度，其加长部分的尺寸应为边长的 1/8 及其倍数。

2. 图框规格

每张图样都要画出图框，图框线用粗实线绘制。图纸分横式和立式两种幅画：以短边作为垂直边称为横式幅画，如图 1-2（a）所示；以短边作为水平边称为立式幅画，如图 1-2（b）、（c）所示。

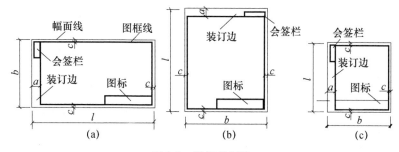

图 1-2　图框的规格

（a）A1～A3 横式；（b）A1～A3 立式；（c）A4 立式

3

3. 标题栏和会签栏

标题栏和会签栏是设计图的组成部分。各种幅面的图纸，不论竖放或横放均应在图框内右下角画出标题栏，即图 1-2 中的图标。标题栏长边的长度应为 180mm，短边的长度应采用 40（30、50）mm。标题栏是说明设计单位、图名、编号的表格。需要会签的图纸应按图 1-2 的位置绘制会签栏。

（二）图线

图线线型见表 1-2。

表 1-2　线型

名称	线型	线宽	一般用途
粗实线		b	图框线，平、剖面图上被切到的构件轮廓线，立面图的外轮廓线，结构中钢筋等
中实线		$0.5b$	平、立面图上门窗等配件外轮廓线起止等
细实线		$0.35b$	尺寸线、尺寸界线、引出线和材料图例线，剖面中的主要图线（如粉刷线）
粗虚线		b	地下建（构）筑物的位置线等
中虚线		$0.5b$	房屋地面下的通道、地沟等位置线
细虚线		$0.35b$	看不见的构件轮廓线
粗点画线		b	结构平面图中梁、屋架的位置线
中点画线		$0.5b$	平面图中梁、屋架的位置线
细点画线		$0.35b$	中心线、对称线、定位轴线等
折断线		$0.35b$	房屋整体或构件未画完的断开线
波浪线		$0.35b$	表示构造层次的局部界线

表 1-2 中 b 为线条宽度，$b=0.4\sim1.2$mm，一般取 0.8mm。点画线每一线段的长度应大致相等，长 $15\sim20$mm，间距约 3mm，与其他线相交时应交于线段处。虚线的线段及间距应保持长短一致，线段长 $3\sim6$mm，间距为 $0.5\sim1$mm。与另一线相交时，也应交于线段处。

二、尺寸标注

图中尺寸是施工的依据，因此标注尺寸必须认真细致、书写清楚、正确无误，否则会给施工造成困难和损失，如图 1-3 所示。尺寸数字的标注与方向如图 1-4 所示。

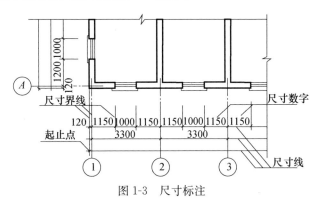

图 1-3 尺寸标注

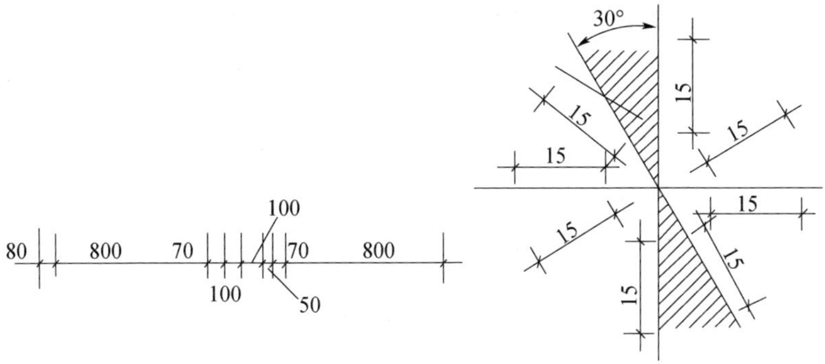

图 1-4 尺寸数字的标注与方向

5

标注圆的直径、半径和角度尺寸，起止点用箭头表示，如图 1-5 所示。

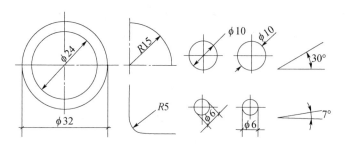

图 1-5 直径、半径和角度的标注

三、尺寸和比例

（一）图纸的尺寸

图纸上除标高及总平面上尺寸以 m 为单位外，其他尺寸一律以 mm 为单位。如果数字的单位不是 mm，那么必须写清楚。

（二）图纸的比例

图样的比例，应为图形与实物相对应的线性尺寸之比。比例的大小，是指其比值的大小，如 1：50 大于 1：1000。用比例符号和阿拉伯数字表示，如 1：1、1：2、1：100 等。比值大于 1 的比例称之为放大比例，比值小于 1 的比例称为缩小比例。

绘图所用的比例应根据图样的用途与被绘对象的复杂程度，从表 1-3 中选用，并应优先采用表中常用比例。

表 1-3 绘图比例

常用比例	1：1，1：2，1：5，1：10，1：20，1：30，1：50，1：100，1：150，1：200，1：500，1：1000，1：2000
可用比例	1：3，1：4，1：6，1：15，1：25，1：40，1：50，1：80，1：250，1：300，1：400，1：600，1：5000，1：10000，1：20000，1：50000，1：100000，1：200000

四、标高

建筑物在竖向对结构构件（楼板、梁）的定位，常用标高来表示。一般将建筑物底层室内地面相对标高定为±0.000（标高单位为 m），建筑物各层标高一般标在各层楼的楼地板表面，上下各层标高之间竖向距离即层高，其标高一般称建筑标高，在建筑图中表示。而楼板结构表面标高一般称为结构标高，在结构图中表示。

第三节　建筑常用图例符号

一、常用建筑材料及构造图例

常用建筑材料图例见表 1-4。

表 1-4　常用建筑材料图例

序号	名称	图例	说明
1	自然土		包括各种自然土壤
2	夯实土壤		—
3	砂、灰土		靠近轮廓线画较密的点
4	砂砾石、碎砖三合土		—
5	天然石材		包括岩石、砌体、铺地、贴面材料
6	毛石		—
7	普通砖		(1) 包括砌体、砖 (2) 断面较窄，不易画出图例线时，可涂红

续表

序号	名称	图例	说明
8	耐火砖		包括耐酸砖等
9	空心砖		包括各种多孔砖
10	饰面砖		包括铺地砖、马赛克、陶瓷锦砖、人造大理石等
11	混凝土		(1) 本图例仅适用于能承重的混凝土及钢筋混凝土 (2) 包括各种强度等级、骨料、添加剂的混凝土
12	钢筋混凝土		(3) 在剖面上画出钢筋时，不画图例线 (4) 断面较窄、不易画出图例线时，可涂黑
13	焦渣、矿渣		包括与水泥、石灰等混合而成的材料
14	多孔材料		包括水泥珍珠岩、沥青珍珠岩、泡沫混凝土、非承重加气混凝土、泡沫塑料、软土等
15	纤维材料		包括麻丝、玻璃棉、矿渣棉、木丝板、纤维板等
16	松散材料		包括木屑、石灰木屑、稻壳等
17	木材	① ② ③ ④	(1) ②、③为横断面，①为垫木、木砖、木龙骨 (2) ④为纵断面
18	胶合板		应注明×层胶合板
19	石膏板		—
20	金属		(1) 包括各种金属 (2) 图形小时可涂黑

二、总平面图图例

总平面图图例见表 1-5。

表 1-5 总平面图图例

图例	名称	图例	名称
	新设计的建筑物，右上角以点数表示层数		新建地下建筑物或构筑物
	原有的建筑物		散状材料露天堆场
	计划扩建的建筑物或预留地		其他材料露天堆场或露天作业场
	拆除的建筑物		露天桥式起重机
	门式起重机		原有的道路
	围墙（砖石、混凝土或金属材料）		计划扩建的道路
	围墙（镀锌铁丝网、篱笆等材料）		公路桥 铁路桥
154.20	室内地坪标高		护坡
143.00	室外整平标高		烟囱

三、构件及配件图例

构件及配件图例见表1-6。

表1-6 构件及配件图例

序号	名称	图例	说明
1	检查孔	① ②	①图为可见检查孔 ②图为不见检查孔
2	孔洞		—
3	坑槽		—
4	墙预留洞		—
5	墙预留槽	宽×高 或 ϕ	—
6	烟道	宽×高×深 或 ϕ	—
7	通风道		—

序号	名称	图例	说明
8	底层楼梯	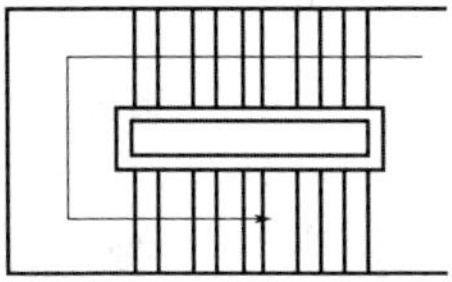	楼梯的形式及步数应按实际情况绘制
	中间层楼梯	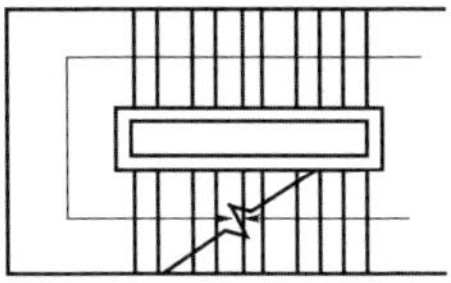	
	顶层楼梯	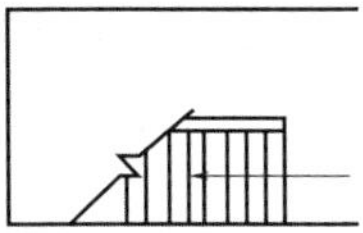	
9	空门洞	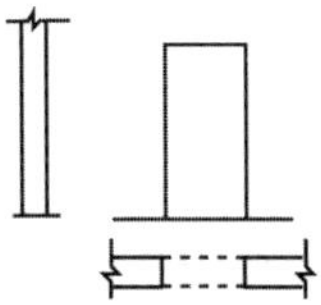	—

四、详图、索引符号、构件代号

（一）索引符号

施工图中某一局部或构件，如需另见详图，应以索引符号索引。索引符号的圆及直径均以细实线绘制，圆的直径为 10mm，引出线应对准圆的中心，圆内过圆心画一水平线，分子数字表示详图的编号，分母数字表示该详图所在图纸的编号，如图 1-6 所示。其中图 1-6（a）表示第 5 号详图在本张图纸内；图 1-6（b）表示第 5 号详图在第 4 张图纸上；图 1-6（c）表示该详图采用标准详图；图 1-6（d）、图 1-6（e）在引出线的一端加一短粗线，表示作剖面图时的剖切位置，引出线所在一侧应为剖视方向。

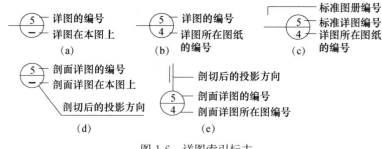

图 1-6 详图索引标志

（二）详图符号

本符号表示详图的位置和编号，应以粗实线绘制，直径一般为 14mm，如图 1-7 所示。其中图 1-7（a）表示详图与被索引图在同一张图纸内；图 1-7（b）表示详图在另一张图纸上。

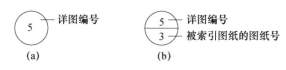

图 1-7 详图符号

（a）与被索引图样同在一张图纸内的详图符号；
（b）与被索引图样不在同一张图纸内的详图符号

第四节 建筑工程施工图识读

一、施工图分类

一套完整的建筑工程施工图一般分为建筑施工图、结构施工图、给排水施工图、电气施工图和暖通空调施工图等各专业施工图。这些图纸又分为基本图和详图两部分。基本图表明全局性内容，详图表明某些物体或某些局部详细尺寸和材料构成等。

（一）建筑施工图（简称建施）

建筑施工图主要表示建筑物总体布局、外部造型、内部布置、细部构造、装修和施工要求等。其包括总平面图、建筑平面图、立面图和剖面图及各类详图、设计说明等。

（二）结构施工图（简称结施）

结构施工图主要表示承重结构的布置情况、构件类型、构造做法等，包括基础图、柱网布置平面图、屋顶结构平面图及楼层结构平面布置图、构件图等。钢筋混凝土结构采用平法施工图表示，结构施工图的基本组成为图纸目录、结构设计总说明、结构平法施工图和结构详图。

（三）给水、排水、采暖、通风、电气等施工图

给水、排水、采暖、通风、电气等施工图主要表示管道走向、电气线路等。

一套房屋施工图纸的编排顺序是图纸目录、设计技术总说明、总平面图、建筑施工图、结构施工图、水暖电施工图等。在建筑图中一般先看平面，后看立面；先看基本图，后看详图。在结构图中一般先看基础，后看楼面、梁、柱、阳台、楼梯等，最后看屋面结构、管沟等。

二、建筑施工图识读

（一）建筑平面图识读

1. 建筑平面图的形成和作用

假想用一水平剖切平面沿房屋的门窗洞口（窗台上表面）把房屋切开，移去上部，画出下面部分的水平投影图，称为平面图。一般沿底层门窗洞口切开所得的平面图称底层平面图或首层平面图；最上一层的平面图称顶层平面图；中间各层如房间布局完全一样，可画一张标准层平面图。

建筑平面图主要用于表示房屋的平面形状和大小，内部功能的分割，房间的大小，楼梯、门窗的位置和大小、墙厚等。在施工过程中，放线、砌筑墙体、安装门窗及编制预算等都要用到平面图。图 1-8 所示为一幢学生宿舍楼的底层平面图，该图除表明内部情况外，还反映出室外的台阶、花池、散水和雨水管的形状和位置。图 1-9 所示为该宿舍楼的二层平面图。

13

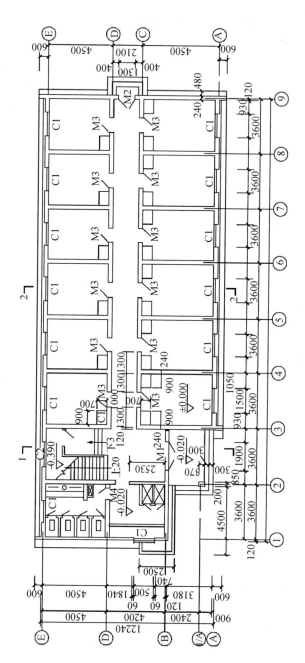

图1-8 某学生宿舍楼底层平面图

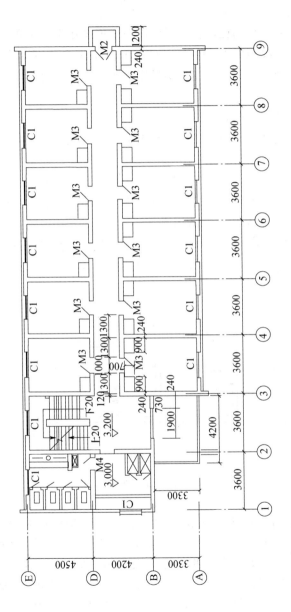

图1-9　某学生宿舍楼二层平面图

2. 建筑平面图的内容

1）图例

由于房屋的绘图比例较小，所以在平面图中对房屋的建筑配件（如门窗、楼梯、烟道、通风道等）和卫生设备（如洗脸盆、炉灶、大便器等）都不能按真实投影画出，而要用标准中规定的图例来表示。

2）定位轴线及编号

定位轴线是标定墙、柱和屋架等承重构件位置的，是施工放线、测量定位的依据。在房屋施工图中，承重墙、柱都注有定位轴线并进行了编号。横向墙、柱轴线，按水平方向从左至右用阿拉伯数字 1、2、3 等依次编号。纵向墙、柱轴线按垂直方向由下向上用拉丁字母 A、B、C 等依次编号。

在两条轴线之间如有附加轴线，编号用分数表示，如图 1-10 中的 1/2、1/B，其中分母表示前一轴线的编号，分子表示附加轴线的编号。

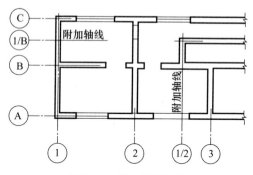

图 1-10　附加轴线编号

定位轴线在墙、柱中的位置和墙厚与其上部搁置的梁板支承长度有关。在砖墙承重的民用建筑中，当墙厚为一砖半（俗称三七墙）时，其轴线与墙皮的尺寸关系为内 120mm、外 250mm；由于内承重墙一般为一砖厚（俗称二四墙），所以定位轴线居中。非承重的隔墙也有轴线，但可以不编号，如图 1-11 所示。

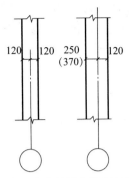

图 1-11　定位轴线与墙厚的关系

3）尺寸标注

需要说明的是，在施工图中除标高以 m 为单位外，其余全部以 mm 为单位。图中注有外部和内部尺寸。从各道尺寸的标注，可以了解各房间的开间、进深、门窗及室内设备的大小和位置。

（1）外部尺寸

为便于读图和施工，一般在图形的下方及左侧注写三道尺寸，如图 1-8 所示。

第一道尺寸，表示外轮廓的总尺寸，即指从一端的外墙边到另一端的外墙边的总长和总宽尺寸。

第二道尺寸，表示轴线间的距离，用以说明房间的开间及进深尺寸。横向轴线间的尺寸称为开间尺寸，纵向轴线间的尺寸称为进深尺寸。

第三道尺寸，表示各细部的位置及大小，如门窗洞宽和位置、柱的大小和位置等。这道尺寸应与轴线联系起来识读。

另外，台阶（或坡道）、花池及散水等部位的尺寸单独标注。如果房屋前后或左右不对称，平面图上四边都注写三道尺寸。如有些部分相同，另一些部分不同，则只注写不同部分的尺寸。

（2）内部尺寸

为了说明室内的门窗洞、墙厚和固定设备（如厕所、盥洗室、工作台、搁板等）的大小和位置，以及室内楼面的高度，在平面图上清楚地注写出有关的内部尺寸和楼面相对标高。相对标高就是假定底层地面的标高为±0.000，注写出各层楼面相对于底层地面的高度，高于它为正，注写符号"＋"；低于它为负，要注写符号"－"。标高的尺寸单位为"m"，注写到小数点后三位数字。

（二）建筑立面图识读

建筑立面图是平行于建筑物各方向外立面的正投影图，通常把房屋主要出入口或反映房屋外貌主要特征的立面图称为正立面图，其他立面图分别称为背立面图、左侧立面图、右侧立面图等。

图1-12为某建筑物的立面图。读图内容包括：

（1）看图名和比例，了解是房屋的哪一立面的投影、绘图比例等，以便与平面图对照识读。

（2）看房屋立面的外形，以及门窗、屋檐、台阶、阳台、雨水管形状及位置。

（3）看立面图中的标高尺寸。

（4）看外墙表面装修的做法、颜色等。

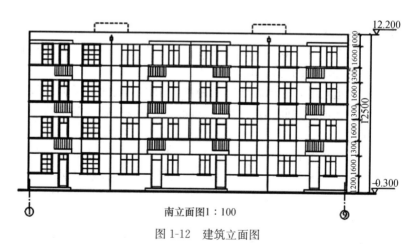

南立面图1:100

图1-12　建筑立面图

（三）建筑剖面图识读

剖面图用以表示房屋内部的楼层分层、垂直方向的高度、简要的结构形式及材料等情况，如图1-13所示。读图内容包括：

（1）与平面图对照，确定剖切平面的位置及投影方向，了解是哪一部分的投影。

（2）看房屋内部构造和结构形式，如各层梁板、楼梯、屋面的构造及位置的相互关系。

（3）看房屋各部位的高度，如房屋总高、室外地坪、窗台、檐口等处标高。

（4）看楼地面、屋面的构造。

（5）看图中有关部位如屋面、散水、排水沟等处的坡度等。

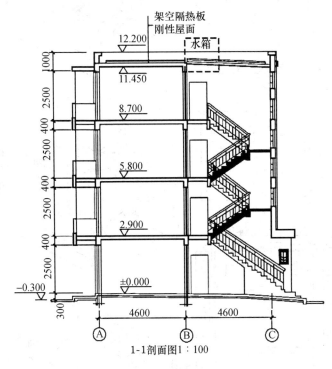

1-1剖面图1：100

图 1-13 建筑剖面图

（四）楼梯图阅读

楼梯图由楼梯段（简称梯段，包括踏步和斜梁）、平台（包括平台板和梁）和栏杆（或栏板）等组成，如图1-14所示。楼梯

19

图主要表示楼梯的类型、结构形式、各部位的尺寸及装修做法，是施工放样的主要依据。

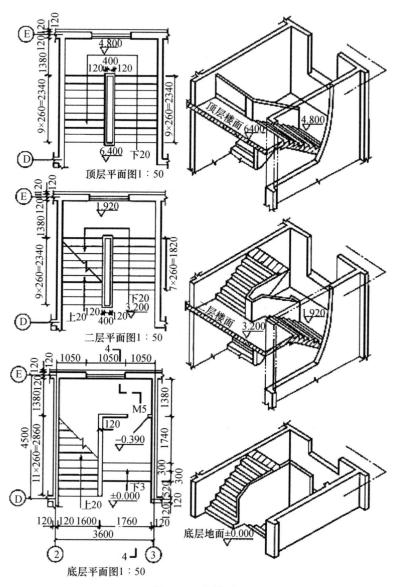

图 1-14　楼梯图

1. 楼梯平面图

楼梯平面图的剖切位置在该层往上走的第一梯段中间。在楼梯平面图中，每一梯段处画有一长箭头，并注写"上"或"下"字和踏步数，表明从该层楼地面往上或往下走多少步级可到达上（或下）一层的楼地面。各层平面图中还标出该楼梯间的轴线名称。在底层平面图中还注明楼梯剖面图的剖切位置。

楼梯平面图中，除注出楼梯间的开间和进深尺寸、楼地面和平台面的标高尺寸外，还注出了各细部的详细尺寸及各层楼地面、平台的相对标高。在楼梯平面图中，梯段长度尺寸与踏面数、踏面宽的尺寸合并写在一起。

2. 楼梯剖面图

假想用一铅垂面，通过各层的一个梯段和门窗洞，将楼梯剖开，向另一未剖到的梯段方向投影所作的剖面图，称为楼梯剖面图，如图 1-15 所示，表示各梯段、平台、栏板等的构造情况及相互关系。楼梯剖面图能表示出房屋的层数、楼梯梯段数、步级数、楼梯的类型及其结构形式。

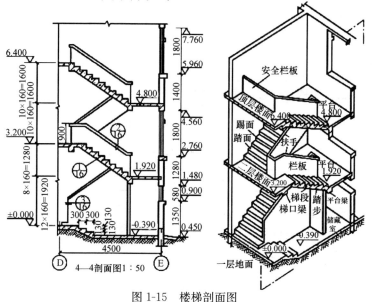

图 1-15　楼梯剖面图

第五节 木工施工图识读

一、常用木构件断面的表示方法

常用木构件断面的表示方法应符合表 1-7 中的规定。

表 1-7 常用木构件断面的表示方法

名称	图例	说明
圆木	ϕ 或 d	
半圆木	$1/2\phi$ 或 d	1. 木材的断面图均画出横纹线或顺纹线 2. 立面图一般不画木纹线，但木构件的立面图均须绘出木纹线
方木	$b \times h$	
木板	$b \times h$ 或 h	

二、木构件连接的表示方法

木构件连接的表示方法应符合表 1-8 的规定。

表 1-8 木构件连接的表示方法

序号	名称	图例	序号	名称	图例
1	钉连接正面画法（看得见钉帽的）	$n\phi d \times L$	2	钉连接背面画法（看不见钉帽的）	$n\phi d \times L$

续表

序号	名称	图例	序号	名称	图例
3	木螺钉连接正面画法（看得见钉帽的）	$n\phi d \times L$	6	杆件连接	
4	木螺钉连接背面画法（看不见钉帽的）	$n\phi d \times L$	7	齿连接	
5	螺栓连接	$n\phi d \times L$			

第六节　AutoCAD 绘制建筑施工图简介

计算机辅助设计又称 CAD（Computer Aided Design），是指利用计算机的计算功能和高效的图形处理能力，对产品进行辅助设计、分析、修改和优化。它综合了计算机知识和工程设计知识的成果，并且随着计算机硬件性能和软件功能的不断提高而逐渐完善。

一、AutoCAD 软件简介

AutoCAD（Autodesk Computer Aided Design）是 Autodesk（欧特克）公司于 1982 年首次开发的自动计算机辅助设计软件，用于二维绘图、详细绘制、设计文档和基本三维设计，现已成为国际上广为流行的绘图工具。它在全球广泛使用，可以用于建筑、机械、工业制图、工程制图、电子工业、服装加工、航天、造船、气象、纺织、园林、广告设计、轻工、地质、装饰装潢等行业。为了适应各行业的应用，Autodesk 公司还分别开发了 AutoCAD建筑、机械、电子设计等方面的专用版本。

二、启动 AutoCAD 2014

方法1：在桌面上单击图标，即可启动 AutoCAD 2014 简体中文版。

方法2：单击"开始"按钮，指向"所有程序"→"Autodesk"→"AutoCAD 2014-简体中文（Simplified Chinese）"，单击"AutoCAD 2014-简体中文（Simplified Chinese）"即可启动 AutoCAD 2014。启动 AutoCAD 2014 后，系统为用户新建一个空白工作簿。

三、AutoCAD 2014 的操作界面介绍

打开 AutoCAD 2014，直接进入【草图与注释】的工作界面，该界面显示了二维绘图特有的工具，主要包含如下几个部分。

（一）标题栏

在界面最上面中间位置是文件的标题栏，显示软件的名称和当前打开的文件名称，最右侧是标准 Windows 程序的"最小化""恢复窗口大小"和"关闭"按钮。

（二）快速访问工具栏

快速访问工具栏位于应用程序窗口顶部左侧。它提供了对定义的命令集的直接访问。用户可以添加、删除和重新定位命令和控件。默认状态下，快速访问工具栏包括新建、打开、保存、另存为、打印、放弃、重做命令和工作空间控件。

其中，工作空间控件方便用户切换到不同的工作空间。单击工作空间控件，弹出工作空间下拉列表，选择工作空间名称就可以切换到相应的工作空间。不同的工作空间显示的图形界面有所不同，除【AutoCAD 经典】工作空间外，其他每个工作空间都显示有功能区和应用程序菜单。

（三）功能区

功能区由许多面板组成。它为与当前工作空间相关的命令提

供了一个单一、简洁的放置区域。功能区包含设计绘图的绝大多数命令，用户只要单击面板上的按钮就可以激活相应命令。切换功能区选项卡上不同的标签，AutoCAD 显示不同的面板。

（四）绘图窗口

软件窗口中最大的区域为绘图窗口。它是图形观察器，类似于照相机的取景器，从中可以直观地看到设计的效果。绘图窗口是绘图、编辑对象的工作区域，绘图区域可以随意扩展，在屏幕上显示的可能是图形的一部分或全部区域，用户可以通过缩放、平移等命令来控制图形的显示。绘图窗口是用户在设计和绘图时最为关注的区域，所有的图形都在这里显示。

在绘图区域移动鼠标会看到一个十字光标在移动，这就是图形光标。绘制图形时图形光标显示为十字形"＋"，拾取编辑对象时图形光标显示为"拾取框"。

（五）命令窗口

在图形窗口下面是一个输入命令和反馈命令参数提示的区域，称之为命令窗口，默认设置显示三行命令。

AutoCAD 里所有的命令都可以在命令行实现，例如需要画直线，单击功能区【默认】标签，【绘图】面板，【直线】按钮，可以激活画直线命令，直接在命令行输入 Line 或者直线命令的简化命令 L，一样可以激活。

（六）应用程序状态栏

命令行下面有一个反映操作状态的应用程序状态栏。左侧的数字显示为当前光标的 x、y、z 坐标值；绘图辅助工具是用来帮助快速、精确地作图；模型与布局用来控制当前图形设计是在模型空间还是布局空间；注释工具可以显示注释比例及可见性；工作空间菜单方便用户切换不同的工作空间；锁定的作用是可以锁定或解锁浮动工具栏、固定工具栏、浮动窗口或固定窗口在图形中的位置。

四、使用 AutoCAD 2014 的命令

在 AutoCAD 中，所有的操作都使用命令，可以通过命令来告诉 AutoCAD 要进行什么操作，AutoCAD 将对命令做出响应，并在命令行中显示执行状态或给出执行命令需要进一步选择的选项。

（一）AutoCAD 2014 命令的激活方式

在 AutoCAD 2014 中，命令可以用多种方式激活，可在功能区的面板上单击相应的命令按钮，可利用右键快捷菜单中的选项选择相应的命令，亦可在命令行中直接键入命令。

（二）常用图形绘制命令

常用图形绘制命令如表 1-9 所示。

表 1-9　常用图形绘制命令

序号	命令	功能	命令简写	序号	命令	功能	命令简写
1	Line	绘制直线	L	8	Spline	绘制样条曲线	SPL
2	Arc	绘制圆弧	A	9	Pline	绘制多段线	PL
3	Circle	绘制圆	C	10	Mline	绘制多线	ML
4	Rectangle	绘制矩形	REC	11	Hatch	图案填充	H
5	Polygon	绘制正多边形	POL	12	Style	设置文字样式	ST
6	Donut	绘制圆环	DO	13	Dtext	注写单行文字	DT
7	Point	绘制点	PO	14	Mtext	注写多行文字	T

（三）常用图形编辑命令

常用图形编辑命令如表 1-10 所示。

表 1-10　常用图形编辑命令

序号	命令	功能	命令简写	序号	命令	功能	命令简写
1	Copy	复制	CO、CP	6	Mirror	镜像	MI
2	Move	移动	M	7	Offset	偏移	O
3	Erase	删除	E	8	Array	阵列	AR
4	Trim	修剪	TR	9	Explode	分解	X
5	Extend	延伸	EX	10	Fillet	圆角	F

续表

序号	命令	功能	命令简写	序号	命令	功能	命令简写
11	Chamfer	倒角	CHA	18	Matchpro	特性匹配	MA
12	Regen	重新生成	RE	19	Block	创建块	B
13	Pdedit	文本编辑	ED	20	Wblock	块存盘	W
14	Pedit	绘制多段线	PE	21	DimStyle	设置标注样式	D
15	Scale	比例缩放	SC	22	DimLinear	线性标注	DLI
16	Rotate	旋转	RO	23	DimContinue	连续标注	DCO
17	Stretch	拉伸	S	24	DimBaseline	基线标注	DBA

（四）查询与管理命令

查询与管理命令如表 1-11 所示。

表 1-11　查询与管理命令

序号	命令	功能	命令简写
1	Area	查询面积和周长	AA
2	Dist	查询距离	DI
3	List	图形数据库信息	LI
4	ID	识别图形坐标	ID
5	Adcenter	图形信息管理器	ADC

（五）图形输出命令

图形输出命令如表 1-12 所示。

表 1-12　图形输出命令

序号	命令	功能
1	Plot	打印设置并输出
2	PlotMananger	打印机配置
3	StyleManager	创建打印样式

五、AutoCAD 文件管理

（一）新建 AutoCAD 图形文件

在 AutoCAD 中新建图形文件的方法有多种。例如单击【快速访问】工具栏中的【新建】按钮，AutoCAD 弹出【选择样板】对话框，样板文件是绘图的模板，通常在样板文件中包含一些绘图环境的设置。选择一个样板文件，单击【打开】按钮，新的图形文件就创建好了，AutoCAD 自动为其命名 DrawingXX. dwg，"XX" 按当前进程新建文件的个数自动编号。

（二）保存图形文件

当图形创建好以后，如果用户希望把它保存到硬盘上，可以保存文件。调用保存命令的方法有多种。例如单击【快速访问】工具栏中的【保存】按钮，弹出【图形另存为】对话框。在此对话框中指定文件名和保存路径，默认的文件类型格式为 Auto-CAD 2014 格式，默认保存的文件扩展名为 ".dwg"。用户还可以根据需要，选择其他文件格式保存。

六、使用 AutoCAD 绘制建筑施工图

（一）开启 AutoCAD

一般情况下 AutoCAD 配合天正建筑（或中望建筑）CAD 使用，在 AutoCAD 页面的左侧，会出现天正建筑（或中望建筑）CAD 的制图工具栏。

（二）绘制轴网

在制图工具栏中，选择"绘制轴网"命令，在弹出的设置窗口中进行轴网的信息设置。设置完成后，即可进行单击确定放置轴网。

（三）绘制墙体

完成轴网的绘制之后，即可根据轴网进行墙体的绘制。在工具栏选择"绘制墙体"命令，即可进行墙体的绘制。墙体的绘制

需要确定墙体的宽度等属性,一般外墙宽度大于内墙。完成墙体绘制后,可以单击右下角的"加粗",对墙体进行加粗。

(四)绘制门窗

完成墙体的绘制后,即可对墙体进行门窗的添加。直接选择"门窗"命令,选择合适的门窗放置方式以及门窗的标号,即可在墙线上进行门窗的绘制。

(五)绘制楼梯

绘制完成门窗之后,一个平面图的大致模样就已经基本出现,之后即可进行建筑楼梯的绘制。选择"楼梯其他",在弹出的菜单中选择需要的楼梯种类,单击即可弹出楼梯的设置窗口,输入合适的楼梯属性后,即可直接单击鼠标放置楼梯。如果楼梯的方向不正确,在 AutoCAD 下方的命令输入栏中输入"a"或者其他相应的命令,再按下空格键,即可进行楼梯的翻转等操作。

(六)绘制家具

在"图块图案-通用图库"中,对建筑平面图中的房间进行家具放置,就基本完成了建筑平面图的绘制。

使用 AutoCAD 进行建筑制图简单快捷,但是如果要求比例恰当、协调完美的房间布置效果图,就需要精确地绘制和放置图形。

第二章　木工常用材料

第一节　常用木材

木材按树种分为针叶树材和阔叶树材两大类。

针叶树树叶细长，呈针状，多为常绿树，树干通直高大，材质均匀，木质较软，易于加工，具有较高的强度和较好的耐腐性，缩胀变形小，如松树、杉树、柏树等。针叶树材是建筑工程中主要使用的木种，多用来加工承重结构构件及门窗。

阔叶树树叶宽大，叶脉呈网状，大多为落叶树，树干通直部分较短，材质坚硬，较难加工，表观密度大，胀缩变形大，如榆树、桦树、水曲柳等，也有材质较软的椴树、桦树等。阔叶树坚硬耐磨、纹理美观，适用于室内装修、制作家具和胶合板等。

一、木材的构造

木材的构造是决定木材性质的主要因素。对木材构造的研究可从宏观和微观两方面进行。

（一）木材的宏观构造

1. 木材的组成

用肉眼和低倍放大镜所看到的木材组织称为木材的宏观构造。宏观上看，树干由树皮、形成层、木质部、髓四部分组成，如图 2-1 所示。

（1）树皮。树皮是树木的保护层，是储藏养分的场所和输送养分的渠道。

（2）形成层。形成层位于树皮内侧和木质部之间的薄层，是树木的生长组织。

（3）木质部。木质部是位于形成层和髓之间的组织，包括边材和心材，结构坚实，是建筑用材的主要部分。边材指靠近树皮颜色较浅的部分，含水率高，易干燥，也易被湿润，因此易翘曲变形。心材指靠近髓心颜色较深的部分，含水率低，不易翘曲变形，抗腐蚀能力较边材好。

（4）髓。髓位于树干中心，由树木最早生成的薄细胞所组成，质松软，易腐朽。

2. 木材的纹理

为便于了解木材的构造，将树干切成三个不同的切面，即横切面、径切面、弦切面。利用各切面上表现的特征，可识别木材和研究木材的性能和用途，如图 2-1 所示。

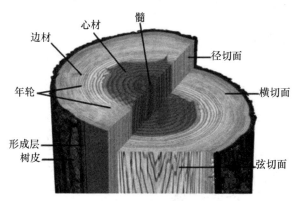

图 2-1　木材的切面图

（1）横切面。按垂直于木材生长的方向锯开的切面，称为横切面。在横切面上可以清晰地观察到年轮、木射线，是识别木材的重要切面。

（2）径切面。沿树木生长的方向，通过髓心并与年轮垂直锯开的切面，称为径切面。

（3）弦切面。沿树木生长的方向，但不通过髓心锯开的切面，称为弦切面。弦切面上的年轮呈 V 字形花纹。

横切面上可以看到深浅相同的同心圆，称为年轮。年轮中浅色部分是树木在春季生成的，由于生长快，细胞大而排列疏松，细胞壁较薄，颜色较浅，称为春材（早材）；深色部分是树木在夏季生成的，由于生长迟缓，细胞小，细胞壁较厚，组织紧密坚实，颜色较深，称为夏材（晚材）。每一年轮就是树木一年的生长部分，年轮中夏材所占的比例越大，木材的强度越高。

（二）木材的微观构造

在显微镜下所见到的木材组织称为木材的微观构造。如图 2-2 所示，在显微镜下，可以看到木材是由无数管状细胞紧密结合而成的。每个细胞分为细胞壁和细胞腔两部分。细胞壁由若干层纤维组成，纤维之间纵向联结比横向联结牢固，造成细胞纵向强度高、横向强度低。

细胞本身的组织构造在很大程度上决定了木材的性质。木材的细胞壁越厚，细胞腔越小，木材组织越均匀，则木材越密实，表观密度和强度越大，胀缩也越大。

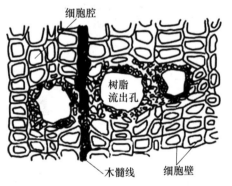

图 2-2　松木微观构造图

二、木材的规格、品种

（一）材料的规格

1. 原条

原条是已经去除根、梢、枝、皮但未做其他加工的木材品种，如工程中的木脚手架。

2. 原木

原木由原条按一定的尺寸加工成一定长度的木材品种，按用途分为直接用原木、待加工用原木和特级原木。直接用原木如建筑中的支柱、屋架、木条等构件；待加工用原木用来加工各种锯材、木制品和胶合板等；特级原木是指用作高级装修和特殊用途的优质原木。

3. 锯材

锯材又称成材，是原木经过加工锯解成不同规格的木料。其规格按宽厚尺寸比例可划分为板材和方材。宽度大于其3倍厚度的锯材称为板材，板材按厚度又分为薄板、中板、厚板、特厚板。宽度小于其3倍厚度的锯材称为方材，方材按面积大小可分为小方、中方、大方、特大方等规格。锯材广泛应用于建筑工程的门窗、楼板、地面、装饰装潢工程和家具等。

（二）木材的品种

1. 红松

红松又名东北松、海松、果松，产于东北长白山、小兴安岭，树皮呈灰红褐色，皮沟不深，鳞状开裂，内皮浅驼色。边材呈黄褐或黄白色，心材呈红褐色，年轮明晰均匀，材质较软，纹理顺直，结构中等，干燥加工性能良好，不易开裂、变形，松脂多、耐腐朽。红松用于门窗、地板、屋架、檩条、搁栅、木墙裙等。

2. 马尾松

马尾松又名本松、山松，产于山东、长江流域以南。树皮呈深红褐色微灰，内皮呈枣红色微黄，边材呈浅黄褐色，心材呈深黄褐色微红，年轮极明显，材质中硬，纹理直斜不匀，结构中至粗，多松脂、干燥时有翘裂倾向、不耐磨。马尾松用于制作小屋架、模板、屋面板等。

3. 落叶松

落叶松又名黄花松，产于东北大、小兴安岭及长白山。树皮呈暗灰色，内皮呈淡肉红色，边材呈黄白微带褐色，心材呈黄褐至深褐色，心、边材区别明显，早、晚材硬度及收缩差异大，年轮明显、整齐，材质硬，纹理直，结构粗，难以干燥，易开裂变形，不易加工，耐腐朽。落叶松用作搁栅，小跨度屋架、支撑、木桩、屋面板等。

4. 鱼鳞云杉

鱼鳞云杉又名鱼鳞松、白松，产于东北小兴安岭、长白山。树皮呈灰褐色至暗棕褐色，呈鱼鳞状剥层，木材呈淡赤色，心、边材区别不明显，年轮分界明显、整齐，材质中硬，纹理顺直，结构细而均匀，易干燥、富弹性、加工性能好、弯挠性能极好。鱼鳞云杉用作屋架、檩条、搁栅、门窗、屋面板、模板、家具等。

5. 杉木

杉木又名沙木、沙树，产于长江流域以南各省区，树皮呈灰褐色，内皮呈红褐色，边材呈浅黄褐色，心材呈浅红褐色至暗红褐色，心、边材区别明显，年轮较明显、均匀，材质软，纹理直而匀，结构中等或粗，干燥性能好、韧性强、易加工、较耐久。杉木用作门窗、屋架、地板、搁栅、檩条、椽条、屋面板、模板等。

6. 柏木

柏木又名柏树，产于长江流域以南各省区。树皮呈暗红褐色，边材呈黄褐色，心材呈淡橘黄色，心、边材区别稍明显，年轮不明显，材质致密，纹理直或斜，结构细，易加工，切削面光滑，干燥易开裂，耐久性强。柏木用作门窗、胶合板、屋面板、模板等。

7. 毛白杨

毛白杨又名大叶杨、白杨，主要产地是华北、西北、华东。其主要特征是树皮呈暗青灰色，平滑，年轮明显。木材呈浅黄色，髓心周围因腐朽常呈红褐色。毛白杨材质轻柔，纹理直，结构细而密，容易干燥、不翘曲；但耐久性差，加工困难，锯解时易发生夹锯现象，旋刨困难，切面发毛，胶结和涂装性能较好。

8. 白桦（桦木）

白桦主要产地是东北各省。其主要特征是外皮表面平滑，粉白色并带有白粉，老龄时灰白色，呈片状剥落，表面有横生纺锤形或线形皮孔。心、边材不明显，年轮略明显，木材略重而硬，结构细，强度大，富弹性，干燥过程中易干裂及翘曲，加工性能良好，切削面光滑，不耐腐，涂饰性能良好。

9. 水曲柳

水曲柳主要产地是东北、内蒙古等。其主要特征是树皮呈灰白微黄，皮沟呈纺锤形，心、边材明显，边材窄，呈黄白色，心材呈褐色略黄，年轮明显，材质略重而硬，纹理直，花纹美丽，结构粗。耐腐耐水性好，易加工，韧性大，着色、涂饰、胶结等较容易。

10. 柞木

柞木又名蒙古栎、橡木，主要产地是东北各省。其主要特征是外皮厚，呈黑褐色，龟裂，心、边材区分明显，边材呈淡黄白带褐色，心材呈褐色至暗褐色，有时带黄色。年轮明显，略带波浪状，木材重硬，纹理直或斜，结构较致密，加工困难，但切面光滑、耐磨损、不容易胶结，着色、涂饰性能良好。

11. 柚木

柚木主要产地是我国广东、云南、台湾等，以及缅甸、泰国、印度、印度尼西亚等。其主要特征是树皮呈淡褐色，心材呈黄褐色至深褐色，年轮明显，材质坚硬，纹理直或斜，结构略粗。干燥时收缩小，不易变形，耐久性强，易加工，胶结和涂饰性能良好。

12. 榉树

榉树主要产地是江苏、浙江、安徽、湖南、贵州等。其主要特征是树皮呈灰褐色带紫红，平滑，有显著皮孔，不易剥落，心材呈红褐色，故又名血榉，年轮明显，环孔材，木射线宽，材质坚硬，纹理直，结构细，干燥时不易变形。

三、木材的性能

（一）木材的物理性质

1. 含水率

木材的含水率是木材一个很重要的物理性质，含水率的大小影响木材的其他物理性质、力学性质和耐久性。

木材的含水率分为平衡含水率、纤维饱和点含水率、绝对含水率、相对含水率和标准含水率等。应用比较多的含水率有平衡含水率、纤维饱和点含水率两种。

1）平衡含水率

木材在大气中能吸收或蒸发水分，与周围空气的相对湿度和温度相适应而达到恒定的含水率，称为平衡含水率。木材的平衡含水率随地区、季节及气候等因素而变化，南方雨期为 $18\%\sim20\%$，北方干燥季节为 $8\%\sim12\%$。为减少湿胀干缩变形，可预先将木材干燥到平衡含水率。

2）纤维饱和点含水率

木材中的水分由两部分组成：一部分是存在于细胞腔内的自由水，另一部分是存在于细胞壁内的吸附水，如图 2-3 所示。自由水对木材影响不大，而吸附水则是影响木材性质的主要因素。

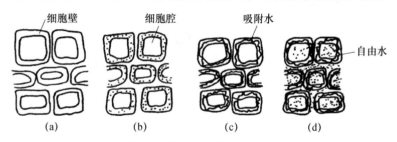

图 2-3 木材含水状态示意图
（a）全干状态；（b）气干状态；（c）纤维饱和状态；（d）饱水状态

木材在干燥过程中，自由水挥发完毕，而细胞壁内的吸附水仍处于饱和状态时的含水率称纤维饱和点含水率。

木材含水率大于纤维饱和点含水率时，细胞腔内的水分变化与细胞壁无关，对强度影响很小。当木材含水率小于纤维饱和点含水率时，其强度将随含水率的减少而增加。其原因是水分减少，使细胞壁物质变干而密实，强度提高；反之，细胞壁物质软化，膨胀而松散，强度降低。

在纤维饱和点含水率以下，木材会产生湿胀干缩的现象，即当干燥到纤维饱和点含水率以下时，细胞壁中的吸附水开始蒸发，木材发生收缩。反之，当木材吸湿时，吸附水增加，发生体积膨胀。纤维饱和点含水率的数值随树种不同在 25%～35% 之间变动，通常以 30% 作为木材的纤维饱和点含水率。

2. 木材的密度、表观密度

木材密度为 1.48～1.56g/cm³，各木材之间相差不大，一般取平均密度为 1.55g/cm³。木材表观密度大小因材种和含水率不同而有很大差别，为了具有可比性，规定以含水率为 15% 时的表观密度为木材的标准表观密度。常用木材的气干平均表观密度为 0.5g/cm³。

（二）木材的力学性质

1. 木材的强度

在建筑结构中，木材常用的强度有抗拉强度、抗压强度、抗弯强度和抗剪强度。由于木材的构造各向不同，致使各向强度有差异，因此木材的强度有顺纹强度和横纹强度之分。木材的顺纹强度比其横纹强度大得多，在工程中均充分利用木材的顺纹强度。理论上，木材强度以顺纹抗拉强度为最大，其次是抗弯强度和顺纹抗压强度。但实际上，木材的顺纹抗压强度最高，这是由于木材是经数十年自然生长而成的建筑材料，其间或多或少会受到环境不利因素影响而造成一些缺陷，如木节、斜纹、夹皮、虫蛀、腐朽等，而这些缺陷对木材的抗拉强度影响极为显著，从而造成实际抗拉强度反而低于抗压强度。以顺纹抗压强度为 1 时，木材理论上各强度大小的关系见表 2-1。

表 2-1　木材理论上各强度大小的关系

抗压强度		抗拉强度		抗弯强度	抗剪强度	
顺纹	横纹	顺纹	横纹		顺纹	横纹切断
1	1/10～1/3	2～3	1/20～1/3	3/2～2	1/7～1/3	1/2～1

2. 影响木材强度的主要因素

1）含水率

木材含水率的大小直接影响木材的强度。当木材含水率在饱和点以上变化时，木材的强度不发生变化。当木材的含水率在纤维饱和点以下时，随着木材含水率的降低，即吸附水减少，细胞壁趋于紧密，木材强度增大，反之，则强度减小。

我国木材试验标准规定，测定木材强度时，应以其标准含水率即含水率为 15% 时的强度测值为准，对于其他含水率时的强度测值，应换算成标准含水率时的强度值。

2）负荷时间

木材抵抗荷载作用的能力与荷载的持续时间长短有关。木材在长期荷载作用下不发生破坏的最大强度，称为持久强度。木材的持久强度比其极限强度小得多，一般为极限强度的 50%～60%。木材在外力作用下产生等速蠕滑，经过长时间后，会产生大量连续变形，从而导致木材的破坏。

木材结构物一般都处于某一种荷载的长期作用下，因此在设计木结构时，应该充分考虑负荷时间对木材强度的影响。

3）温度

木材的强度随着环境温度的升高而降低。一般当温度由 25℃ 升到 50℃ 时，针叶树种的木材抗拉强度降低 10%～15%，抗压强度降低 20%～24%。当木材长期处于 60～100℃ 时，木材中的水分和所含挥发物会蒸发，从而导致木材呈暗褐色，强度明显下降，变形增大。当温度超过 140℃ 时，木材中的纤维素发生热裂解，色渐变黑，强度显著下降。因此，长期处于高温环境的结构物，不宜采用木结构。

4）疵病

疵病是指木材的缺陷。木材在生长、采伐、保存过程中，在其内部和外部产生包括木节、斜纹、腐朽和虫害等缺陷，统称为疵病。一般木材或多或少都存在一些疵病，致使木材的物理力学性质受到影响。

四、木材的缺陷

（一）节子

树木生长过程中，隐生在树干或主枝内部的枝条或枯死枝条的基部称为节子，也叫木节、节疤，如图 2-4 所示。节子按材质及其与周围木材连接程度分为以下三种：

1. 活节

节子与周围木材全部紧密连接，结构正常，材质坚硬。

2. 死节

节子与周围木材部分或全部脱离，是枯死枝条埋藏在树干的部分。死节由于材质的不同，又可分为坚硬的死硬节；材质松软变质，但周围木材健全的松软节；节子本身已开始腐朽，但没有透入树干内部的腐朽节。死节在板材中往往脱落而形成空洞。

3. 漏节

节子本身的构造已大部分破坏，呈筛孔状、粉末或成空洞，并且已延伸至树干内部，与树干内腐朽的部分相连。

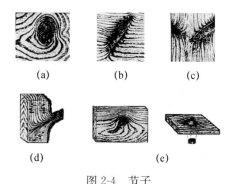

图 2-4　节子
（a）圆形节；（b）条状节；（c）掌状节；（d）活节；（e）死节

木材有节子是树木的一种正常生理现象。但是，节子的存在给木材的利用带来了缺陷。节子破坏木材的构造，使局部木材形成斜纹，加工后材面不光滑，易起毛刺劈槎，影响制品美观。节子会提高切削阻力，给木材加工带来困难，影响加工质量，在锯材时如遇到节子，进料速度就要放慢，否则会损坏锯齿。此外，节子还破坏木材的均匀性，降低木材的强度。

（二）木材的变色和腐朽

木材的腐朽是真菌在木材中寄生引起的。有一种真菌叫变色菌，它侵入木头后吸取木材细胞腔内的养分，引起木材正常颜色的改变，叫作变色。还有一种真菌叫腐朽菌，它不仅会使木材颜色改变，而且会使木材结构逐渐变得松软、易碎，最后变成一种呈筛孔状或粉末状的软块，该现象叫腐朽。腐朽是木材利用中的重大危害。

防止木材腐朽，具体方法如下：

（1）对木材进行干燥，使其含水率降至 20％以下。保存过程中注意通风和排湿。

（2）封闭储存，用油类防腐剂涂刷封闭或直接浸泡在水中。

（3）注入化学防腐剂，将木材变成对真菌有毒的物质，使真菌无法生存。注入防腐剂的方法很多，通常有表面涂刷法、表面喷涂法、浸渍法、冷热槽浸透法、压力渗透法等，其中以冷热槽浸透法和压力渗透法效果最好。

五、木材的处理

（一）木材的防虫

木材除受真菌侵蚀而腐朽外，还会遭到昆虫的蛀蚀。常见的蚁虫有白蚁、天牛等。木材虫蛀的防护方法主要是采用化学药剂处理。木材防腐剂也能防止昆虫的危害。

（二）木材的干燥

1. 自然干燥

自然干燥是利用流动空气作传热、传湿及太阳辐射热量，使木材中的水分逐渐蒸发。只要将木材合理堆放在阳光充足、通风良好、排水流畅、坚实平整的场地，经过一定时间就可以使木材干燥，达到工程用料的要求。

1）井字形堆积法和三角形堆积法

对于尺寸较小的针叶树、较软的阔叶树和不易开裂的硬阔叶树，如数量不多又不急于达到要求的含水率，可采用井字形堆积法和三角形堆积法，如图 2-5（a）、图 2-5（b）所示。各材料堆积应编号与挂牌，注明堆垛日期，并加强检查，做好记录。采用这种方法在下雨时应使用遮雨棚。

2）架立堆积法

架立堆积法是将木板立起，相对间隔靠架子斜放，使空气流通，上部应有遮雨棚，如图 2-5（c）所示。采用这种方法干燥时间长，适用于较薄的板材，尤其对于不急于使用的，干燥效果更好。

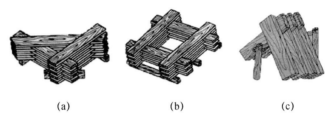

(a)　　　　　　　　(b)　　　　　　　　(c)

图 2-5　木材自然干燥堆积方法

（a）三角形堆积法；（b）井字形堆积法；（c）架立堆积法

3）分层纵横交叉堆积法

分层纵横交叉堆积法可用于原木和方木，堆积方法是将木材垫起，离地 50cm，平铺一层板，板与板间隙为 3cm，上面垫 3～5 根木方，方向与板或原木垂直，而且在同一垂线上，如图 2-6 所示。

图 2-6　分层纵横交叉堆积法

2. 人工干燥

1）蒸汽干燥法

将蒸汽导入干燥室内，喷出部分蒸汽以增加湿度和温度，另一部分蒸汽通过暖气排管提高和保持室内温度使木材干燥。该方法使用设备较复杂，但易于调节室温；干燥时间短，干燥质量好，安全可靠，适用于生产能力较大、有锅炉装置的木材加工厂，在我国广泛使用。

2）热风干燥法

用鼓风机将空气通过被烧热的管道送进炉内，从炉底下部风道均匀地散发出来，经过木垛，从上部吸风道回到鼓风机，往复循环，把木材中的水分蒸发出来。该方法使用设备较简单，不需要锅炉等设备，干燥时间短，干燥质量较好，建窑投资少。

3）红外线干蒸汽干燥法

利用无缝钢管，通入干蒸汽，蒸汽管挂在干燥窑的四周，干燥窑四壁及顶盖全部铺钉铝板，使其产生红外线，相互辐射干燥木材。该方法干燥质量好，干燥时间短，安全可靠，但一次性投资较大。

3. 干燥缺陷

在生产上若采用了不正确的干燥工艺，干燥的木材会产生各种缺陷：

1）开裂

防止方法是调整干燥基准，减缓水分蒸发速度。

2）弯曲

防止方法是正确使用隔条堆装木材，并在材堆顶部放置重物。

3）翘曲

采用适当状态的饱和蒸汽处理，可使翘曲程度有所减轻。

4）皱缩

采用软基准干燥，适当降低干燥温度，在一定程度上可防止皱缩发生。

第二节　常用人造板材

一、胶合板

胶合板（又称夹板）是用原木旋切成薄木片，经干燥后用胶粘剂以各层纤维互相垂直的方向黏合，热压制成。木片层数为奇数，一般为 3～15 层，装饰中常用的是三合板、五合板。我国胶合板主要采用水曲柳、椴木、桦木、马尾松及部分进口原木制成。

（一）胶合板的分类

普通胶合板的分类、特性及用途见表 2-2。

表 2-2 普通胶合板的分类、特性及用途

分类	所用胶种	特性	适用范围
Ⅰ类胶合板 （耐气候胶合板）	酚醛树脂胶或其他性能相当的胶	耐久、耐煮沸或蒸汽处理、耐干热、抗菌	室外工程
Ⅱ类胶合板 （耐水胶合板）	脲醛树脂胶或其他性能相当的胶	耐冷水浸泡及短时间热水浸泡、不耐煮沸	室外工程 室内潮湿环境
Ⅲ类胶合板 （耐潮胶合板）	血胶、带有少量填料的脲醛树脂胶或其他性能相当的胶	耐短期冷水浸泡	室内工程 一般常态下使用
Ⅳ类胶合板 （不耐潮胶合板）	豆胶或其他性能相当的胶	有一定胶合强度，但不耐水	室内工程 干燥环境中使用

普通胶合板按加工后胶合板上可见的材质缺陷和加工缺陷分为四个等级：

（1）特等，适用于高级建筑装饰、高级家具及其他特殊需求的制品。

（2）一等，适用于较高级建筑装饰、高中级家具、各种电器外壳等制品。

（3）二等，适用于家具、普通建筑、车辆、船舶等室内装修。

（4）三等，适用于低级建筑装修及包装材料。

（二）胶合板的规格尺寸

胶合板的规格尺寸较多，一般市面供应规格为宽 1220mm、长 2440mm，幅面尺寸详见表 2-3。

表 2-3 胶合板的幅面尺寸

宽度（mm）	长度（mm）					
	915	1220	1525	1830	2135	2440
915	915	1220	1525	1830	2135	—
1220	—	1220	—	1830	2135	2440
1525	—	—	1525	1830	—	—

（三）胶合板的特点

胶合板具有如下特点：

（1）板材幅面大，易于加工；

（2）板材纵、横向强度均匀，适用性强；

（3）板材平整、收缩小，避免了木材开裂、翘曲等缺陷；

（4）板材厚度可按需要选择，木材利用率较高。

二、刨花板

利用木材加工废料、小径木、采伐剩余物或其他植物秸秆等为原料，经过机械加工成一定规则形状的刨花，然后施加一定数量的胶粘剂和添加剂（防水剂、防火剂），经机械或气流铺装成板坯，最后在一定温度和压力下制成的人造板，称为刨花板。

1. 按密度分类

（1）高密度刨花板，密度为 $800 \sim 1200 kg/m^3$。

（2）中密度刨花板，密度为 $400 \sim 800 kg/m^3$。

（3）低密度刨花板，密度为 $250 \sim 400 kg/m^3$。

一般来说，低密度刨花板强度低，绝缘性能好，生产成本也低；高密度刨花板强度大，绝缘性能差，生产成本高。目前，中密度刨花板应用普遍，发展较快。

2. 按用途分类

刨花板按用途分为一般用途刨花板（A 类）和非结构建筑用刨花板（B 类），装饰工程中使用的是 A 类刨花板，其规格见表 2-4。

表 2-4　刨花板的规格

宽度（mm）	长度（mm）					厚度（mm）
915	1220	1525	1830	2135	—	6、8、10、 （12）、
1000	—	—	—	—	2000	13、16、19、22、
1220	1200	1525	1830	2135	2440	25、30 等

三、纤维板

纤维板是将板皮、木块、树皮、刨花等废料或其他植物纤维（如稻草、芦苇、麦秸等）破碎、浸泡、研磨成木浆，经热压成型的人造板材。它有隔热、吸声、材质均匀、纵横强度差小、不易开裂等特点，在建筑工程中应用广泛。

（一）纤维板的分类、特点及应用

纤维板的分类、特点及应用如表 2-5 所示。

表 2-5　纤维板的分类、特点及应用

分类	规格尺寸（mm）		特点	应用
	幅面	厚度		
硬质	610×1220，915×1830 1000×2000，915×2135 1220×1830，1220×2440	2.5、3、3.2、4、5	俗称高密度板，其密度不小于 0.8g/cm³。强度高，材质均匀，质地坚实、吸水性和吸湿性低、不易干缩和变形、耐磨	代替模板使用，通常用于室内隔墙板、门芯板、家具等
半硬质	1220×1830、1220×2440	10、12、15、16、18、19、21、24、25	俗称中密度板，密度 0.4~0.8g/cm³；按外观质量分为特极品、一级品、二级品 3 个等级。表面光滑、材质细密、性能稳定，板材再装饰性能好	用于墙板、隔断板、窗台板、踢脚板、制作家具及各种装饰线条
软质	—	—	软质纤维板密度小于 0.4g/cm³。密度低，结构疏松，但保温、吸声、绝缘性能好	用于建筑物的隔热、保温及吸声材料，可用于电器绝缘板，常用作吊顶材料

（二）纤维板的质量检验

纤维板的质量检验实用方法如下：

（1）板厚均匀，板面平整、光滑，没有污渍、水渍、粘迹，板面四周密实、不起毛边。

（2）含水率低，吸湿性越小越好。

（3）用手敲击板面，若声音清脆则表明清脆密实、质量较好；若声音发闷，则可能存在散胶问题。

四、细木工板

细木工板俗称"大芯板"，是用木板条拼接成芯条，两个表面为胶贴木质单板的实心板材。细木工板的尺寸规格、技术性能如表 2-6 所示。细木工板按面板材质和加工工艺质量分为三个等级，即一、二、三级，两面胶贴单板总厚度不得小于 3mm，市场供应幅面以 1220mm×2440mm 居多。细木工板多用于隔墙板、顶棚板、门板、家具制作等。

表 2-6　细木工板的尺寸规格、技术性能

长度（mm）					宽度（mm）	厚度（mm）	技术性能
915	1220	1830	2135	2440			
915	—	1830	2135	—	915	16、19、22、25	含水率：10%±0.1%　静曲强度：厚度为 16mm 的不低于 15MPa　厚度＜16mm 的不低于 12MPa
—	1220	1830	2135	2440	1220		胶层剪切强度不低于 1MPa

细木工板要求胶层结构稳定，无开胶现象，面板与芯材间不出现鼓泡、分层，板四边应平直整齐，材质缺陷、尺寸偏差不能超标。芯板条质量必要时可锯开抽查，芯板条空隙越小越好，不允许软硬材混拼，材质必须干燥，含水率以 6%～12% 为宜，芯板条的宽度不能大于其厚度的 3 倍，不允许有纯棱、严重腐蚀等。

五、新型板材

（一）薄木贴面装饰板

采用柚木、水曲柳、榉木、椴木、花梨木等珍贵树种，精密旋切，制得厚度为 0.2～0.8mm 的薄木或采用人造木质薄板，以胶合板、纤维板、刨花板为基材，采用先进的胶粘工艺，经热压制成的一种装饰板材，俗称贴面板。目前有平板类和型材类两种。此种板表面既保持了木材的天然纹理，细腻精美，立体感强，装饰效果高雅，又具有不变形、不翘曲、不脱色等特点，在室内装饰中可作为天花板、窗台板、家具饰面板以及酒吧台、展台、造型面的饰面材料。

薄木作为一种表面装饰材料，必须粘贴在一定厚度和具有一定强度的基层上，不能单独使用。如常用的红榉贴板、白榉贴板、水曲柳贴板、枫木贴板一般以 3 层胶合板为基材粘贴热压而成。

（二）镁铝曲面装饰板

镁铝曲面装饰板是以特种牛皮纸为底面纸，纤维板或蔗板为中间基材，着铝合金箔为装饰面层，经粘贴、刻沟等工艺加工而得。板材幅面尺寸为 1220mm×2440mm，厚度为 3.5mm。此种装饰板表面光亮，有银、橙黄、金红、古铜等多种颜色，一般用黑色勾缝呈对比效果。该类板华丽高贵，且具有耐热、耐压、防水、耐擦、不变形、可锯钉等特点，是一种新型高档装饰板。镁铝曲面装饰板多用在建筑物室内隔间、天花板、门框、镜框、包柱、柜台面、广告招牌、各种家具贴面的装潢和装修。

（三）防潮板

防潮板就是在基材的生产过程中加入一定比例的防潮粒子，又名三聚氰胺板（基材），可使板材遇水膨胀的程度大大下降。在防潮板中掺入绿色和红色的色素以区别于普通板材。不同的颜色又表示不同的防潮性，防潮要求比较高的厨房台面板就可以选择防潮性更佳的红色板，橱柜的门板则选择绿色板材即可。将普通基材和防潮基材同时浸泡在水里，两个小时的膨胀变化后，普通板的膨胀率明显高于防潮板。防潮板具有较好的防潮性能，适合做厨房家具和卫生间家具。

（四）防霉抗菌人造板

木材本身是一个微生物附着的温床，木纤维里含有蛋白质、淀粉、纤维素等，在一定的湿度环境里，容易产生霉变、滋生细菌。人造板以木质材料为原料，材料和结构的重组，在一定程度上提高了防霉抗菌性，但还不够。

目前提高人造板防霉抗菌性能的主要方法是在制作中添加防霉抗菌试剂，或在制作后进行防霉抗菌处理。处理部位为芯板或饰面，以达到抑制细菌、霉菌滋生的目的，从而避免板件出现泛黄、变黑的现象。防霉抗菌人造板目前多用在实木复合地板、木质橱柜台面、定制衣柜板件中。尤其是衣柜这种封闭性很强的家具，出现霉菌、细菌的可能性较大，防霉抗菌人造板的使用就很必要。

（五）防火阻燃型人造板

天然木材容易燃烧，存在安全隐患，而人造板材虽然存在组分优势，但仍然是由木质材料构成，遇到明火还会燃烧。防火阻燃人造板多在普通人造板中添加阻燃试剂，这种试剂是一种保护性材料，本身不易燃烧而且能够阻止燃烧，防止火势的进一步扩大。为了区别一般的人造板，防火阻燃板的颜色一般为红色或粉红色，但要注意那些单纯被染为红色的板件并不具备防火性能。防火阻燃板的应用没有限制，如果不考虑成本，所有的家具类型都可以使用它，尤其在厨房这种具备生火条件的环境，防火阻燃板能够在一定程度上降低燃火风险。

（六）隔声或吸声型人造板

木质吸声板是根据声学原理加工而成的，具有吸声减噪的作用。吸声人造板由饰面、心材和吸声薄毡组成，主要分为槽木吸声板和孔木吸声板两种。槽木吸声板是一种在中纤板的正面开槽、背面穿孔的板件，而孔木吸声板则是在中纤板的正面和背面都开孔的板件。隔板或者吸声板目前已经广泛使用在木门、地板及墙面等装修领域，未来木质吸声板、木质隔声门、木质静音地板将成为趋势。

第三节　粘结材料的性能和使用方法

能够将两种材料粘结在一起的物质都可称为胶粘剂。人类利用胶粘剂粘结物品、制造工具已有悠久历史。例如，粘贴纸张的浆糊就是一种天然的胶粘剂。近年来，高分子合成胶粘剂不断出现，胶粘剂在木制产品加工中得到广泛应用。

一、胶粘剂分类

胶粘剂的种类繁多，按主要成分的不同分为有机类和无机类；按固化形式的不同分为溶剂挥发型、化学反应型和热熔型三类；按胶粘剂的外观形态不同分为溶液型、乳液（乳胶）型、高糊型、粉末型、薄膜型和固体型等；按黏合后强度特性的不同分为结构型、次结构型、非结构型三类。

二、常用胶粘剂

（一）蛋白质胶

1. 膘胶

膘胶俗称猪皮膘。此胶黏度高，抗水性强，被胶结的木料不怕受潮和水泡。熬制膘胶时，应先将胶料敲碎，然后用布包好，放在水中泡软，再放入沸水中蒸煮半小时后取出，放在干净的石面上，用锤反复锤击至无颗粒为止。1kg 干胶加水 1.5kg，隔水加温至 90～100℃，胶料溶化后，用木棒搅匀，即可使用。

2. 皮胶、骨胶

这两种胶料又称水胶，是用动物的皮和骨头熬制而成的固定胶，呈黄褐色或茶褐色，半透明且有光泽。胶合过程迅速，有足够的胶合强度，且不易使工具受损（变钝）。其缺点是耐水性及抗菌性能差，当胶中含水率达到 20％以上时，容易被菌类腐蚀而变质。

水胶的调制是木工的一项传统技术。调制的方法如下：

（1）将胶片粉碎，放入胶锅内，用水浸泡，胶与水的比例大致为 1∶2.5，浸泡约 12h，使胶体充分软化。

（2）将胶锅放在一有水的容器内进行间接加热，可防止热源直接接触胶锅，使水胶烧焦。

（3）当胶液达到 90℃时，要掌握好时间，大致煮 5～10min。温度不宜过高，时间不宜过长，否则会破坏胶原蛋白，影响粘结质量。

水胶用多少，调多少。如果一次调制过多，隔几天用时需要重新加热、加水溶化，这样做不妥。使用时掌握好温度，"冬使流，夏使稠"。控制好浓度，根据实践，榫接合与包边时胶液要稠，复面或拼板时胶液要稀。总之不论什么时候都要趁热使用。

3. 酪素胶

酪素胶按配料的不同分为不耐水酪素胶、耐水酪素胶和酪素水泥胶。

不耐水酪素胶，凝固后遇水仍能溶解，故不耐水。调制时，干酪素与水以 1∶2.5 或 1∶3 的比例浸在常温水中，待干酪素泡胀后，添加碱液搅拌成黏稠液体即成。由于渗入碱液，故这种胶有一定的抗菌性能。

耐水酪素胶是在泡胀后的干酪素液内加入烧碱、石灰乳或水玻璃，然后搅拌成糊状，有一定的耐水和抗菌性，如消石灰用量为 20% 时，胶着力最强。

酪素水泥胶是将消石灰、氟化钠、硫酸和水泥按比例配成混合物，使用时再按干酪素 41 份、混合物 59 份，加水为总量的1.25～1.44 倍调匀即可。这种胶的抗水性和抗菌性均较好，并在常温下固化，是大面积黏合的常用胶料。但干后不易进行机械加工，故适用于胶合后不再加工的构件，操作时室温不应低于 12℃。

4. 豆蛋白胶

用豆蛋白代替干酪素和其他原料配制而成。因豆蛋白易酸败、发霉，故应储存在温度为 0～20℃ 的室内，存放时间一般不超过 3d。配制方法同酪素胶。豆蛋白水泥胶配方（质量比）如下：豆蛋白 100，氟化钠 12，水泥 104.6，硫酸铜 0.5，消石灰 27，水 310～350。

（二）合成树脂胶

1. 酚醛树脂胶

酚醛树脂胶为褐色液体，由醇溶性酚醛树脂加凝固剂配制而成。酚醛树脂胶的粘结强度、耐水、耐热、耐腐等性能好，用于经常受潮结构的粘结。

配制方法：将其放入量筒内加水溶化，稀释至相对密度在 1.13～1.16 之间，然后一边搅拌树脂，一边缓慢倒入苯磺酸溶液，搅拌均匀后即可使用。如树脂黏度过大，可先加入乙醇稀释。由于胶液活性时间在 2～4h，因此要根据用量适量配制。涂刷工具要用醇类溶剂清洗。

2. 乳胶（聚醋酸乙烯乳液树脂胶）

乳胶为乳白色液体，故也叫白乳胶。其特点是活性时间长，使用方便，不用熬煮，黏着力强，不怕低温，适合大面积平面胶结，胶液过浓时，可加少量水稀释。乳胶抗菌性能和耐水性能均较好。一般胶涂量每平方米为 120～200g，胶结木制品时可加压，其压紧力为 0.2～0.5MPa，室内温度以 25～30℃ 为佳，一般加压 24h 即可。

3. 脲醛树脂胶

脲醛树脂胶由尿素与甲醛缩聚而成，以氯化铵为凝固剂。这种胶与上述酚醛树脂胶比较，配制时所用设备简单，可热压或常温下冷压固化，成本低廉、性能良好，呈无色透明黏稠液体或乳白色液体，不会污染木材胶合制品，但耐水性和强度稍差。脲醛树脂胶是人造板材生产的主要胶种。

脲醛树脂胶是水溶性的，在没有完全凝固前可以用水冲洗掉。活性时间为 2～4h，超过这一时间就会逐渐结块，故配胶时要掌握用量，以免造成浪费。胶合保持时间为 48h。配制时，根据室温和树脂量，称取已调好的浓度为 20% 的氯化铵溶液，然后倒入脲醛树脂溶液中搅拌均匀即可使用。

第三章 常用工具设备

第一节 手工工具及使用

一、量具

木工用以量画部件尺寸、角度、弧度等的工具统称为量具，木工作业中常用的量具有以下几种。

（一）钢卷尺

钢卷尺由薄钢片制成。装置在钢制或塑料制成的小圆盒中，方便携带，是常用的量具，有长 1m、2m 两种。

（二）钢直尺

钢直尺一般用不锈钢制作，精度高而且耐磨损。用于画榫线、起线、槽线等。常选用 150～500mm 的钢直尺画线。

（三）木折尺

木折尺可以折叠，携带方便，有四折、六折、八折等几种，为木工常用量具。四折木尺长 500mm，六折及八折木尺长度均为 1m。木折尺使用时，必须注意拉直，并贴平物面，铰接处因松动易产生误差，应经常进行校验。

（四）角尺

角尺又叫曲尺、拐尺，一般尺柄长 150～200mm，尺翼长 200～400mm，柄、翼互成直角，如图 3-1（a）所示。角尺可用于下料画线时的垂直画线、结构榫眼和榫肩的平行画线以及衡量加工面板是否平整等。

（五）墨斗

墨斗多用于木材下料，如图 3-1（b）所示。可以用墨斗作圆木锯材的弹线，或调直模板边棱的弹线，还可以用于选材拼板的打号、弹线等其他方面，如木板打号或弹线中，墨斗有时还用作吊垂线，衡量放线是否垂直与平整。

墨斗弹线的方法：左手拿墨斗，用少量的清水把线轮浇湿，用墨汁把墨盒内的棉花染黑。使用时左手拇指按铅笔压住墨盒中的棉花团，拇指掌还要靠住线轮或放开线轮来控制轮子的转动或停止。右手把墨斗的定针固定在木料的一端点。这时左手放松轮子拉出沾墨的细线，拉紧靠在木料的面上，右手在中间捏墨线向上垂直于木面提起，及时一丢，便可弹出明显而笔直的墨线。

（六）活络三角尺

活络三角尺又叫活动曲尺，可任意调整角度，用于画线，如图 3-1（c）所示。尺翼长一般为 300mm，中间开有卡孔，尺柄端部亦开有槽口，用螺栓与尺翼连接。使用时，先调整好角度，再将尺柄贴紧物面边棱，沿尺翼画出所需角度。

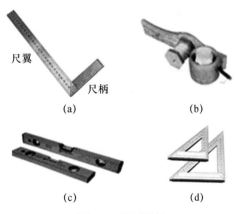

尺翼

尺柄

（a）　　　　　　　　　　（b）

（c）　　　　　　　　　　（d）

图 3-1　常用量具

（a）角尺；（b）墨斗；（c）活络三角尺；（d）钢水平尺

（七）水平尺

水平尺的中部及端部装有水准管，当水准管内气泡居中时，即成水平，用于检验物面的水平或垂直，如图 3-1（d）所示。使用时为防止误差，可在平面上将水平尺旋转 180°，复核气泡是否居中。

（八）线锤

线锤是用金属制成的正圆锥体，在其上端中央设有带孔螺栓盖，可系一根细绳。用以校验物面是否垂直。使用时手持绳的上端，锤尖向下自由下垂，视线随绳线，若绳线与物面上下距离一致，即表明物面垂直。

二、画线工具

（一）常用画线工具

画线时除常用量具中的直尺、三角尺以及活络三角尺和圆规等配合画线外，还有一些专用画线的工具，如画线笔、勒线器等。

（二）画线符号

为避免木材加工过程中发生差错，画线须有统一的符号，以便识别。通常木工画线时所采用的符号如表 3-1 所示。

表 3-1　木工画线常用符号

画线名称	常用符号	表示内容
下料线	―――――✕―――――	表示按线进行锯割的线
中心线	―――――――――	表示中心位置的线
底线	―――∧∧∧―――	表示作废或画错的线
正面（大面）	∼	表示刨好的作外表面的面
全眼	▱⨉	表示凿全眼
半眼	▭∥	表示凿半眼
榫头	▭✕	表示锯割榫头

（三）画线注意要点

（1）画线时要根据锯割和刨光的需要留出必要的消耗量。锯缝消耗量：大锯约 4mm，中锯 2～3mm，细锯 1.5～2mm。刨光的消耗量：单面刨光 1.5～2.0mm，双面刨光 3～4mm。材面不需刨光时，可不放宽尺寸，以实际尺寸画线即可。

（2）画线的线条应准确、均匀、明显，粗细误差不大于 0.3mm。

（3）弹线时，遇到圆木弯曲、拱凸、歪斜，应事先尽可能找正顶面，避免滑线。此外，在弹线时应防止由于风吹或其他影响而使墨线不正、不明显等，倘有此情况，必须重新弹线，直至墨线清楚、顺直。

（4）榫头和榫眼处，应注意尽量避开节疤和裂缝。同时还应注意构件外表的美观，把允许存在的缺陷尽量放在背面。

（5）画线完毕后，经过校对复核方可进行开榫、凿眼或截锯木料，以免发生差错。

三、锯割工具

锯割的目的就是把木材纵向锯开或者横向截断。锯是把木材锯割成各种形状，或达到木构件需要的尺寸的工具。锯子进行锯割时，就是锯条在直线形式或曲线形式的轻压和推进的运动中，对木材进行快速切割的一个工作过程。

（一）常用的锯割工具

1. 框锯

框锯又名架锯，由工字形木框架、锯条、绞绳与绞片等组成。锯条两端用旋钮固定在框架上，并可用它调整锯条的角度。绞绳绞紧后，锯条被绷紧，即可使用。框锯锯条一般宽度为 22～24mm，厚度为 0.5～0.7mm，按锯条长度及齿距不同可分为粗、中、细三种。

（1）粗锯又叫大锯或顺锯，锯条长 650～750mm，齿距 4～5mm，锯齿较粗，工作效率高，锯出来的木料表面比较粗糙，主要用于锯割较厚的木料。

（2）中锯又叫二锯，锯条长 550～650mm，齿距 3～4mm，中锯主要用于锯割薄木料或开榫头。

（3）细锯锯条长 450～500mm，齿距 2～3mm，细锯主要用于锯割较细的木材和开榫拉肩。

在使用框锯前，先用旋钮将锯条角度调整好，并用绞板将绞绳绞紧使锯条平直。框锯的使用方法有纵割（顺锯）和横割（截锯）两种。

（1）纵割法：锯割时，将木料放在板凳上，右脚踏住木料，并与锯割线成直角，左脚站直，与锯割线成 60°，右手与右膝盖成垂直，人身与锯割线约成 45°为宜，上身微俯略为活动，但不要左仰右扑。锯割时，右手持锯，左手大拇指靠着锯片定位，右手持锯轻轻拉推几下（先拉后推），开出锯路，左手离开锯边，当锯齿切入木料 5mm 左右时，左手帮助右手提送框锯。提锯时要轻，并可稍微抬高锯手，送锯时要重，手腕、肘肩与身腰同时用力，有节奏地进行。这样才能使锯条沿着锯割线前进。否则，纵割后的木材边缘会弯曲不直，或者锯口断面上下不一。

（2）横割法：锯割时，将木料放在板凳上，人站在木料的左后方，左手按住木料，右手持锯，左脚踏住木料，拉锯方法与纵割法相同。

使用框锯锯割时，锯条的下端应向前倾斜。纵锯锯条上端向后倾斜 75°～90°（与木料面夹角），横锯锯条向后倾斜 30°～45°。要注意使锯条沿着线前进，不可偏移。锯口要直，勿使锯条左右摇摆而产生偏斜现象。木料快被锯断时，应用左手扶稳断料，锯割速度放慢，直至把木料全部锯断，切勿留下一点，任其折断或用手去扳断，这样容易损坏锯条，木料也会沿着木纹撕裂，影响质量。

2. 刀锯

刀锯主要由锯刃和锯把两部分组成，可分为单刃、双刃、夹背刀锯等。单刃刀锯锯长 350mm，一边有齿刃，根据齿刃功能不同分为纵割和横割两种；双刃刀锯锯长 300mm，两边有齿刃，两边的齿刃一般是一边为纵割锯，另一边为横割锯；夹背刀锯锯板长 250～300mm，刀刃较薄，锯背用钢条夹直，锯齿较细，用于细木锯割，有纵割锯和横割锯之分。

3. 板锯

板锯又称手板锯，由锯条和手柄组成。锯片坚硬挺拔，不需框架绷紧，仅装手柄就能使用。由于结构简单，机动灵活，故常用作木框锯的补充工具。常用的板锯有普通板锯和窄手锯两种。普通板锯锯片较宽，主要用于锯割较宽的木板材。窄手锯也称尖刀锯或曲线锯，锯片窄而长，小头成尖形，常用以锯割狭小的孔槽。锯路形式与纵割锯相同。

（二）锯的使用

宽厚木板常用大锯；窄薄木料常用小锯；横截下料常用粗锯；榫头榫肩常用细锯；硬木和湿木要用料路大的锯，软木和干燥的木材要用料路小的锯。使用时，必须注意各类锯的安全操作方法。

（1）框锯在使用前先用旋钮把锯条角度调整好，习惯上应与木架的平面成 45°，用绞板将绷绳绞紧，使锯条绷直拉紧；开锯路时，右手紧握锯把，左手按在起始处，轻轻推拉几下，用力不要过大；锯割时不要左右歪扭，送锯时要重，提锯时要轻，推拉的节奏要均匀；快割锯完时应将被锯下的部分用手拿稳。用后要放松锯条，并收挂牢固。

（2）使用横锯时，两只手的用力要均衡，以防止向用力大的一侧跑锯；纠正偏口时，应缓慢纠偏，防止卡锯条或将锯条折断。

（3）使用钢丝锯时，用力不可太猛，拉锯速度不可太快，以免将钢丝绷断。拉锯时，作业者的头部不许位于弓架上端，以免钢丝折断时弹伤面部。

（4）应随时检查锯条的锋利程度和锯架、锯把柄的牢固程度；对锯齿变钝、斜度不均的锯条要及时修理，对绳索、螺母、旋钮把柄及木架的损坏应及时修整，修好后方可继续使用。

四、刨削工具

刨削是木工的基本工艺之一。各种木构件都要通过刨削加工才能获得所需的形状和尺寸精度。手工刨削用的主要工具称为刨，常用的有平推刨和线刨两大类。

（一）手工刨的种类

1. 平推刨

平推刨又称平刨，主要用于木料刨削，使之达到平、直、光洁的要求。平推刨由刨身、刨刃、刨楔、盖铁、刨柄等组成。按刨削要求的不同，平刨分为粗刨、中刨、细刨和常刨。它们的结构与形状基本相同，只是刨身的长度、宽度不同。

粗刨也称荒刨，刨身长度为 250～350mm，是初步刨削木料面的工具，大致将木料面刨平，加工精度不高，表面稍显粗糙。

中刨又称为二长刨，一般长为 400mm 左右，刀刃露出少，刨削层薄，可将木材面刨削到平直、光洁。

细刨又称光刨，刨身长度为 150mm 左右，主要用于木制品表面的细致修光，使其平整光滑。

大刨又称长刨，刨身长度为 600mm 左右，用于板材和方材的刨削拼缝。由于刨身较长，所刨削的木料面要求很直，表面平整。

2. 线刨

线刨是将木料刨削成除平面以外各种所需形状的刨削工具。常用的线刨有单线刨、边刨、槽刨、斜刃刨。单线刨又称平槽刨，适用于刨削槽沟和平刨不能刨削的构件部位处。边刨又称裁口刨，用于刨削木材边缘开出企口等。槽刨用于刨削加工凹槽和装配所需的小槽沟。斜刃刨适用于刨削角形和有角度沟槽的构件。

（二）手工刨的使用

1. 刨刃的安装与调整

安装刨刃时，先将刨刃与盖铁配合好，控制好两者刃口间的距离，然后将它插入刨身中。刃口接近刨底，加上楔木，稍往下压，左手捏在刨底的左侧棱角中，大拇指捏住楔木、盖铁和刨刃，用锤校正刃口，使刃口露出刨屑槽。刃口露出多少与刨削量成正比，粗刨多一些，细刨少一些。检查刨刃的露出量，可用左手拿起刨来，底面向上，用单眼向后看去，就可以察觉。如果露出部分不适当，可以轻敲刨刃上端。如果露出太多，需要回进一些，就轻敲刨身尾部。如果刃口一角突出，只需轻敲刨刃同角的上端侧面即可。

2. 推刨要点

推刨时，左右手的食指伸出向前压住刨身，拇指压住刨刃的后部，其余各指及手掌紧握手柄。刨身要放平，两手用力均匀。向前推刨时，两手大拇指需加大力量，两个食指略加压力，推至前端时，压力逐渐减小，至不用压力为止。退回时用手将刨身后部略微提起，以免刃口在木料面上拖磨，容易迟钝。刨长料时，应该是左脚在前，然后右脚跟上。

在刨长料前，要先看一下所刨的面是里材还是外材，一般里材较外材洁净，纹理清楚。如果是里材，应顺着树根到树梢的方向刨削，外材则应顺着树梢到树根的方向刨削。这样顺着木材纹理的方向，刨削比较省力。

下刨时，刨底应该紧贴在木料表面上，开始不要把刨头翘起，刨到端头时，不要使刨头低下（俗称磕头）。否则，刨出来的木料表面中间部分会凸出不平。

3. 刨的修理

1）刨刃的研磨

刨刃使用一定时间后，其刃口部分磨损、变钝或者缺口，因此需要研磨。研磨刨刃时，用右手紧握刨刃上端，左手的食指和中指紧压刨刃，使刨刃斜面与磨石密贴，在磨石中前后推动。磨时要勤浇水，及时冲去磨石上的泥浆。刨刃与磨石间的夹角不要变动，以保证刨刃斜面平正。磨好的刃锋，看起来是一条极细的黑线，刃口处发乌青色，斜面平整。再将刨刃翻过来，平放在磨石上推磨二三下，以便磨去刃部的卷口。最后将刨刃的两角在磨石上略磨几下修平。对于缺陷较多的刨刃，可先用粗磨石磨，后在细磨石上磨。一般的刨刃，仅用细磨石或中细磨石研磨即可。使用油石研磨刨刃时，须加油润滑。

2）刨的维护

敲刨身时要敲尾部，不能乱敲，打楔木也不能打得太紧，以免损坏刨身。刨子用完以后，应将底面朝上，不能乱丢。如果长期不用，应将刨刃退出。在使用时不能用手指去摸刃口或随便去试其锋利与否。要经常检查刨身是否平直，底面是否光滑，如果有问题，要及时修理。

五、凿孔工具

手工凿是传统木工工艺中木结构结合的主要工具，用于凿眼、挖空、剔槽、铲削的制作。

（一）凿的种类

凿一般有以下几种：

（1）平凿。平凿又称板凿，凿刃平整，用来凿方孔、剔槽和切削。

（2）圆凿。圆凿有内圆凿和外圆凿两种，凿刃呈圆弧形，用来凿圆孔、圆弧或剔圆槽。

（3）斜凿。斜凿的凿刃是倾斜的，用来倒棱、剔槽或剔狭窄部分。

（二）凿的使用

凿孔又称打眼、凿眼。凿孔前应先画好孔的墨线，木料放在垫木或工作凳上，打眼的面向上，人可坐在木料上面，如果木料短小，可以用脚踏牢。打眼时，左手紧握凿柄，将凿刃放在靠近身边的横线附近3～5mm，凿刃斜面向外。凿要拿垂直，用斧或锤着力地敲击凿顶，使凿刃垂直进入木料内，这时木料纤维被切断，再拔出凿子，把凿子移前一些斜向打一下，将木屑从孔中剔出。如此反复打凿及剔出木屑。当凿到另一条线附近时，要把凿子反转过来，凿子垂直打下，剔出木屑。当孔深凿到木料厚度一半时，再修凿前后壁，但两根横线应留在木料上不要凿去。打全眼（凿透孔）时，应先凿背面，到一半深，将木料翻身，从正面打凿，这样眼的四周不会产生撕裂现象。

凿孔有透孔、半孔、斜孔等的区分，根据榫口的接合法而定。初学时要先练透孔（穿透的孔），然后练半孔和斜孔。为使所凿孔眼保持整齐，内壁尺寸和榫头棱角、榫根以及缝尖线角处都能符合要求，必须配合使用各种凿进行垂直或水平方向的切削修整。

（三）凿的修理

凿的磨砺和刨刃的磨砺方法基本一致，但因凿柄长，磨刃时要特别注意平行往复前后推拉，用力均匀，姿势正确。千万不能一上一下，使刃面形成弧形。磨好的刃，刃部锋利，刃背平直，刃面齐整明亮，不得有凸棱和凸圆的状况。

（四）凿孔注意事项

用凿开凿榫孔是木工最基本的操作之一，使用时应注意以下几点：

（1）凿孔时每敲击一次凿柄顶端，要摇动一下凿子，如果只敲不摇，容易使凿子夹在木孔里，不易拔出。

（2）用斧敲击凿柄顶端时，一般将斧身平放，用斧侧敲击凿顶，也有用斧背敲击凿顶的，但操作时均要避免偏斜，必须垂直打击。斧和凿互相配合，既能不凿坏木料，又可防止击伤手背。

（3）凿孔时要握紧凿柄，不让其左右摇摆，防止把孔眼打歪、打偏。

（4）操作过程中还应注意安全作业。要随时注意周围环境，防止斧头滑脱伤人，举斧时注意刃口方向，勿因高举而伤人。

（5）凿柄顶端应用小铁箍箍紧。无铁箍的凿柄，经日久使用后，凿柄顶端打毛损坏，需要调换或修去毛头。

（6）凿刃保持锋利对凿孔工效与质量影响很大。研磨凿刃的方法与刨刃的研磨基本相同。一般是右手握凿柄中部，左手中指、食指压在上面，掌握角度。为加快研磨速度，可将左手横压右手的前方，握紧凿柄在磨石上研磨。

六、钻孔工具

钻孔工具按构造的不同分为弓摇钻、手摇钻和电钻等，下面主要介绍前两种。

（一）弓摇钻

弓摇钻由弓形摇手棘轮机构、顶木和钻轧头等组成。使用时，如果摇后因受位置限制不能做整圈旋转时，可调节棘轮机构，使其做半圈或小半圈旋转。在钻孔时，棘轮与撑脚应能保证锁住，不得打滑，轧头调节圈应左右转动灵活，定位可靠，轧头与圆顶木应在同一中心线，不能歪斜。各转动零件应转动灵活，无轧死、急跳等现象。

（二）手摇钻

手摇钻又称立摇钻，钻身为铸铁架子，上端装置木立柄，中间一侧装木横柄，另一侧装置带摇柄的大锥形齿轮，传动小锥齿轮平装在机架内小竖轴上，竖轴的下部装置钻轧头。手摇钻有手压式和胸压式两种，手压式就是直手柄摇钻，胸压式将直手柄制成适合用肩胛顶压的马鞍形。胸压式加压较大，可钻较大直径的孔眼。

七、其他手工工具

（一）斧头

斧头是砍削工具，用来砍劈木材，使木材平齐，给刨削等工序打好基础。

斧头分双刃斧和单刃斧两种。双刃斧的斧刃在中间，可以自左或右两面砍劈木料，方便灵活，但不如单刃斧能吃料。单刃斧的斧刃在斧的一边，角度比较小，只能向一边砍，但砍时易吃料，容易砍直。

斧头的使用方法有平砍和立砍两种。平砍时一般双手握斧砍削，操作时将木料稳固在工作台上，一手握住斧把尾端，另一手握住斧把的中部，先在木料上顺纹砍出切口，然后按墨线从右到左砍削。立砍为单手砍削，操作时一手紧握斧把，另一手握住木料一边的上部，先在木料上顺纹方向斜向砍出切口，切口深度不得砍过墨线，然后按墨线从上到下逐段砍削。

实际操作时，一般小的木料选择平砍，而当木料较大时可选择立砍。用斧砍削木料时，应注意以下几点：

（1）落斧位置要准确，要掌握好落斧方向和用力大小。

（2）以墨线为准，并注意留出刨光的厚度，可每隔 10cm 左右斜砍若干切口，斧落到切口处，木片就容易脱落。

（3）如遇到节子，短料应将木料调头从另一端再砍，长料应从双面砍削。节子如在板材中心，应从节子中心向两边砍削。如节子较大，为了砍削阻力的减小，可先将木节砍碎，再左右砍削。如节子很坚固，则应用锯将其锯掉，不宜硬砍。

（4）砍削软材时要轻砍细削，用力过猛会时使木料顺纹理撕裂。

（5）在地面上砍劈时，木料底下要垫上木块，以免损伤斧刃。圆木料平砍时，应将其放在木马架或枕槽上，以便固定。

（6）时刻注意斧把的牢固，防止斧头脱出伤人。

砍料的斧子必须锋利，使用时才能得心应手，轻快准确。钝斧不仅操作费力，而且斧刃吃不住料，容易出工伤事故。

斧刃研磨时用双手食指和中指压住刃口部，也可一手握住斧把，另一手压住斧刃口，紧贴在磨刀石上来回推动，向前推时要使刃口斜面始终紧贴石面，切勿使其翘起。当刃口磨得发青、平整、成一直线时，表示刃口已磨锋利。

（二）锤子

锤子又称铁锤或榔头，木工作业中常用的有羊角锤、平头锤两种。羊角锤亦称羊角榔头或拔钉锤；平头锤又称扁顶锤或鸭嘴锤。锤重（不包括锤柄）有 0.25kg、0.5kg 及 0.75kg 三种，锤柄由硬木制成，柄长 300mm 左右。

锤子的使用，须注意以下几点：

（1）锤柄的安装必须牢靠，防止滑脱，端部要加楔，锤柄的榫头不得长于锤外，并经常检查，以保安全。

（2）用锤敲钉时，要使锤头平击钉帽，使钉垂直地打入木料内，否则容易把钉打弯。

（3）拔钉时，可在羊角处垫一木块，加强起力。遇到锈钉，可先用锤轻击钉帽，使钉松动，然后拔起。

（4）拔钉时，如有锈钉拔断而钉身仍在木料内，除特殊情况许可不再拔起（根据工件要求及加工条件）外，一般都应拔除，以确保其刨削及砍、劈加工中不会损坏刨刃、斧刃，有利于安全操作。

（三）胡桃钳

胡桃钳又名起钉钳、剪钉钳、蟹爪钳。钳口与柄部互相垂直，钳柄末端制成适用于挤压工作的圆球形和用于起拔钉子的带缺口的扁平形等。其规格以全长表示，有 150mm、175mm、200m 三种，分别能切断直径 1.6mm、1.8mm、2.2mm 的普通碳素钢丝。

（四）木砂纸

木砂纸可分为干砂纸、水砂纸和砂布等。干砂纸用于磨光木件，水砂纸用于蘸水打磨物件，砂布多用于打磨金属件，也可用于木结构。为了得到光洁平整的加工面，可将砂纸包在平整的木块（或面）上，并顺着纹路进行砂磨，用力要均匀，先重后轻，并选择合适的砂纸进行打磨。通常先用粗砂纸，后用细砂纸。当砂纸受潮变软时，可在火上烤一下再用。

第二节　木工机械及使用

一、手提电动工具

（一）手提电动圆锯机

手提电动圆锯机由小型电动机直接带动锯片旋转，由电动机、锯片、机架、手柄及防护罩等部分组成，如图 3-2 所示。手提电动圆锯机可用来横截和纵截木料。锯割时锯片高速旋转并部分外露，操作时必须注意安全。开锯前先在木料上画线，并将其夹稳，双手提起锯机按动手柄上的启动按钮，对准墨线切入木材，把稳锯机沿线向前推进。操作时要戴防护眼镜，以免木屑飞溅伤眼。

图 3-2　手提电动圆锯机

（二）手提木工电刨

手提木工电刨是以高速回转的刀头来刨削木材的，类似倒置的小型平刨床。操作时，左手握住刨体前面的圆柄，右手握住机身后的手把，向前平稳地推进刨削。往回退时应将刨身提起，以免损坏工件表面。手提电刨不仅可以刨平面，还可倒楞、裁口和刨削夹板门的侧面，如图 3-3 所示。

图 3-3　手提木工电刨

（三）手提电动线锯机

手提电动线锯机主要用来锯较薄的木板和人造板，如图 3-4 所示。因其锯条较窄，既可直线锯割，也可锯曲线。

图 3-4　手提电动线锯机

手提电动线锯机有垂直式和水平式两种。垂直式手提电动线锯机的底板可以与锯条之间做 $45°\sim90°$ 的任意调节。锯直边时，底板与锯条垂直，锯斜边时，把底板在 45°范围内调整。操作时在木料上画线或安装临时导轨，底板沿临时导轨推进锯割。曲线锯割时必先画线，双手握住手把沿线慢慢推进锯割。

水平式手提线锯机无底板，刀片与电动机轴平行。操作时右手握住手柄，左手扶着机体沿线锯割。手提电动线锯机不仅可以锯木材及人造板，还可锯软钢板、塑料板等其他材料。

（四）磨光机

磨光机是用来磨平抛光木制产品的电动工具，有带式、盘式和平板式等几种。常用带式砂磨机由电动机、砂带、手柄及吸尘袋等部件组成。手提磨光机如图 3-5 所示。操作时，右手握住磨机后部的手柄，左手抓住侧面的手把，平放在木制产品的表面上顺木纹推进，转动的砂带将表面磨平，磨屑收进吸尘袋，积满后拆下倒掉。

图 3-5　手提磨光机

磨光机砂磨时，一定要顺木纹方向推拉，且忌原地停留不动，以免磨出凹坑，损坏产品表面。用羊毛轮抛光时，压力要掌握适度，以免将漆膜磨透。

（五）电动螺钉旋具

电动螺钉旋具的外形与手枪电钻相似，只是夹持部分有所不同，如图 3-6 所示。电动螺钉旋具夹持机构内装有弹簧及离合器，不工作时弹簧将离合器顶离，电动机转动，螺钉旋具不转。当把螺钉旋具压向木螺钉时，弹簧被压缩，离合器合上，螺钉旋具转动，拧紧木螺钉。

更换螺钉旋具头可以完成平口木螺钉、十字头螺钉、内六角螺钉、外六角螺钉、自攻螺钉等的拧紧工作。

图 3-6　电动螺钉旋具

（六）电钻

木工常用的电钻有用于打螺钉孔的手枪电钻和手电钻，以及装修时在墙上打洞的冲击钻，如图 3-7 所示。它可在无冲击状态下在木材和钢板上钻孔，也可以在冲击状态下在砖墙或混凝土上打洞。操作电钻时，应注意使钻头直线平稳进给，防止弹动和歪斜，以免扭断钻头。加工大孔时，可先钻一小孔，然后换钻头扩大。钻深孔时，钻削中途可将钻头拉出，排除钻屑继续向里钻进。使用冲击钻在木材或钢铁上钻孔时，不要忘记把钻调到无冲击状态。

图 3-7　电钻

二、锯割机械

（一）带锯机

带锯机主要用于纵向锯割较大的原木或方木。根据用途的不同可分为：锯割原木的跑车带锯机（大带锯），厚板或方材再剖带锯机（小带锯）以及细木工用的轻型带锯机（细木工带锯机）三种。

1. 跑车带锯机

跑车带锯机俗称大型带锯机或原木带锯机。锯轮直径一般在1m以上，立式结构居多。跑车带锯机通常由两大部分组成：完成切削原木主运动的主机和夹持原木并实现进给运动的跑车。在有些较为完善的跑车带锯机上，还带有上木、翻木以及板材输送等辅助装置。

跑车带锯机的主要优点：主切削速度快（45～60m/s），所使用的锯条较其他锯机如框锯机和圆锯机薄，锯路小，切屑少，属于开式制材。

2. 再剖带锯机

再剖带锯机主要适用于将跑车带锯机加工出来的毛方、厚板材、厚板皮或者直径较小的原木、厚度较小的毛方或厚板材等再剖成薄板材。再剖带锯机锯轮直径较小，机械进给机构速度较快，电动机总功率也较大，适用于大型企业进行大规模生产。

3. 细木工带锯机

细木工带锯机主要用来锯割细小木料的直线及各种不规则的曲线、斜线，广泛用于门窗、家具及模型等制造。

4. 带锯机操作注意事项

（1）带锯机是高速运转锯割木材的机械，操作人员必须熟悉机械性能和操作工艺，操作时要思想集中，沉着镇静，有条不紊地进行作业。

（2）操作前要检查机械各部件及安全装置是否良好，锯条有无伤痕、裂口等现象，并注意检查木料上有无铁钉、铅丝头、防裂铁卡或其他硬杂物等。

（3）随时观察锯机在运转中的锯条动向，如锯条突然发生前后窜动、发出破碎声，或在刮锯条时有碰打刮刀的感觉时，应立即停车检查。一般从张紧装置失灵、平衡锤过重、上下轮不垂直偏扭、锯条使用时间过长及进料过猛、遇节疤不减速等方面进行调整，以防止损坏锯条，甚至使锯条断裂伤人。

（4）操作过程中应随时观察木料的缺陷。倒车和回料时不使木料碰撞锯条，并及时清除轮面和锯条上的锯末和树脂及锯座上的碎渣等，严防锯机在运转操作中掉条。

（5）推拉木料时，手离锯条的距离不得少于50cm。锯机运转中，刮锯条及轮面的锯末、树脂时，动作要准，刮刀不要碰着锯齿。换锯条时手要拿稳，防止锯条弹跳锯刃伤人。

（6）锯条张紧度要均匀，木料入锯一定要稳。开锯第一块木料时应校对尺寸，然后正常锯割。经常检查锯材质量，避免锯出木料弯曲、偏楞。锯料到后段时应拖料锯完，不得急忙拉出。

（二）圆锯机

圆锯机是利用圆锯片锯削木材的机床，根据锯削方向分为纵向圆锯机、横向圆锯机和万能圆锯机。

圆锯机操作注意事项：

（1）锯片安装前应检查锯片是否有断齿或裂口现象，然后安装。锯片应与主轴同心，空隙不超过0.15～0.2mm，否则会产生离心惯性力，使锯片在旋转中摆动。法兰盘的夹紧面必须平整，应严格垂直于主轴的旋转中心，并装好防护罩。启动锯机后应空转2～3min，转至全速方可开始进料。

（2）手动进料木工圆锯机需两人操作，上手方要双手拿料，使木材紧靠靠山直推，推料离锯片30cm以外就要松手，人站在锯片的侧面；下手方接料时要与上手方步调一致，用力均匀，回送木料时要离开锯片，防止木料碰撞锯片，弹射伤人。

（3）圆锯片旋转时，切勿用手清除台面上的木渣、杂物等，应用长木拨除。锯小料时，应使用推杆推料。需调整时，应待锯完全停止后进行，切忌以木棒强制停转。

（4）发现锯旋转声音不正常时，立即关闭电源，停锯检查。

三、刨削机械

刨削机械是指用旋转或固定刨刀加工木料的平面或成型面的木工机床。按照不同的工艺用途，木工刨床可分为平刨床、杠压刨床、四面刨床等。

（一）平刨床

木工平刨床是用来刨削工件的一个基准面或两个直交的平面。电动机经胶带驱动刨刀轴高速旋转，手按工件沿导板紧贴前工作台向刨刀轴送进。前工作台低于后工作台，高度可调，其高度差即为刨削层厚度。调整导板可改变工件的加工宽度和角度。拼缝刨床的结构与平刨床相似，但加工精度较高。平刨床主要用于板材拼合面的加工。

操作前，应全面检查机械各部件及安全装置是否有松动或失灵现象，另外还要检查刨刃锋利程度，调整刨刃吃刀深度，经试车 1～3min 后，没有问题才能正式操作。

操作时，左手压住木料，右手均匀推进，不可猛力推拉，切勿用手指按住木料侧面。刨料时可先刨大面作为基准面，然后刨小面，木料退回时，不要使木料碰到刃刀。刨旧料前，必须将料上的钉子、杂物清除干净。木质比较坚硬或木节、戗槎、纹理不顺，在刨削中木料容易跳动，手指容易划向刨刃，因此必须思想集中，进行慢刨。严禁将手按在节疤上送料。

当木料厚度小于 30mm、长度小于 400mm 时，应用推板及推棍送料。厚度在 15mm、长度在 250mm 以下的木料，不得在平刨床上加工。两人同时操作时要相互配合，木料过刨刃 300mm 后，下手方可接料。机械运转时，不得将手伸进安全挡板里侧去移动挡板或拆除安全挡板进行刨削。严禁戴手套操作。若操作时发生故障，应切断电源仔细检查，找出原因，及时处理。

（二）木工压刨床

木工压刨床用于刨削板材和方材，以获得精确的厚度。单面木工压刨床的刨刀轴做旋转的切削运动，位于木料上下的 4 个滚筒使木料做进给运动，沿着工作台通过刀轴。双面木工刨床由 2 个刀轴同时加工，按刀轴布置方式的不同，可刨削工件的相对两面或相邻两面。三面木工刨床利用 3 个刀轴同时刨光工件的 3 个面。四面木工刨床利用 4～8 根刀轴同时刨光工件的 4 个面，生产效率较高，适用于大批量生产。

压刨床操作注意事项：

（1）在装置刨刀时，可使刀刃伸出轴 1～3mm，不得有高低倾斜，并注意拧紧装刀螺栓，以防松脱。

（2）操作时，先根据加工木料的厚度转动升降器手轮，使工作台调整至需要高度，然后开刀轴开关，再开进料滚筒开关，待刀轴运转正常后进料。

（3）进料时，将需要刨削的一面木料朝上送入进料滚筒，同时后端应稍微抬高，但不能太高，以免木料前端碰到刀刃被咬掉一块而影响质量。

（4）当几根木料同时进料时，要将厚薄相差不大的放在一起，防止因木料厚薄相差较大，使吃刀有深、有浅，造成刨出的木料呈波浪形，或由于较薄木料未压住而弹出伤人。

（5）刨削长料时，木料要平直推进，不得歪斜；当刨削短料时，须连续接上，防止木料走横或弹出伤人。

（三）四面刨床

四面刨床是利用装有刨刀和铣刀的主轴，从 4 个面按照平面或成型面来刨削木材的机床。地板、企口板大都利用四面刨进行加工。四面刨床具有不同数目的工作轴，一般为四轴，还有五轴、六轴或八轴。

在开始加工工件前，必须首先做好机床调整、安装刀具等准备工作。安装刀具就是根据产品的断面形状，在 4 个刀轴上安装相应的刀具，并把它们调整到和产品规格相适应的位置上才可开车生产。

四面刨床需要 3 人操作，1 人递料，1 人接料，1 人负责调整机床和随时处理可能发生的情况。递料人应一根一根地将木料送入进料滚筒等压料器压上木料后即可松手。接料人不可拉料，应等木料出左右立刀后，方可把料拿出堆放。当发生意外情况时，负责调整机床的人应立即采取必要的措施排除故障。

工作完毕后，先按动停机按钮，待全机停止转动后，把转换开关拨到停车位置。

四、钻孔机械

木工钻孔机又称木工钻床，用于在木料上钻孔、打眼，所以亦被称为打眼机。

钻孔机操作注意事项：

（1）操作前，按孔形状和尺寸调整台面，选择和装置钻头，调对操作速度，然后扳动夹持器将木料紧贴导板夹紧，并进行试钻，试钻正常后才能进行工作。

操作时，一般用脚踩踏板或扳动手把，使钻头下落达到钻孔效果。钻孔开始时要稳、缓，然后逐渐加压、加速，钻到要求深度后，抬起踏板或扳回手把，钻头即上升离开木料。

（2）当钻长形孔时，只要转动工作台下的手轮，使工作台左右移动，机头滑板则不断上下，即可钻成。钻斜孔时，可将工作台调成倾斜，按斜孔角度进行钻削，也可利用两块带有对称斜度的夹持模具来固定木料进行钻削。

（3）钻透孔时，如一次钻透，则在木料下加垫板，如木料厚度大于钻头长度，应先从木料反面钻到一半深，再翻转木料从正面下钻打通。钻半孔时，可使工作台升降到需要的高度，配合标尺所示刻度进行钻削。

（4）钻削的孔眼要整齐，不得偏斜。钻孔时如因压力过大，发生钻头卡塞或转动减速等情况，应立即停止操作，抬起钻头检查，应根据钻头使用时间、发热退火情况，进行调换磨修。工作中要经常对钻头加些机油润滑。

第三节　木工自用手工工具的制作

一、平刨

（一）平刨的构成

平刨由刨身、刨刃、盖铁、刨楔、刨柄手把等组成，如图3-8所示。其中，刨身开得好坏直接影响刨子的使用。

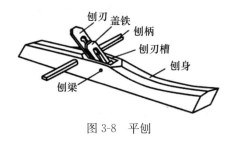

图 3-8 平刨

（二）刨身的制作

刨身材料一般选用檀木、麻栎、榉木、榆木、柞木类等硬质耐磨、不易变形、不易开裂的木材制作，同时材质要求纹理直，无节子等缺陷。长、中、短刨，其刨刀（刨刃）嵌入刨身内与刨底的夹角一般为 45°。刨刀的宽度一般为 44mm。中、长刨的刨口开在前部比后部长约 1/5 处；短、光刨的刨口开在后部比前部长约 1/5 处。

1. 操作工艺流程

刨料→画线→凿眼→安装刨梁、刨柄→制作安装刨楔。

2. 操作工艺要点

（1）刨料。将制刨用的木料刨成 45mm×65mm×450mm 的净料。其中刨底要求平直，不翘曲、不开裂，无节疤及其他缺陷。

（2）画线。选好刨底，从刨头顺木纹量出刨口的距离为 250mm，其他画线尺寸如图 3-9 所示。

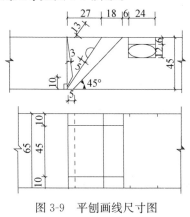

图 3-9 平刨画线尺寸图

（3）凿眼。先凿刨梁的半圆眼，凿眼时注意不要把刨身打坏，同时不要把半圆眼打得太大。然后凿刨腔眼。刨腔先凿刨口再凿刨腔上口，凿孔时注意不要把刨凿漏底，同时刨腔底面要求平整、不翘曲。最后用钻头钻 12mm 的刨柄眼。

（4）安装刨梁、刨柄。刨梁宜采用木质较硬且韧的材料（如红木）刨成半圆形，安入倒梁的眼中，要求梁安装不偏斜、不翘曲。刨柄木质宜与刨身木质相同，刨成厚为 12mm、宽为 24mm、长为 250mm 的椭圆木棍，安装在刨柄孔内即可。

（5）制作安装刨楔。刨楔宜采用与刨身相同的木料，中间开宽为 12mm、长为 40mm 的槽，刨楔宽为 44mm，厚口为 10mm，薄口为 2mm，长为 100mm。外形按手势的需要打紧刨楔，将各部组装紧实。

二、线脚刨

线脚刨包括槽刨、边刨、单线刨等。线刨根据所需的线型、尺寸要求进行制作。

（一）操作工艺流程

刨料→画线→锯刨腔→剔刨底→挖孔眼→安刨刀、试刨。

（二）操作工艺要点

1. 刨料

若制作刨刃宽为 10mm 的叉角线刨，如图 3-10 所示。将刨料刨成 20mm×55mm×180mm 的净料。

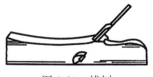

图 3-10　线刨

2. 画线

叉角线刨的刨刀嵌入刨腔中与刨底的夹角为 48°，即采用竖十卧九的比例进行画线。画线尺寸如图 3-11 所示。

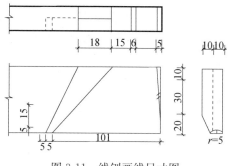

图 3-11　线刨画线尺寸图

3. 锯刨腔

根据画线，用细锯进行锯割，锯割时不能过线，锯刃底刨平整、不翘曲。

4. 剔刨底

用小圆凿进行剔底，要求底要圆直、光滑、不歪斜。剔底时当心伤手或把刨料剔坏等。

5. 挖孔眼

挖孔眼即挖出刨花的孔。孔要圆滑，开口不能太大，深度不能太深，距离刨口 2~3mm。

6. 安刨刀、试刨

刨的外形按手势的需要剔削成型后，把刨刀安装好，打紧刨楔，楔长下口正好在猫耳的上口，然后进行试刨，要求刨花出来圈曲顺利、不卡花。

（三）质量标准与安全注意事项

1. 质量标准

（1）角度正确，底面不翘裂、不弯曲，顺纹画线、刨梁眼，刨腔眼及刨柄眼尺寸符合设计要求。

（2）刨铁斜底平整，不翘裂，不漏底。

（3）挖刨头、刨身、刨底，要求光滑平整。

（4）刨楔厚度要合理，刨孔应挖的适于出屑。

2. 安全注意事项

（1）锯、刨加工时，应注意机械操作规程及安全注意事项。

（2）在剔削时，应防止刀口滑出伤人，或把制品剔坏。

（3）手工制作时，应注意安全操作。

第四节　木工机具的维修与保养

科学技术在不断地发展，建筑行业的机械化程度也越来越高，木工机械的发展也很快。但总体来说，木工机械基本构造是一致的，其保养维护的方法也基本相同。木工机械的维护与保养是提高木工机械的工作效率、延长木工机械使用寿命的重要手段。木工机械维护保养的主要工作是机具维护和机械保养。

一、机具维护

木工机械在使用前后都需要进行维护清理。机械工作时，必须注意滚动轴承的温度不超过 60℃，如超过，应立即换油。若仍无效，则应卸下轴承，用洁净柴油清洗干净，涂上锂基润滑脂，再继续工作。磨锐利的刀片和锯片需要进行平衡，刃口部位不应有烧坏变蓝及小崩口、裂缝等现象。

二、机械保养

须经常对机械各运动部件进行润滑，润滑良好能使机械延长使用寿命，并利于装置正常运转。机械保养应订立严格的规章制度。机械保养时应重点把握好润滑的方法、油脂的类别和润滑周期。

（一）平刨床保养

平刨床润滑加油保养见表 3-2。

表3-2　平刨床润滑加油保养

序号	润滑部位名称	润滑方法	润滑油脂类别	润滑时间
1	刀轴轴承	单独手工加油	2 号特种润滑油	三个月一次
2	电动机部分轴承	单独手工加油	锂基润滑脂	半年一次
3	工作台调正丝杆转轴	压注油杯	30 号机械油	一周一次
4	导板、台面	手工揩油	30 号机械油	一天一次

（二）圆锯机保养

圆锯机润滑加油保养见表3-3。

表3-3　圆锯机润滑加油保养

序号	润滑部位名称	润滑方法	润滑油脂类别	润滑时间
1	导向板手轮轴承	压注油杯	30 号机械油	一天一次
2	工作台升降手轮轴承	压注油杯	30 号机械油	一天一次
3	工作台升降丝杆	手工注油	30 号机械油	一天一次
4	升降丝杆止推轴承	手工注油	30 号机械油	一天一次
5	工作台升降滑板导轨	手工注油	30 号机械油	一天一次
6	移动导向板齿条轴	手工注油	30 号机械油	一天一次
7	锯片轴承座	旋盖式油杯	钠基润滑脂	一月一次

（三）压刨床保养

压刨床润滑加油保养见表3-4。

表3-4　压刨床润滑加油保养

序号	润滑部位名称	润滑方法	润滑油脂类别	润滑时间
1	刀轴轴承	牛油杯	钠基润滑脂	六个月一次
2	辊筒轴承	油孔加油	30 号机械油	一天一次
3	齿轮减速箱	去盖加油	30 号机械油	一个月一次
4	过桥轴承	油孔	30 号机械油	一天一次
5	工作台滑板导轨	开式滑导	3 号机械油	一天一次
6	工作台升降丝杆	去盖加油	3 号机械油	一天一次
7	电动机轴承	去盖加油	锂基润滑脂	六个月一次

（四）立式榫槽机保养

立式榫槽机润滑加油保养见表3-5。

表 3-5　立式榫槽机润滑加油保养

序号	润滑部位名称	润滑方法	润滑油脂类别	润滑时间
1	油池	去盖加油	20 号机械油	三个月换一次
2	纵横向丝杆手轮轴	手工加油	30 号机械油	一天一次
3	纵横向导轨	手工加油	30 号机械油	一天一次
4	机头滑板	自动加油	液压系数压力油	一天一次
5	钻轴轴承	压注油杯	锂基润滑脂	一月一次
6	纵向丝杆齿箱	压注油杯	钠基润滑脂	一月一次

（五）铣床润滑加油保养

铣床润滑加油保养见表 3-6。

表 3-6　铣床润滑加油保养

序号	润滑部件名称	润滑方法	润滑油脂类别	润滑时间
1	进料器升降丝杆	压注油杯	30 号机械油	一天一次
2	进料器横向移动手轮轴	压注油杯	30 号机械油	一天一次
3	滚动轴	压注油杯	30 号机械油	一天一次
4	链条	压注油杯	30 号机械油	一天一次
5	齿轮变速箱	手工注油	30 号机械油	根据需要
6	变速轮轴轴承	手工注油	3 号钙基润滑油	三月一次
7	主轴轴承	手工注油	锂基润滑脂	六月一次
8	主轴套筒	手工注油	30 号机械油	根据需要
9	装刀制动凸轮	手工注油	30 号机械油	根据需要

第四章 建筑力学与结构基础

第一节 建筑力学基础知识

建筑力学主要研究房屋建筑结构及其构件在荷载作用下维持平衡的条件以及承载力的计算问题，为建筑结构设计提供理论基础。静力学是研究物体在力的作用下的平衡规律的科学。

一、静力学基础知识

（一）静力学基本概念

1. 力的概念

力是物体之间的相互作用，这种作用的效果是使物体的运动状态发生改变（外效应），或使物体产生变形（内效应）。

力是一个既有大小又有方向的量，所以力是矢量。力对物体的作用效应可由力的大小、方向、作用点三个要素来衡量。如图4-1所示，力可用一段带箭头的线段来表示，线段的长度表示力的大小，线段与某定直线的夹角表示力的方位，箭头表示力的指向，线段的起点或终点表示力的作用点。在国际单位制中，力的单位为牛顿（N）或千牛顿（kN），1kN＝1000N。

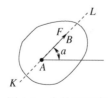

图 4-1 力的三要素

2. 力系的概念

同时作用在一个物体上的一群力称为力系。对物体作用效果相同的力系称为等效力系。物体在力系作用下，相对于地球静止或做匀速直线运动，称为平衡。使物体处于平衡状态的力系称为平衡力系。

3．刚体和变形固体

在任何外力的作用下，大小和形状始终保持不变的物体称为刚体。自然界中，任何物体在力的作用下都将发生变形。工程实际中许多物体的变形相对于物体本身尺寸而言常常很微小，从而在研究平衡问题时可以忽略不计，这时可把物体看作刚体。当讨论物体受到力的作用后会不会破坏时，变形就是一个主要的因素，此时应把物体看成变形固体。

4．静力学公理

1）二力平衡公理

作用在一个物体上的两个力，使该物体处于平衡状态的条件是这两个力的大小相等、方向相反、作用在同一条直线上，如图4-2所示。二力平衡公理适用于刚体。

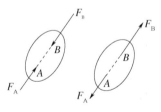

图4-2　二力平衡公理

2）作用与反作用公理

两个物体之间的作用力与反作用力总是同时存在的，它们大小相等，方向相反，沿同一直线分别作用在两个物体上。如图4-3所示。

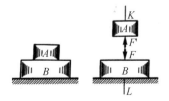

图4-3　作用力与反作用力

3）平行四边形法则

作用于物体上同一点的两个力，可以合成为一个合力，合力的作用点也在该点，合力的大小和方向用以这两个力为邻边所构成的平行四边形的对角线来表示。如图4-4所示，两个力 F_1 和 F_2 汇交于 A 点，它们的合力 F 也作用于 A 点，大小和方向以平行四边形的对角线来表示。

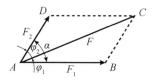

图4-4 平行四边形法则

（二）约束与约束反力

物体受到的力一般可以分为两类：一类是使物体运动或使物体有运动趋势，称为主动力，如重力、水压力等，主动力在工程上称为荷载；另一类是对物体的运动或运动趋势起限制作用的力，称为被动力。

一个物体的运动受到周围物体的限制时，这些周围物体就称为该物体的约束。约束对被约束物体的作用力称为约束反力，简称约束力。约束反力是被动力，其方向总是与约束所能限制的运动方向相反，其作用效果是限制被约束物体的运动。

工程中约束的类型很多，下面介绍几种常见的约束及其约束反力。

1. 柔体约束

绳索、链条或胶带等用于限制物体的运动时，称为柔体约束。由于柔体约束只能限制物体沿柔体约束的中心线离开约束的运动，所以柔体约束的约束反力必然沿柔体的中心线而背离物体，即拉力，如图4-5所示。

2. 光滑接触面约束

当两个物体直接接触，而接触面处的摩擦力可以忽略不计时，两物体彼此的约束称为光滑接触面约束。光滑接触面对物体

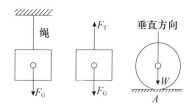

图 4-5　柔体约束

的约束反力通过接触点，沿该点的公法线方向指向被约束物体，为压力或支持力，如图 4-6 所示。

图 4-6　光滑接触面约束

3. 链杆约束

两端用铰链与不同的两个物体分别相连且中间不受力的直杆称为链杆，这种约束只能限制物体沿链杆中心线趋向或离开链杆的运动。链杆约束的约束反力沿链杆中心线，指向未定。链杆约束的简图及其反力如图 4-7 所示。链杆都是二力杆，只能受拉或者受压。

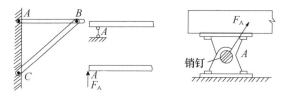

图 4-7　链杆约束

4. 固定铰支座

光滑圆柱铰链将物体与支承面或固定机架连接起来，称为固定铰支座，其约束反力在垂直于铰链轴线的平面内，过销钉中心，方向不定，一般情况下可用图 4-8 所示的两个正交分力表示。

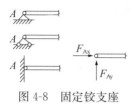

图 4-8　固定铰支座

5. 可动铰支座

在固定铰支座的座体与支承面之间加辊轴就成为可动铰支座，其约束反力必垂直于支承面。在房屋建筑中，梁通过混凝土垫块支承在砖柱上，不计摩擦时可视为可动铰支座。可动铰支座及其约束反力如图 4-9 所示。

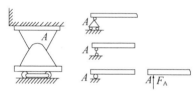

图 4-9　可动铰支座

6. 固定端支座

房屋的雨篷、挑梁，其一端嵌入墙里，墙对梁的约束既限制它沿任何方向移动，同时又限制它的转动，这种约束称为固定端支座。固定端支座除了产生水平和竖直方向的约束反力外，还有一个阻止转动的约束反力偶，其简图和约束反力如图 4-10 所示。

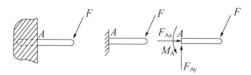

图 4-10　固定端支座

（三）物体的受力分析及受力图

1. 物体的受力分析

在对物体的受力分析时，通常把被研究物体的约束全部解除后单独画出，称为脱离体或分离体。把全部主动力和约束反力用力的图示表示在脱离体上，这样得到的图形，称为受力图。

2. 画受力图的步骤

（1）取研究对象，画脱离体图；

（2）在脱离体上画所有主动力；

（3）在脱离体上解除约束处按约束性质画出全部约束力，假设一个正方向。

（四）力的合成与分解

在力学计算中有时需要将几个力合成为一个合力，称为力的合成；或者需要将一个力分解为两个或几个分力，称为力的分解。在不改变力系对物体作用效果的前提下，用一个简单的力系来代替复杂的力系，就称为力系的合成或力系的简化。

利用平行四边形法可以把作用于物体上的一个力分解为作用于同一点的两个分力，或者将两个已知力合成为一个合力，将一个已知力分解为两个分力的解答不是唯一的。在工程实际中，通常可通过建立直角坐标系进行力的合成或分解。

（五）力矩和力偶

1. 力矩

由实践可知，力可使物体移动，又可使物体转动。例如当拧螺母时，在扳手上施加力 F，扳手将绕螺母中心 O 转动，力越大或者 O 点到力 F 作用线的垂直距离 d 越大，螺母将越容易被拧紧。转动中心 O 点为力矩中心，称为矩心。将 O 点到力 F 作用线的垂直距离 d 称为力臂，则力 F 与 O 点到力 F 作用线的垂直距离 d 的乘积 Fd 称为力 F 对 O 点的力矩。

力矩正负号的规定：力使物体绕矩心逆时针转动时，力矩为正；反之为负。力矩的单位为牛顿米（N·m）或者千牛米（kN·m）。

2. 力偶

把作用在同一物体上大小相等、方向相反的一对平行力称为力偶。力偶中两个力作用线间的垂直距离 d 称为力偶臂，力偶的大小用力和力偶臂的乘积 Fd 来表示。力偶对物体的作用效应只有转动效应，而转动效应由力偶的大小和转向来度量。

力偶正负号表示力偶的转向，其规定与力矩相同。若力偶使物体逆时针转动，则力偶为正；反之为负。力偶矩的单位与力矩的单位相同，为牛顿米（N·m）或者千牛米（kN·m）。

（六）平面力系的平衡条件

物体在力系的作用下处于平衡时，力系应满足一定的条件，这个条件称为力系的平衡条件。

凡各力的作用线都在同一平面内的力系称为平面力系。在平面力系中，各力的作用线汇交于一点的力系，称为平面汇交力系；若干个力偶组成的力系称为平面力偶系；各力作用线互相平行的力系，称为平面平行力系；各力的作用线既不完全平行又不完全汇交的力系，称为平面一般力系。

1. 平面一般力系的平衡条件

根据力系的简化结果，平面一般力系（平面任意力系）与一个力及一个力偶等效，因此平面一般力系平衡的必要和充分条件是力系中所有各力在两个坐标轴上投影的代数和等于零，力系中所有各力对于任意一点的力矩代数和等于零。

2. 平面汇交力系的平衡条件

根据力系的简化结果知道，汇交力系与一个力（力系的合力）等效，因此平面汇交力系平衡的必要和充分条件是力系的合力等于零。

3. 平面力偶系的平衡条件

由于力偶在坐标轴上的投影恒等于零，因此平面力偶系的平衡条件为平面力偶系中各个力偶的代数和等于零。

二、静定结构的内力分析

（一）结构的计算简图

在结构计算中，用以代替实际结构，并反映实际结构主要受力和变形特点的计算模型，称为结构的计算简图。结构的计算简图是对实际结构进行简化，以便于分析和计算。结构简化的内容包括杆件、结点、支座和荷载的简化。

1. 杆件的简化

用杆轴线代替杆件。如梁、柱等构件的纵轴线为直线，就用相应的直线表示；拱、曲杆等构件的纵轴线为曲线，则用相应的曲线来表示。

2. 结点的简化

结构中两个或两个以上的杆件共同连接处称为结点。根据结点的实际构造，通常简化为铰结点、刚结点和组合结点三种类型。

1）铰结点

铰结点的特征是约束杆端的相对线位移，但铰结点处各杆端可以相对转动，各杆间的夹角受荷载作用后发生改变，因此铰结点不能承受和传递力矩。如图 4-11（a）所示为一木屋架端部铰结点。

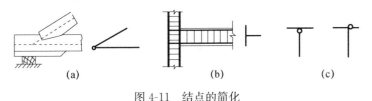

图 4-11　结点的简化

（a）铰结点；（b）刚结点；（c）组合结点

2）刚结点

刚结点的特征是约束结点处各杆端的相对线位移和相对转角，各杆间的夹角受荷载作用后保持不变，因此刚结点可以承受和传递力矩。如图 4-11（b）所示为钢筋混凝土结构的某一刚结点。

3）组合结点

若在同一结点处，某些杆间相互刚结，而另一些杆间相互铰结，则称为组合结点，如图 4-11（c）所示。

3. 支座的简化

结构与基础相连接起来的装置称为支座，包括可动铰支座、固定铰支座、固定端支座等类型。

4. 荷载的简化

荷载是主动作用于结构上的外力。结构上的荷载比较复杂，有永久荷载和可变荷载等。根据实际受力情况，可将荷载简化为集中荷载或分布荷载等。

（二）平面体系的几何组成分析

1. 几何组成分析的目的

如图 4-12 所示，在不考虑材料变形的条件下，在任意荷载作用下，几何形状和位置均保持不变的体系，称为几何不变体系；在任意荷载作用下，几何形状和位置可以发生改变的体系，称为几何可变体系。工程中的结构必须是几何不变体系，而不能采用几何可变体系。

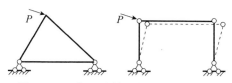

图 4-12　几何不变体系与几何可变体系

2. 几何不变体系的组成规则

我们把体系的任一几何不变部分叫作一个刚片。

（1）两刚片的组成规则：两刚片用不完全交于一点也不全平行的三根链杆相联结，则组成一个无多余联系的几何不变体系。

（2）三刚片的组成规则：三刚片用不在同一直线上的三个铰两两相联结，则组成一个无多余联系的几何不变体系。

（3）二元体规则：二元体是结构力学中的一个模型，是指由两根不在同一直线上的链杆连接一个新节点的装置。在体系中增加或者撤去一个二元体，不会改变体系的几何组成性质。

（三）静定结构的内力分析

1. 基本概念

工程中的结构构件一般由固体材料制成，如钢材、木材、混凝土等，这些固体材料会在外力作用下产生变形，称为变形固体。变形固体的变形分为两类，外力去掉后可消失的变形称为弹性变形，外力去掉后变形不能全部消失而残留的部分变形称为塑性变形。

2. 杆件变形的基本形式

长度尺寸远大于横向尺寸的构件称为杆件。杆件的基本变形有拉伸（压缩）、剪切、弯曲、扭转四种形式，如图 4-13 所示。

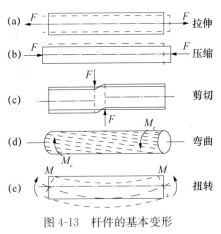

图 4-13　杆件的基本变形

（1）轴向拉伸和压缩：在一对方向相反、作用线与杆轴重合的外力作用下，杆件将发生长度的改变。

（2）剪切：在一对相距很近、方向相反的横向外力作用下，杆件的横截面将沿外力方向发生错动。

（3）弯曲：在一对方向相反、位于杆的纵向平面内的力偶作用下，杆将在纵向平面内发生弯曲。以弯曲为主要变形的杆件称为梁。

（4）扭转：在一对方向相反、位于垂直杆轴线的两平面内的力偶作用下，杆的任意两横截面发生相对转动。

3. 内力的截面法

1）内力

由于荷载作用而引起的受力构件内部之间相互作用力的改变量称为附加内力，简称内力。

2）截面法

由于内力是物体内部相互作用的力，其大小和指向只有将物体假想地截开后才能确定，这种将物体截开而暴露内力的方法称为截面法。截面法求内力的基本步骤：

（1）截开：在所求内力的截面处，用一假想的平面将构件截为两部分。

（2）代替：保留一部分，弃去一部分，并将弃去部分对保留部分的作用以内力代替。

（3）平衡：分析保留部分的内力平衡，建立平衡方程计算杆件内力。

4.轴向拉压杆的内力

轴向拉压杆横截面上的内力作用线与轴线相重合，称为轴力。杆件拉伸时轴力为正，称为拉力，方向背离截面；压缩时轴力为负，称为压力，方向指向截面。常用轴力图来表示沿杆件轴线方向所有横截面上轴力的大小。

5.梁的内力

梁在外力作用下，任一横截面上的内力可用截面法来确定。梁的横截面上存在两个内力分量，与截面相切的内力称为剪力，内力偶矩称为弯矩。工程中常以剪力图和弯矩图表示沿梁轴线方向所有横截面上的剪力和弯矩的大小。

三、杆件的强度、刚度和稳定性

（一）基本要求

构件和结构都应有足够的承受荷载的能力（承载能力），这种承载能力由以下三方面来衡量：

（1）构件应有足够的强度。所谓强度，就是构件在外力作用下抵抗破坏的能力。

（2）构件应有足够的刚度。所谓刚度，就是构件抵抗变形的能力。

（3）构件应有足够的稳定性。所谓稳定性，就是构件保持原有平衡状态的能力。

（二）应力与应变

1. 应力的概念

内力表示的是整个截面的受力情况。构件在外力作用下是否破坏不仅与内力的大小有关，而且与截面形状、尺寸和材料有关。单位面积上的内力称为应力，应力是内力在截面上某一点的分布集度。根据应力与截面之间的关系和对变形的影响，分为正应力和切应力两种。垂直于截面的应力称为正应力，相切于截面的应力称为切应力或剪应力。

2. 应变的概念

对于轴向拉压杆，为了避免杆件长度的影响，用单位长度的变形量反映变形的程度，称为线应变。

3. 胡克定律

实验表明，应力和应变之间存在着一定的物理关系，材料在弹性范围内，应力与应变成正比，这就是胡克定律。其中比例系数称为材料的弹性模量，它的大小与构件使用的材料有关，如钢材的弹性模量大于木材，而混凝土、砖等脆性材料的弹性模量很小。

（三）截面的几何性质

构件的截面形状与构件的承载能力有着直接的关系。与截面尺寸和形状有关的几何量，称为平面图形的几何性质。

在地球表面附近的物体，都受到地球的引力作用，这个引力称为重力。实验证明，不论物体在空间的方位如何，物体重力的作用线始终通过一个确定的点，这个点称为重心。

任何几何图形都有一个几何中心，也就是形心。对匀质物体而言，其形心和重心是重合的。在进行构件强度分析时，经常要用到形心的位置。

重心与形心的计算方法相对比较复杂。工程实践中，常遇见具有对称面或对称轴的形体，这种形体的形心一定在对称面或对称轴上，如圆的形心就在其圆心。

第二节 建筑结构基础知识

一、建筑结构的概念与分类

（一）建筑结构的定义

房屋建筑中，由板、梁、柱、墙、基础等基本构件通过一定的连接方式所组成的能承受并传递荷载和其他间接作用（如温度变化引起的收缩、地基不均匀沉降等）的体系，叫作建筑结构。建筑结构在建筑中起骨架作用，是建筑的重要组成部分。

（二）建筑结构的分类

建筑结构的分类方法有多种，一般可按照结构所用材料、承重结构类型、使用功能、外形特点、施工方法等进行分类。按所用材料的不同，建筑结构可分为混凝土结构、砌体结构、钢结构和木结构等。按受力和构造特点的不同，建筑结构可分为混合结构、框架结构、框架-剪力墙结构、剪力墙结构、筒体结构、大跨度结构等。大跨度结构多采用网架结构、薄壳结构、膜结构以及悬索结构等。

（三）多层与高层结构体系简介

我国现行《高层建筑混凝土结构技术规程》（JGJ 3）的适用范围是 10 层及 10 层以上或房屋高度超过 28m 的住宅建筑结构和房屋高度大于 24m 的其他民用高层建筑结构。高层建筑常采用钢筋混凝土结构、钢结构、钢-混凝土组合结构。高层建筑常用的结构体系有框架结构体系、剪力墙结构体系、框架-剪力墙结构体系和筒体结构体系等。

1. 混合结构体系

混合结构体系是指由砌体结构构件和其他材料构件组成的结构。如竖向承重构件用砖墙、砖柱，而水平承重构件用钢筋混凝土梁、板，也称为砖混结构。混合结构可充分发挥材料的受力特点，施工方便，造价低，一般 6 层以下的民用建筑如住宅、宿舍等可采用混合结构。

2. 框架结构体系

框架结构体系主要承重体系是由纵梁、横梁和柱组成的结构。这种结构是梁和柱刚性连接而成骨架的结构。框架结构体系的特点是将承重结构和围护、分隔构件分开，墙体只起围护及分隔作用。框架结构平面布置灵活，框架容易满足生产工艺和使用要求，构件易于标准化制作，同时具有较高的承载力和整体性能，广泛应用于多高层办公楼、教学楼、医院、住宅等民用建筑及多层工业厂房。框架结构体系在水平荷载作用下，其抗侧刚度小、水平位移大，因此使用高度受到限制。框架结构的适用高度在地震区为 6～15 层，非地震区为 15～20 层。

3. 剪力墙结构体系

剪力墙结构体系是由纵向、横向的钢筋混凝土墙体所组成的房屋承重结构体系。钢筋混凝土墙体既承担竖向荷载，又承担水平荷载产生的剪力，故称作剪力墙。当建筑底部需较大空间时，可将底层或底部几层部分剪力墙取消，用框架来替代，就形成了框支剪力墙体系。剪力墙体系具有抗侧刚度大，整体性好，整齐美观，抗震性能好，利于承受水平荷载，并可使用滑模、大模板等先进施工方法施工等众多优点，但由于横墙较多、间距较密，建筑平面的空间较小。剪力墙体系的适用高度为 15～50 层，常用于住宅、宾馆等开间较小的高层建筑。

4. 框架-剪力墙结构体系

在框架体系中设置适当数量的剪力墙，即形成框架-剪力墙体系，简称框剪结构体系。该体系综合了框架结构和剪力墙结构的优点，框架与剪力墙协同受力，剪力墙承担绝大部分水平荷载，框架则以承担竖向荷载为主。这种体系的整体性和抗震性能优于纯框架结构，平面布置灵活，广泛应用于 15～25 层的高层建筑中。

5. 筒体结构体系

筒体是由若干片剪力墙或密排柱框架围成的侧向刚度很大的井筒式结构。以筒体为主要的承受竖向和水平作用的结构称为筒体结构体系。筒体在侧向风荷载的作用下，它的受力特点类似于一个固定在基础上的筒形悬臂构件，迎风面将受拉，背风面将受压。

根据所受水平力及房屋高度的不同，筒体体系可以布置成筒中筒结构、框架核心筒结构、成束筒结构和多重筒结构等形式，其中筒中筒结构通常用框筒作外筒，实腹筒作内筒。筒体结构体系因为刚度大，可形成较大的内部空间且平面布置灵活，广泛应用于高层或超高层（高度大于 100m）建筑。

二、建筑结构设计原理

（一）建筑结构的荷载

建筑结构在使用期间和施工过程中要承受各种作用，施加在结构上的集中力或分布力（如人、设备、风、雪、构件自重等）均为荷载。结构上的荷载按其随时间的变异性分为永久荷载、可变荷载和偶然荷载。

永久荷载是指结构在使用期间，其值不随时间变化，或其变化与平均值相比可以忽略不计的荷载，如结构自重、土压力等。永久荷载也称恒荷载。

可变荷载是指结构在使用期间，其值随时间变化，且其变化值与平均值相比不可忽略的荷载。如楼面活荷载、雪荷载、风荷载、吊车荷载等。可变荷载也称活荷载。

偶然荷载是指结构在使用期间，不一定出现，而一旦出现，其量值很大且持续时间很短的荷载，如爆炸力、撞击力等。

现行《建筑结构荷载规范》（GB 50009）给出了各种荷载的代表值。例如，常用材料单位体积的自重：素混凝土为 $24kN/m^3$，钢筋混凝土为 $25kN/m^3$，水泥砂浆为 $20kN/m^3$，杉木为 $4kN/m^3$，普通木板条为 $5kN/m^3$，刨花板为 $6kN/m^3$，胶合三夹板（水曲柳）为 $0.028kN/m^3$，钢材为 $78.5kN/m^3$，铝合金为 $28kN/m^3$。例如，住宅、宿舍、教室、幼儿园等民用建筑楼面均布活荷载标准值取值为 $2kN/m^2$。

（二）建筑结构的功能

任何建筑结构设计都应在预定的设计使用年限内，在正常使用的条件下满足设计所预期的各种功能要求。建筑结构的功能要求包括：

（1）安全性，指在正常施工和正常使用时，能承受可能出现的各种作用，并且在设计规定的偶然事件（如地震、爆炸）发生时及发生后，仍能保持必需的整体稳定性。例如，房屋结构平时受自重、使用活荷载、风和积雪等荷载作用时，均应坚固不坏；在遇到强烈地震、爆炸等偶然事件时，容许有局部的损伤，但应保持结构的整体稳定而不发生倒塌。

（2）适用性，指在正常使用时具有良好的工作性能。例如，不产生影响使用的过大的变形或振幅，不发生足以让使用者产生不安的过宽的裂缝。

（3）耐久性，指在正常维护下具有足够的耐久性能。结构在正常维护条件下应能在规定的设计使用年限内满足安全、实用性的要求。例如，不致因混凝土的老化、腐蚀或钢筋的锈蚀等而影响结构的使用寿命。

结构的安全性、适用性、耐久性总称为结构的可靠性。

三、钢筋混凝土结构

钢筋混凝土结构包括普通钢筋混凝土结构、预应力混凝土结构、型钢混凝土结构和素混凝土结构等。其中普通钢筋混凝土结构应用最为广泛，它具有强度高、耐久性好、耐火性好、整体性好、可模性好等优点；也存在自重大、抗裂能力差、现浇时耗费模板多、工期长等缺点。

（一）混凝土材料和强度

混凝土指以水泥为主要胶凝材料，与水、砂、石子，必要时掺入化学外加剂和矿物掺合料，按一定比例配合，经过均匀搅拌、密实成型及养护硬化而成的人造石材。

混凝土的强度指标包括立方体抗压强度、轴心抗压强度和轴心抗拉强度等。混凝土强度等级根据立方体抗压强度标准值 $f_{cu,k}$ 划分为 14 个等级，即 C15、C20、C25、C30、C35、C40、C45、C50、C55、C60、C65、C70、C75、C80。例如，强度等级为 C30 的混凝土是指 $30\text{MPa} \leqslant f_{cu,k} < 35\text{MPa}$。

影响混凝土强度的因素主要有水泥等级和水灰比、骨料、龄期、养护温度和湿度等。混凝土在结构中主要承受压力，因而抗压强度是混凝土的最主要性能，混凝土的抗压强度是通过试验得出的。

现代混凝土的发展方向是商品混凝土。商品混凝土是以集中预拌、远距离运输的方式向施工工地提供现浇混凝土，是与现代化施工工艺结合而成的高科技建材产品，包括大流动性混凝土、流态混凝土、泵送混凝土、自密实混凝土、防渗抗裂大体积混凝土、高强度混凝土和高性能混凝土等。

（二）钢筋的种类和强度

钢筋是指钢筋混凝土用和预应力钢筋混凝土用钢材，其横截面为圆形，有时为带有圆角的方形，包括光圆钢筋、带肋钢筋。钢筋混凝土用钢筋是指钢筋混凝土配筋用的直条或盘条状钢材，其外形分为光圆钢筋和带肋钢筋两种。

建筑工程所用的钢筋，按其加工工艺不同分为热轧钢筋、冷拉钢筋、热处理钢筋、碳素钢丝、刻痕钢丝、冷拔低碳钢丝及钢绞线。在钢筋混凝土结构中常采用的热轧钢筋按其外形和强度等级主要有 HPB300（用 A 表示），HRB335（用 B 表示）、HRBF335（用 B^F 表示），HRB400（用 C 表示）、RRB400（用 C^R 表示）、HRBF400（用 C^F 表示），HRB500（用 D 表示）、HRBF500（用 D^F 表示）。考虑到各种类型钢筋的使用条件和便于在外观上加以区别，我国规定，HPB300 级钢筋的外形轧成光面，HRB335 级、HRB400 级和 RRB400 级等钢筋为带肋钢筋。

（三）钢筋混凝土受弯构件

在建筑结构中，梁和板是最常见的受弯构件，梁的截面形式有矩形、T 形、工字形，板的截面形式有矩形实心板和空心板等。

1. 板的构造

板的厚度应满足承载力、刚度和抗裂的要求，一般现浇板厚度不宜小于 60mm。板中配有受力钢筋和分布钢筋。

2. 梁的构造

梁截面的高宽比：对于矩形截面，一般为 2.0～3.5；对于 T 形截面，一般为 2.5～4.0。梁中的钢筋有纵向受力钢筋、弯起钢筋、箍筋和架立钢筋等。纵向受力钢筋的作用是承受由弯矩在梁内产生的拉应力，常用直径为 12～25mm。箍筋主要用来承受由剪力和弯矩在梁内引起的主拉应力，同时还可固定纵向受力钢筋并和其他钢筋一起形成钢筋骨架。架立钢筋设置在梁的受压区外缘两侧，用来固定箍筋和形成钢筋骨架。

3. 混凝土保护层

为防止钢筋锈蚀和保证钢筋与混凝土的粘结，梁板的受力钢筋均有足够的混凝土保护层，混凝土保护层应从钢筋的外边缘起算。受力钢筋的保护层最小厚度应满足规范要求。

（四）钢筋混凝土受压构件

钢筋混凝土柱是房屋、桥梁、水工等各种工程结构中最基本的承重构件，常用作楼盖的支柱、桥墩、基础柱、塔架和桁架的压杆等。柱以承受竖向荷载为主，由于受到风荷载、地震等水平力的作用，在柱截面内可能产生不同方向的弯矩，因此常见的柱多为偏心受压构件。

柱中的钢筋主要有纵向受力钢筋和箍筋。柱内纵向受力钢筋主要用来协助混凝土承受压力，以减小截面尺寸，承受可能的弯矩，以及混凝土收缩和温度变形引起的拉应力，防止构件突然的脆性破坏。纵向受力钢筋应根据计算确定，同时应符合相关规范要求。受压构件中箍筋的作用是保证纵向钢筋的位置正确，防止纵向钢筋压屈，从而提高柱的承载能力。

四、砌体结构

砌体结构是指各种块材（包括砖、石材、砌块等）通过砂浆砌筑而成的结构。砌体结构的主要优点是能就地取材、造价低廉、耐火性好、工艺简单、施工方便等；但砌筑施工进度缓慢，结构承载力较低，抗震性能差，自重大，工人劳动强度大，不能适应建筑工业化发展的要求。其主要用于 6 层以下的住宅等低层建筑，在中、小型工业厂房及框架结构中常用砌体作围护、分隔墙体。

（一）砌体材料

1. 块材

构成砌块的块材有烧结砖、非烧结砖、砌块和石材等。烧结普通砖的规格为 240mm×115mm×53mm，烧结多孔砖的规格为 240mm×115mm×90mm 和 190mm×190mm×90mm。

烧结普通砖和烧结多孔砖的强度等级有 MU30、MU25、MU20、MU15 和 MU10。混凝土普通砖和混凝土多孔砖的强度等级有 MU30、MU25、MU20、MU15。蒸压灰砂普通砖和蒸压粉煤灰普通砖的强度等级有 MU25、MU20、MU15。

单排孔混凝土砌块和轻集料混凝土砌块的强度等级分为 MU20、MU15、MU10、MU7.5 和 MU5 五级。双排孔或多排孔轻集料混凝土砌块的强度等级分为 MU10、MU7.5、MU5 和 MU3.5。

石材的强度等级共分为七级，即 MU100、MU80、MU60、MU50、MU40、M30、MU20。石材按其加工后的外形规则程度分为料石和毛石，石材的抗压强度高，耐久性好，多用于房屋的基础和勒脚部位。

2. 砂浆

砌筑砂浆主要有混合砂浆、水泥砂浆以及石灰砂浆、黏土砂浆等。砂浆的强度等级有 M15、M10、M7.5、M5 和 M2.5。砌块砌体用砌筑砂浆强度等级有 Mb20、Mb15、Mb10、Mb7.5、Mb5。

（二）砌体的抗压强度

在工程中，砌体结构构件如墙、柱、基础等主要用于受压，受弯、受剪的情况很少遇到，因此主要考虑砌体的抗压性能。

影响砌体抗压强度的因素包括块材和砂浆的强度、块材的尺寸和形状、砂浆辅砌时的流动性、砌筑质量等。一般砌体水平灰缝的砂浆饱满度不得小于80％。

（三）混合结构房屋承重体系

混合结构房屋是屋盖、楼盖采用钢筋混凝土结构，墙体和基础采用砌体结构等建造的房屋。墙体是混合结构中的主要承重构件。墙体按在房屋中的位置分为内墙和外墙，按在房屋中的方向分为纵墙和横墙，按在房屋中的受力情况分为承重墙和非承重墙。混合结构房屋按墙体的承重情况分为横墙承重体系、纵墙承重体系、纵横墙承重体系、内框架承重体系等。

五、钢结构

钢结构是由钢板、热轧型钢或冷加工成型的薄壁型钢，通过焊接、铆接或螺栓连接等连接方式制成的一种结构。钢结构轻质高强，材质均匀、塑性和韧性好，结构制作和安装工业化程度高、抗震性能好，施工、拆装方便。但是钢结构有不耐腐蚀、经常需要除锈以及耐火性较差等缺点。钢结构广泛应用于大跨度屋盖、高层建筑、重型工业厂房、承受动力荷载的结构及塔桅结构中。目前国内建筑工程所用的钢材主要是碳素结构钢和低合金高强度结构钢。

1. 碳素结构钢

碳素结构钢的牌号（简称钢号）有 Q195、Q215、Q235、Q255、Q275 等系列，其中，Q 是屈服强度的意思，后面的阿拉伯数字如 235 表示屈服强度为 $235N/mm^2$，以 A、B、C、D 表示质量等级。脱氧方法 F 表示沸腾钢，脱氧方法 b 表示半镇静钢，脱氧方法 Z 表示镇静钢，可以省略。

2. 低合金高强度结构钢

低合金高强度结构钢是在钢的冶炼过程中添加少量的一种或几种合金元素，提高钢材的强度，改善钢材的性能，故称低合金高强度结构钢。通用低合金高强度结构钢牌号有 Q295、Q345、

Q390、Q420、Q460 等系列，以 A、B、C、D、E 表示质量等级。

钢结构构件可直接选用型钢，这样可以减少制作工作量。当型钢的尺寸不合适或构件很大时，则用钢板制作。结构用钢材包括热轧钢板、热轧型钢、冷弯薄壁型钢等形式。热轧型钢规格包括角钢、槽钢、工字钢、H 型钢和钢管等。

六、木结构

木结构是以木材为主制作的结构。木结构的优点是自重轻，强度较高，能就地取材，弹性和韧性好，保温隔热性能好，易于加工和安装等。其缺点是木材本身疵病较多，受木节、斜纹及裂缝等天然缺陷影响较大，易燃、易腐、结构易变形。为保证其耐久性，木结构应采取防腐、防虫、防火措施。承重木结构应在正常温度和湿度环境下的建筑物中使用。

方木原木构件采用目测分级时，受拉或拉弯构件的最低材质等级为 I_a，受弯或压弯构件的最低材质等级为 II_a，受压构件及次要受弯构件的最低材质等级为 III_a。

第五章　工程测量基础

第一节　测量基础知识

一、建筑工程测量的任务和作用

测量学是研究地球的形状和大小以及确定地面（包括空中、地下和海底）点位的科学，测量学的内容包括测定和测设两个部分。

测定是指使用测量仪器和工具，通过测量和计算，得到一系列测量数据，把地球表面的地形（地物和地貌）缩绘成地形图，供经济建设、国防建设、规划设计及科学研究使用。

测设是指采用一定的测量方法，按照要求的精度，把设计图纸上规划设计好的建筑物、构筑物的平面位置和高程在地面上标定出来，作为施工的依据。

建筑工程测量是测量学的一个组成部分，它是研究建筑工程在勘测设计、施工和运营管理阶段所进行的各种测量工作的理论、技术和方法学科。它的主要任务：测绘大比例尺地形图；建筑物的施工测量；建筑物的变形观测。

二、常用测量术语

（1）水准面。设想以一个静止不动的海水面延伸穿越陆地，形成一个闭合的曲面包围整个地球，这个闭合曲面称为水准面。水准面有无数多个，水准面上任何一点的铅垂线都垂直于该点的曲面。

（2）大地水准面。平均海水面延伸穿越陆地，形成一个闭合的封闭曲面包围整个地球，这个闭合曲面称为大地水准面。它是测量工作的基准面。

（3）水平面。与水准面相切的平面称为水平面。

（4）铅垂线。物体重心与地球重心的连线称为铅垂线（用圆锥形铅垂测得）。用一条细绳一端系重物，在相对于地面静止时，这条绳所在直线就是铅垂线。它是测量工作的基准线。

（5）绝对高程。地面点至大地水准面的垂直距离称为该点的绝对高程，简称高程或海拔。

（6）相对高程。地面点沿铅垂线方向到某假定水准基面的距离，称为该点的相对高程或假定高程。选定任一水准面作为高程起算的基准面，这处水准面称为假定水准面。

标高是一种相对高程，如房屋建筑中一般把室内地坪作为 0 点，以此得到的相对高程为标高。不同领域有不同的要求。

（7）高差。高差指的是地面两点的高程之差。测量时先要有已知点的绝对高程，通过水准测量求出未知点与已知点的高差，然后计算便可求得未知点的高程。

（8）三角高程测量。三角高程测量是根据两点间的水平距离及竖直角应用三角学公式计算两点间的高差。

（9）中误差。测量工作中，用标准差来衡量观测的精度，但在实际工作中，观测次数有限，故取标准差的估值作为中误差。

第二节　水准测量

测定地面点高程的工作，称为高程测量。高程测量按所使用的仪器和施测方法的不同，可以分为水准测量、三角高程测量、GPS 高程测量和气压高程测量等。水准测量是目前精度最高的一种高程测量方法，广泛应用于国家高程控制测量、工程勘测和施工测量中。水准测量是高程测量最常用的一种方法。

一、水准测量原理

（一）水准测量原理

水准测量是利用水准仪提供的水平视线，并借助水准尺，测定地面上两点间的高差，由已知点的高程通过高差传递推算出待测点的高程。

如图 5-1 所示，设已知 A 点的高程为 H_A，欲测定 B 点的高程 H_B。在 A、B 两点中间安置一台能够提供水平视线的水准仪，并在 A、B 两点上分别竖立水准尺，根据水准仪提供的水平视线在 A 点水准尺上的读数为 a，在 B 点水准尺上的读数为 b，则 A、B 两点间的高差为

$$h_{AB} = a - b \tag{5-1}$$

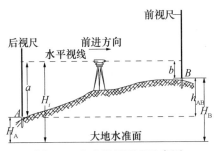

图 5-1 水准测量原理示意图

设水准测量是由 A 点向 B 点进行的，如图 5-1 中的箭头所示，A 点为已知高程点，则称 A 点为后视点，A 点尺上的读数 a 为后视读数；B 点为欲求高程点，则称 B 点为前视点，B 点尺上的读数 b 为前视读数。高差等于"后视读数"减"前视读数"。

如果 $a > b$，则高差 h_{AB} 为正，表示 B 点比 A 点高；如果 $a < b$，则高差 h_{AB} 为负，表示 B 点比 A 点低。

（二）计算待定点高程

1. 高差法

测得 A、B 两点高差 h_{AB} 后，则 B 点的高程 H_B 为

$$H_B = H_A + h_{AB} \tag{5-2}$$

此方法适用于求一个前视点高程。

2. 视线高法

B 点的高程也可以通过水准仪的视线高程 H_i 为

$$H_i = H_A + a \tag{5-3}$$

$$H_B = H_i - b \tag{5-4}$$

此方法适用于求多个前视点的高程。

二、水准仪构造与操作

水准测量所使用的仪器为水准仪，工具为水准尺（塔尺）、尺垫以及三脚架。水准仪按精度分通常有 DS_1、DS_3 等几种。其中"D"和"S"分别为"大地"和"水准仪"汉语拼音的首字母，下标是仪器的精度指标，即每千米往返测量的高差中数的中误差（mm）。

（一）水准仪的基本构造

建筑工程中一般使用 DS_3 水准仪，主要由望远镜、水准器和基座三部分组成，常用的水准仪为 DS_3 型微倾式水准仪。

（二）水准仪的操作

水准仪的使用操作程序包括：安置仪器、粗略整平、瞄准水准尺、精确整平和读数。

1. 安置仪器

（1）在测站上松开三脚架架腿的固定螺旋，按需要的高度调整架腿长度，再拧紧固定螺旋，张开三脚架将架腿踩实，并使三脚架架头大致水平。

（2）从仪器箱中取出水准仪，用连接螺旋将水准仪固定在三脚架架头上。

2. 粗略整平

通过调节脚螺旋使圆水准器气泡居中。整平时，气泡移动的方向与左手大拇指旋转脚螺旋时的移动方向一致，与右手大拇指旋转脚螺旋时的移动方向相反。

3. 瞄准水准尺

（1）目镜调焦。松开制动螺旋，将望远镜转向明亮的背景，转动目镜对光螺旋，使十字丝成像清晰。

（2）初步瞄准。通过望远镜筒上方的照门和准星瞄准水准尺，旋紧制动螺旋。

（3）物镜调焦。转动物镜对光螺旋，使水准尺的成像清晰。

（4）精确瞄准。转动微动螺旋，使十字丝的竖丝瞄准水准尺边缘或中央，如图 5-2 所示。

图 5-2 水准仪精确瞄准

（5）消除视差。眼睛在目镜端上下移动，有时可看见十字丝的中丝与水准尺影像之间相对移动，这种现象叫视差。产生视差的原因是水准尺的尺像与十字丝平面不重合。视差的存在将影响读数的正确性，应予消除。消除视差的方法是仔细地转动物镜对光螺旋，直至尺像与十字丝平面重合。

4. 精确整平

精确整平简称精平。眼睛观察水准气泡观察窗内的气泡影像，用右手缓慢地转动微倾螺旋，使气泡两端的影像严密吻合。此时视线即为水平视线。微倾螺旋的转动方向与左侧半气泡影像的移动方向一致，如图 5-3 所示。

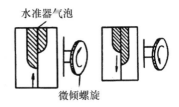

图 5-3 水准仪精确整平

5. 读数

符合水准器气泡居中后，应立即用十字丝中丝在水准尺上读数。读数时应从小数向大数读，如果从望远镜中看到的水准尺影像是倒像，在尺上应从上向下读取。直接读取米、分米和厘米，并估读出毫米，共四位数。读数后检查水准器气泡是否居中，若不居中，应再次精平，重新读数。

三、水准测量过程

（一）水准点布设

为了统一全国的高程系统和满足各种测量的需要，测绘部门在全国各地埋设并测定了很多高程点，这些点称为水准点，记为 BM。水准测量通常是从水准点引测其他点的高程。水准点有永久性和临时性两种。国家等级水准点一般用石料或钢筋混凝土制成，深埋到地面冻结线以下。在标石的顶面设有用不锈钢或其他不易锈蚀材料制成的半球状标志。有些水准点也可设置在稳定的墙脚上，称为墙上水准点。

建筑工地上的永久性水准点一般用混凝土或钢筋混凝土制成，临时性的水准点可用地面上凸出的坚硬岩石或用大木桩打入地下，校顶钉用半球形铁钉。

埋设水准点后，应绘出水准点与附近固定建筑物或其地物的关系图，在图上写明水准点的编号和高程，称为点之记，以便于日后寻找水准点位置之用。水准点编号前通常加 BM 字样，作为水准点的代号。

（二）路线形式

水准测量路线形式主要有：闭合水准路线、附合水准路线和支水准路线。

（三）测量过程

当预测的高程点距水准点较远或高差很大时，就需要连续多次安置仪器以测出两点的高差。为测 A、B 点高差，在 AB 线路上增加 1、2、3、4 等中间点，将 AB 高差分成若干个水准测站。其中间点仅起传递高程的作用，称为转点，简写为 TP 或者 ZD。转点无固定标志，无须算出高程。显然，每安置一次仪器，便可测得一个高差。

（四）检核

1. 计算检核

B 点对 A 点的高差等于各转点之间高差的代数和，也等于后视读数之和减去前视读数之和，因此，此式可用来作为计算的检核。但计算检核只能检查计算是否正确，不能检核观测和记录时是否产生错误。

2. 测站检核

B 点的高程是根据 A 点的已知高程和转点之间的高差计算出来的。若其中测错任何一个高差，B 点高程就不会正确。因此，对每一站的高差，都必须采取措施进行检核测量。

（1）变动仪器高法。同一测站用两次不同的仪器高度测得两次高差，以相互比较进行检核。

（2）双面尺法。仪器高度不变，立在前视点和后视点上的水准尺分别用黑面和红面各进行一次读数，测得两次高差，相互进行检核。

3. 路线检核

测站检核只能检核一个测站上是否存在错误或误差超限。由于温度、风力、大气折光、尺垫下沉和仪器下沉等外界条件引起的误差，尺子倾斜和估读的误差，以及水准仪本身的误差等，虽然在一个测站上反映不很明显，但随着测站数的增多使误差积累，有时也会超过规定的限差。路线检核包括附合水准路线检核、闭合水准路线检核、支水准路线检核。

（五）内业工作

水准测量外业工作结束后，要检查手簿，再计算各点间的高差。经检核无误后，才能进行计算和调整高差闭合差。最后计算各点的高程。

四、水准测量误差与注意事项

（一）测量误差

在测量工作中，大量实践表明，当对某一量进行多次观测时，不论测量仪器多么精密，观测得多么仔细，观测值之间总存在着差异。例如，对两点间高差进行多次测量，每一次观测结果都不会一致。这说明测量结果中不可避免地存在误差。水准测量误差包括人的原因、仪器原因及外界条件的影响。

（1）人的原因。由于观测者感觉器官的鉴别能力有限，所以，无论如何仔细工作，在安置仪器、瞄准目标及读数等方面均会产生误差。

（2）仪器原因。由于仪器的构造不可能十分完善，导致观测值的精度受到一定的影响，不可避免地存在误差。

（3）外界条件。在观测过程中由于外界条件（如温度、风力及亮度等）的变化，必然给观测结果带来误差。

（二）水准测量注意事项

1. 观测

（1）观测前应认真按要求检验水准仪和水准尺。

（2）仪器应安置在土质坚实处，并踩实三脚架。

（3）前后视距应尽可能相等。

（4）每次读数前要消除视差，只有当符合水准气泡居中后才能读数。

（5）注意对仪器的保护，做到人不离仪器。

（6）只有当一测站记录计算合格后才能搬站，搬站时先检查仪器连接螺旋是否紧固，一手托住仪器，另一手握住脚架稳步前进。

2. 记录

（1）认真记录，边记边回报数字，准确无误地记入记录手簿相应栏中，严禁伪造和传抄。

（2）字体要端正、清楚、不准涂改，不准用橡皮擦，如按规定可以改正，应在原数字上画线后在上方重写。

（3）每站应当场计算，检查符合要求后，才能通知观测者搬站。

3. 扶尺

（1）扶尺人员认真竖立水准尺。

（2）转点应选择土质坚实处，并踩实尺垫。

（3）水准仪搬站时，应注意保护好原前视点尺垫位置不移动。

第三节　角度测量

一、水平角测量原理

（一）水平角的概念

水平角是测站点至两目标的方向线在同一水平面上投影夹的二面角。水平角是地面上一点到两目标的方向线垂直投影到同一水平面上所夹的角度 β，也就是过这两方向线所作两竖直面间的二面角，水平角的取值范围是 $0°\sim360°$。

（二）水平角的测量原理

水平角测量原理见图 5-4，它是测量工作中推算边的方位角和点的水平角为一点到两目标的方向线所作两竖直面间的二面角。A、B、O 为地面上任意三点，连线 OA、OB 沿铅垂线方向投影到水平面上，得到相应的 A'、O'、B' 点，则 $O'A'$ 与 $O'B'$ 的夹角即为地面 A、O、B 三点在 O 点的水平角。

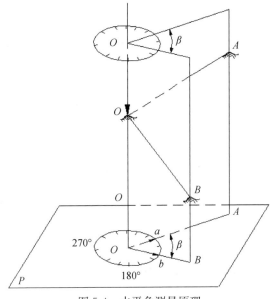

图 5-4　水平角测量原理

两方向线 OA 和 OB，投影在水平度盘上的相应读数为 a 和 b，则水平角 β 为 A 和 B 两个方向读数之差：

$$\beta = b - a \tag{5-5}$$

若 $\beta < 0°$，则加 $360°$，因为水平角没有负值。

二、经纬仪构造与操作

（一）经纬仪的构造

经纬仪是用于测量角度的精密测量仪器，包括水平角测量及竖直角测量。经纬仪主要由照准部、度盘和基座三部分组成。

经纬仪根据度盘刻度和读数方式的不同，分为电子经纬仪和光学经纬仪。光学经纬仪的水平度盘和竖直度盘用玻璃制成，在度盘平面的周围边缘刻有等间隔的分划线，两相邻分划线间距所对的圆心角称为度盘的格值，又称度盘的最小分格值。一般以格值的大小确定精度，DJ_6 度盘格值为 $1°$，DJ_2 度盘格值为 $20'$，DJ_1（T3）度盘格值为 $4'$。

按精度从高精度到低精度分为 $DJ_{0.7}$、DJ_1、DJ_2、DJ_6、DJ_{30} 等。DJ_6 经纬仪是一种广泛使用在地形测量、工程及矿山测量中的光学经纬仪。

（二）经纬仪的基本操作

经纬仪的基本操作程序包括：架设仪器、对中、整平、照准、读数。

三、水平角和竖直角的测量

（一）水平角测量方法

1. 水平角观测方法

水平角观测方法，一般根据目标的多少和精度要求而定，常用的水平角观测方法有测回法和方向观测法。测回法适用于观测两个方向之间的单角。方向观测法简称方向法，适用于在一个测站上观测两个以上的方向。建筑工程测量中多采用测回法。

2. 测回法

如图 5-5 所示，设 O 为测站点，A、B 为观测目标，用测回法观测 OA 与 OB 两方向之间的水平角 β，具体施测步骤如下：

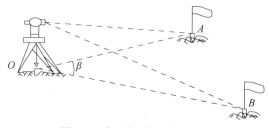

图 5-5　水平角测量（测回法）

（1）在测站点 O 安置经纬仪，在 A、B 两点竖立测杆或测钎等，作为目标标志。

（2）将仪器置于盘左位置，转动照准部，先瞄准左目标 A，读取水平度盘读数 a_L，记入水平角观测手簿相应栏内。松开照准部制动螺旋，顺时针转动照准部，瞄准右目标 B，读取水平度盘读数 b_L，记入观测手簿相应栏内。以上称为上半测回，盘左位置的水平角角值（也称上半测回角值）β_L 为

$$\beta_L = b_L - a_L \tag{5-6}$$

（3）松开照准部制动螺旋，倒转望远镜成盘右位置，先瞄准右目标 B，读取水平度盘读数 b_R，记入观测手簿相应栏内。松开照准部制动螺旋，逆时针转动照准部，瞄准左目标 A，读取水平度盘读数 a_R，记入观测手簿相应栏内。以上称为下半测回，盘右位置的水平角角值（也称下半测回角值）β_R 为

$$\beta_R = b_R - a_R \tag{5-7}$$

上半测回和下半测回构成一测回。

（4）对于 DJ_6 经纬仪，如果上、下两半测回角值之差不大于 $\pm 40''$，认为观测合格。此时，可取上、下两半测回角值的平均值作为一测回角值 β。

由于水平度盘是顺时针刻划和注记的，所以在计算水平角时，总是用右目标的读数减去左目标的读数，如果不够减，则应

在右目标的读数上加上 $360°$，再减去左目标的读数，决不可以倒过来减。

当测角精度要求较高时，需对一个角度观测多个测回，应根据测回数 n，以 $180°/n$ 的差值，安置水平度盘读数。例如，当测回数 $n=2$ 时，第一测回的起始方向读数可安置在略大于 $0°$ 处；第二测回的起始方向读数可安置在略大于 $(180°/2)=90°$ 处。各测回角值互差如果不超过 $\pm40''$（对 DJ_6 经纬仪），取各测回角值的平均值作为最后角值。

3. 安置水平度盘读数的方法

先转动照准部瞄准起始目标；然后，按下度盘变换手轮下的保险手柄，将手轮推压进去，并转动手轮，直至从读数窗看到所需读数；最后，将手松开，手轮退出，把保险手柄倒回。

（二）垂直角（竖直角）测量原理

垂直角是指在同一铅垂面内，某目标方向的视线与水平线间的夹角 α，也称竖直角或高度角；垂直角的角值为 $0°\sim\pm90°$。视线与铅垂线的夹角称为天顶距，天顶距 z 的角值范围为 $0°\sim180°$。当视线在水平线以上时垂直角称为仰角，角值为正；视线在水平线以下时称为俯角，角值为负。

第四节 距离测量与直线定向

距离测量是测量的三项基本工作之一。所谓距离，是指地面上两点垂直投影到水平面上的直线距离。如果测得的是倾斜距离，还必须改算为水平距离。距离测量按照所用仪器、工具的不同，可分为直接测量和间接测量两种。用尺子测距和光电测距仪测距称为直接测量，而视距测量称为间接测量。

一、钢尺量距

（一）丈量距离的工具

丈量距离时，常使用钢尺、皮尺、绳尺等，辅助工具有标杆、测钎和垂球等。

1. 钢尺

钢尺是钢制的带尺，常用钢尺宽为 10mm，厚为 0.2mm，长度有 20m、30m 及 50m 几种，卷放在圆形盒内或金属架上。钢尺的基本分划为厘米，在每米及每分米处有数字注记。一般钢尺在起点处一分米内刻有毫米分划，有的钢尺整个尺长内都刻有毫米分划。

2. 辅助工具

量具的辅助工具有标杆、测钎、垂球等。标杆又称花杆，直径为 3～4cm，长为 2～3m，杆身涂以 20cm 间隔的红、白漆，下端装有锥形铁尖，主要用于标定直线方向。测钎亦称测针，用直径 5mm 左右的粗钢丝制成，长为 30～40cm，上端弯成环形，下端磨尖，一般以 11 根为一组，穿在铁环中，用来标定尺的端点位置和计算整尺段数。垂球用于在不平坦地面丈量时将钢尺的端点垂直投影到地面。

当进行精密量距时，还需配备弹簧秤和温度计，弹簧秤用于对钢尺施加规定的拉力，温度计用于测定钢尺量距时的温度，以便对钢尺丈量的距离施加温度改正。

（二）直线定线

当地面两点之间的距离大于钢尺的一个尺段或地势起伏较大时，为方便量距工作，需分成若干尺段进行丈量，这就需要在直线的方向上插上一些标杆或测钎，在同一直线上定出若干点，这项工作被称为直线定线。

直线定线方法有两点间目测定线和经纬仪定线。当直线定线精度要求较高时，可用经纬仪定线。如欲在 AB 直线上确定出 1、2、3 点的位置，可将经纬仪安置于 A 点，用望远镜照准 B 点，固定照准部制动螺旋，然后将望远镜向下俯视，将十字丝交点投测到木桩上，并钉小钉以确定出 1 点的位置。同法标定出 2、3 点的位置。

（三）钢尺量距的一般方法

1. 平坦地面的距离丈量

丈量工作一般由两人进行。沿地面直接丈量水平距离时，可先在地面上定出直线方向，丈量时后尺手持钢尺零点一端，前尺手持钢尺末端和一组测钎沿 A、B 方向前进，行至一尺段处停下，后尺手指挥前尺手将钢尺拉在 AB 直线上，后尺手将钢尺的零点对准 A 点，当两人同时把钢尺拉紧后，前尺手在钢尺末端的整尺段长分划处竖直插下一根测钎得到 1 点，即量完一个尺段。前、后尺手抬尺前进，当后尺手到达插测钎处时停住，再重复上述操作，量完第二尺段。后尺手拔起地上的测钎，依次前进，直到量完 AB 直线的最后一段为止。

丈量时应注意沿着直线方向进行，钢尺必须拉紧伸直且无卷曲。直线丈量时尽量以整尺段丈量，最后丈量余长，以方便计算。

2. 倾斜地面的距离丈量

1）平量法

如果地面高低起伏不平，可将钢尺拉平丈量。丈量由 A 向 B 进行，后尺手将尺的零端对准 A 点，前尺手将尺抬高，并且目估使尺子水平，用垂球尖将尺段的末端投于 AB 方向线的地面上，再插以测钎，依次进行，丈量 AB 的水平距离。

2）斜量法

当倾斜地面的坡度比较均匀时，可沿斜面直接丈量出 AB 的倾斜距离 D'，测出地面倾斜角 a 或 A 两点间的高差 h，根据勾股定理可计算 AB 的水平距离 D。

（四）钢尺的精密量距方法

当用钢尺进行精密量距时，钢尺必须经过检定并得出在检定时拉力与温度的条件下应有的尺长方程式。丈量前应先用经纬仪定线。如地势平坦或坡度均匀，可将测得的直线两端点高差作为倾斜改正的依据；若沿线地面坡度有起伏变化，标定木桩时应注意在坡度变化处两木桩间距离略短于钢尺全长，木桩顶高出地面 2～3cm，桩顶用"＋"来标示点的位置，用水准仪测定各坡度变换点木桩桩顶间的高差，作为分段倾斜改正的依据。丈量时钢尺两端都对准尺段端点进行读数，如钢尺仅零点端有毫米分划，则须以尺末端某分米分划对准尺段一端，以便零点端读出毫米数。

每尺段丈量 3 次，以尺子的不同位置对准端点，其移动量一般在 1dm 以内。3 次读数所得尺段长度之差视不同要求而定，一般不超过 2～5mm，若超限，须进行第 4 次丈量。丈量完成后还须进行成果整理，即改正数计算，最后得到精度较高的丈量成果。

可以求出相对误差，用来检查量距的精度。符合精度要求，则取往返测的平均值为最终丈量结果。

（五）距离丈量的误差及注意事项

1. 钢尺量距的误差

影响钢尺量距精度的因素很多，主要的误差有：尺长误差、温度误差、拉力误差、钢尺倾斜和垂曲误差、定线误差、丈量误差。

2. 量距时的注意事项

（1）伸展钢卷尺时，要小心慢拉，钢尺不可卷扭、打结。若发现有扭曲、打结情况，应细心解开，不能用力抖动，否则容易造成折断。

（2）丈量前，应辨认清钢尺的零端和末端。丈量时，钢尺应逐渐用力拉平、拉直、拉紧，不能突然猛拉。丈量过程中，钢尺的拉力应始终保持鉴定时的拉力。

（3）转移尺段时，前、后拉尺员应将钢尺提高，不应在地面上拖拉摩擦，以免磨损尺面分划。钢尺伸展开后，不能让车辆从钢尺上通过，否则极易损坏钢尺。

（4）测钎应对准钢尺的分划并插直。如插入土中有困难，可在地面上标志一明显记号，并把测钎尖端对准记号。

（5）单程丈量完毕后，前、后尺手应检查各自手中的测钎数目，避免加错或算错整尺段数。一测回丈量完毕，应立即检查限差是否合乎要求。不合乎要求时，应重测。

（6）丈量工作结束后，用软布擦干净尺上的泥和水，然后涂上机油，以防生锈。

二、视距测量

视距测量是用望远镜内视距丝装置，根据几何光学原理同时测定距离和高差的一种方法。这种方法具有操作方便、速度快、不受地面高低起伏限制等优点，但测距精度较低，一般相对误差为1/300～1/200。虽然精度较低，但能满足测定碎部点位置的精度要求，因此被广泛应用于碎部测量中。视距测量所用的主要仪器和工具是经纬仪及视距尺。

三、直线定向

确定一条直线与标准方向之间的角度关系，称为直线定向。

（一）标准方向的种类

1. 真子午线方向

地球表面某点与地球旋转轴所构成的平面与地球表面的交线称为该点的真子午线。真子午线在该点的切线方向称为该点的真子午线方向。

2. 磁子午线方向

地球表面某点与地球磁场南北极连线所构成的平面与地球表面的交线称为该点的磁子午线。磁子午线在该点的切线方向称为该点的磁子午线方向，一般是磁针在该点自由静止时所指的方向。

3. 坐标纵轴方向

由于地球上各点的子午线互相不平行，而是向两极收敛，为测量、计算工作的方便，常以平面直角坐标系的纵坐标轴为标准方向，即指高斯投影带中的中央午线方向。在工程中常用坐标纵轴方向为标准方向，即指北方向。

（二）罗盘仪的使用

罗盘仪主要用来测量直线的磁方位角，也可以粗略测量水平角和竖直角，还可以进行视距测量。罗盘仪由刻度盘、望远镜和磁针三部分组成。

1. 直线磁方位角的测量

1）准备

将罗盘仪搬到测线的一端，并在测线另一端插上花杆。

2）安置仪器

（1）对中。将仪器装于三脚架上，并挂上垂球后，移动三脚架，使垂球尖对准测站点，此时仪器中心与地面点处于同一条铅垂线上。

（2）整平。松开仪器球形支柱上的螺旋，上、下俯仰度盘位置，使度盘上的两个水准气泡同时居中，旋紧螺旋，固定度盘，此时罗盘仪主盘处于水平位置。

3）瞄准、读数

（1）转动目镜调焦螺旋，使十字丝清晰。

（2）转动罗盘仪，使望远镜对准测线另一端的目标，调节调焦螺旋，使目标成像清晰稳定，再转动望远镜，使十字丝对准立于测点上的花杆的最底部。

（3）松开磁针制动螺旋，等磁针静止后，从正上方向下读取磁针指北端所指的读数，即为测线的磁方位角。

（4）读数完毕后，旋紧磁针制动螺旋，将磁针顶起以防止磁针磨损。

2. 罗盘仪使用注意事项

（1）在磁铁矿区或离高压线、无线电天线、电视转播台等较近的地方有电磁干扰现象，不宜使用罗盘仪。

（2）观测时一切铁器物体，如斧头、钢尺、测钎等不要接近仪器。

（3）读数时，眼睛的视线方向与磁针应在同一竖直面内，以减小读数误差。

（4）观测完毕后搬动仪器，应拧紧磁针制动螺旋，固定好磁针，以防损坏磁针。

四、光电测距仪原理

欲测定 A、B 两点间的距离 D，可在 A 点安置能发射和接收光波的光电测距仪，在 B 点设置反射棱镜，光电测距仪发出的光束经棱镜反射后，又返回到测距仪。通过测定光波在 A、B 两点之间传播的时间 t，根据光波在大气中的传播速度 c，计算出距离

D 为

$$D=1/2ct \tag{5-8}$$

光电测距仪根据测定时间 t 的方式，分为直接测定时间的脉冲测距法和间接测定时间的相位测距法。高精度的测距仪，一般采用相位测距法。

相位式光电测距仪的测距原理：由光源发出的光通过调制器后，成为光强随高频信号变化的调制光。通过测量调制光在待测距离上往返传播的相位差 φ 来解算距离。

五、全站仪简介

全站仪是一种集光、机、电为一体的高技术测量仪器，是集水平角、垂直角、距离（斜距、平距）、高差测量功能于一体的测绘仪器系统。它能自动测量和计算，并通过电子手簿或直接实现数据自动记录、存储和输出，可以用在大多数测量领域。因其精度高、操作简便、易于掌握，目前在工程建设中得到了广泛的应用。

全站仪的操作过程与经纬仪基本相似，在此不再赘述。

六、手持测距仪

手持测距仪是利用电磁波学、光学、声学等原理的距离测量仪器，机身小巧。原理：手持式测距仪在工作时向目标射出一束很细的激光，由光电元件接收目标反射的激光束，计时器测定激光束从发射到接收的时间，进而计算出从观测者到目标的距离。

（一）基本原理

一般采用两种方式来测量距离：脉冲法和相位法。脉冲法测距的过程是这样的：测距仪发射出的激光经被测量物体反射后又被测距仪接收，测距仪同时记录激光往返的时间。光速和往返时间的乘积的一半，就是测距仪和被测量物体之间的距离。脉冲法测量距离的精度一般是在 $\pm 1m$ 左右。另外，此类测距仪的测量盲区一般是 15m 左右。

（二）保养维护

（1）经常检查仪器外观，及时清除表面的灰尘、脏污、油脂、霉斑等。

（2）清洁目镜、物镜或激光发射窗应使用柔软的干布，严禁用硬物刻划，以免损坏光学性能。

（3）使用中应小心轻放，严禁挤压或从高处跌落，以免损坏仪器。

（三）使用注意事项

手持式激光测距仪，由于采用激光进行距离测量，而脉冲激光束是能量非常集中的单色光源，所以在使用时不要用眼对准发射口直视，也不要用望远镜瞄准观察光滑反射面，以免伤害眼睛。

第五节　建筑工程测设的基本工作

建筑工程测设是根据工程设计图纸上待建的建筑物、构筑物的轴线位置、尺寸及其高程，计算各特征点（如轴线交点）与控制点（如原有建筑物、构筑物特征点）之间的距离、角度、高差等测设数据，然后以地面控制点为依据，将待建的建（构）筑物的特征点在实地标定出来，以便施工。传统的测设工作一般通过垂球、皮数杆、钢尺、罗盘、水准仪、经纬仪等仪器设备来实现。现代测设工作在此基础上，借助于全站仪、GPS 等精密仪器可精准高效地完成各项测设任务。

一、一般工程水准测量

一般建筑工程的水准测量就是将水准测量的测量原理和测量方法应用到工程实际，根据工程的需要测设出施工的依据，为工程施工定出质量控制手段。

1. 测设已知高程点

测设给定的高程是根据附近一个已知高程的水准点，用水准测量的方法，将设计高程测设到地面上。施工现场的 ± 0.000 的测量就属于这种测量。因为 ± 0.000 在施工图中给出其高程是已知高程，设计部门给出的高程为已知高程的水准点，根据已知高程设计水准点，将建筑物的±0.000测量确定。

如图5-6所示，将水准仪安置在已知水准点 A 和待测点 B 之间，后视 A 点水准尺的读数为 a，要在木桩上标出 B 点设计高程 H_B 的位置，则 B 点的前视读数 b 应为视线高减去设计高程，即

$$b=（H_A+a）-H_B \qquad (5-9)$$

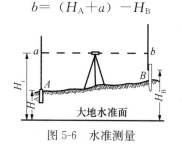

图5-6 水准测量

2. 墙体工程施工测量

1）皮数杆的设置

在墙体砌筑施工中，墙身上各部位的标高通常是用皮数杆来控制和传递的。皮数杆是根据建筑物剖面图画有每皮砖和灰缝的厚度，并注明墙体上窗台、门窗洞口、过梁、雨篷、圈梁、楼板等构件高度位置的专用木杆，如图5-7所示。在墙体施工中，用皮数杆可以控制墙身各部位构件的准确位置，并保证每皮砖灰缝厚度均匀，每皮砖都处在同一水平面上。皮数杆一般立在建筑物转角和隔墙处。

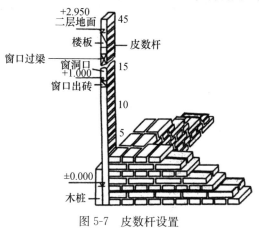

图5-7 皮数杆设置

2）轴线投测

一般建筑在施工中，常用悬吊垂球法将轴线逐层向上投测。为减少误差累积，宜在每砌二三层后，用经纬仪把地面上的轴线投测到楼板或柱上，以校核逐层传递的轴线位置是否正确。

3）高程传递

一般在底层内墙上测设一条高出室内地坪＋0.500m 的水平线，作为该层地面施工及室内装修时的标高控制线。用钢尺直接丈量、水准仪投测等来逐层向上引测，传递高程。

二、测设已知水平角

测设已知水平角工作与测量水平角的工作正好相反。测设已知水平角实际上是根据地面上已有的一条方向线和设计的水平角值，用经纬仪在地面上标定出另一条方向线的工作。

三、测设已知水平距离

测设已知水平距离就是从地面直线的一个端点开始，沿指定直线的方向测设一段已知的水平距离，定出直线的另一端点的测设工作。

测设水平距离的工作，按使用仪器工具不同，有钢尺测设和光电测距仪测设两种。一般中、高精度的距离测设都采用光电测距仪测量，若用钢尺测量，必须进行尺长改正及温度改正。

第六章　工程造价基础

第一节　建筑工程定额基础知识

一、建筑工程定额的概念

定额是人为规定的标准额度。工程定额是工程建设领域应用的各种定额的统称。它是指在合理的劳动组织和正常的施工技术条件下，完成单位合格建筑产品所需消耗的人工、材料和机械台班的数量标准。建筑工程定额是建筑工程设计、预算、施工及管理的基础。

二、建筑工程定额的分类

1. 按生产要素分类

建筑工程定额可分为劳动消耗定额、材料消耗定额和机械台班消耗定额。

2. 按用途分类

建筑工程定额可分为施工定额、预算定额、概算定额、工期定额及概算指标等。

3. 按费用性质分类

建筑工程定额可分为直接费定额、间接费定额等。

4. 按主编单位和执行范围分类

建筑工程定额可分为全国统一定额、主管部门定额、地区统一定额及企业定额等。

5. 按专业分类

建筑工程定额可分为建筑工程定额、设备及安装工程定额、建筑安装工程费用定额，前两者统称为建筑安装工程定额。建筑工程通常包括一般土建工程、构筑物工程、电气照明工程、卫生技术（水暖通风）工程及工业管道工程。

三、预算定额消耗量指标的确定

预算定额编制的核心工作，就是定额资源消耗量的确定，定额资源消耗量指标包括人工工日、材料和机械台班消耗量。

（一）人工工日消耗量指标的确定

预算定额中规定的人工消耗量指标，以工日为单位表示，包括基本用工、超运距用工、辅助用工和人工幅度差等内容。其中，基本用工是指完成定额计量单位分项工程的各工序所需的主要用工量，超运距用工是指编制预算定额时考虑的场内运距超过劳动定额考虑的相应运距所需要增加的用工量，辅助用工是指在施工过程中对材料进行加工整理所需的用工量，这三种用工量按国家建设行政主管部门制订的劳动定额的有关规定计算确定。人工幅度差是指在编制预算定额时加算的、劳动定额中没有包括的、在实际施工过程中必然发生的零星用工量，这部分用工量按前三项用工量之和的一定百分比计算确定。

人工工日消耗量可以有两种确定方法，一种以劳动定额为基础确定，另一种以现场观察测定资料为基础确定。遇到劳动定额缺项时，采用现场工作日写实等测时方法确定和计算定额的人工消耗量。

（二）材料消耗量指标的确定

预算定额中规定的材料消耗量指标，以不同的物理计量单位或自然计量单位为单位表示，包括净用量和损耗量。净用量是指实际构成某定额计量单位分项工程所需要的材料用量，按不同分项工程的工程特征和相应的计算公式计算确定。损耗量是指在施工现场发生的材料运输和施工操作的损耗，损耗量在净用量的基础上按一定的损耗率计算确定。用量不多、价值不大的材料，在预算定额中不列出数量，合并为"其他材料费"项目，以金额表示，或者以占主要材料的一定百分比表示。

（三）机械台班消耗量指标的确定

预算定额中规定的机械消耗量指标，以台班为单位，包括基本台班数和机械幅度差。基本台班数是指完成定额计量单位分项工程所需的机械台班用量，基本台班数以劳动定额中不同机械的台班产量为基础计算确定。机械幅度差是指在编制预算定额时加算的零星机械台班用量，这部分机械台班用量按基本台班数的一定百分比计算确定。

四、建筑工程定额的应用

预算定额主要由目录、总说明、建筑面积的计算规则、分部说明、工程量计算规则、分部工程定额项目表及附录组成。预算定额的应用通常包括定额直接套用、定额换算和定额补充三种情况。

1. 定额直接套用

当施工图纸的分项工程设计要求、结构特征、施工方法等内容与预算定额项目的内容完全相符时，可以直接套用预算定额，计算出该分项工程的预算定额费用以及人工、材料、机械的需用量。大多数工程项目属于这种情况。

2. 定额换算

当施工图纸设计内容与套用相应定额项目内容不完全一致时，则应根据总说明、分部工程说明、附注等有关规定，在预算定额规定的范围内，按其规定的方法加以换算。经过换算的定额子目应在定额编号下端写个"换"字，以示区别。

3. 定额补充

当施工图纸设计的分部分项工程既不能直接套用定额，又不能对定额进行换算或调整时，则需编制补充定额。

第二节　建筑安装工程费用项目组成

一、按费用构成要素划分

建筑安装工程费用项目组成按费用构成要素划分，由人工费、材料费、施工机具使用费、企业管理费、利润、规费和税金组成。其中人工费、材料费、施工机具使用费、企业管理费和利润包含在分部分项工程费、措施项目费和其他项目费中。

（一）人工费

人工费是指按工资总额构成规定，支付给从事建筑安装工程施工的生产工人和附属生产单位工人的各项费用。其内容包括：计时工资或计件工资；奖金；津贴补贴；加班加点工资；特殊情况下支付的工资。

（二）材料费

材料费是指施工过程中耗费的原材料、辅助材料、构配件、零件、半成品或成品、工程设备的费用。其内容包括：材料原价；运杂费；运输损耗费；采购及保管费。

（三）施工机具使用费

施工机具使用费是指施工作业所发生的施工机械、仪器仪表使用费或其租赁费。其中施工机械使用费以施工机械台班耗用量乘以施工机械台班单价表示，施工机械台班单价应由下列七项费用组成：折旧费；大修理费；经常修理费；安拆费及场外运费；人工费；燃料动力费；税费。仪器仪表使用费是指工程施工所需使用的仪器仪表的摊销及维修费用。

（四）企业管理费

企业管理费是指建筑安装企业组织施工生产和经营管理所需的费用。其内容包括：管理人员工资；办公费；差旅交通费；固定资产使用费；工具用具使用费；劳动保险和职工福利费；劳动保护费；检验试验费；工会经费；职工教育经费；财产保险费；财务费；税金；其他。

（五）利润

利润是指施工企业完成所承包工程获得的盈利。

（六）规费

规费是指按国家法律、法规规定，由省级政府和省级有关权力部门规定必须缴纳或计取的费用。其内容包括：社会保险费（养老保险费；失业保险费；医疗保险费；生育保险费；工伤保险费）；住房公积金；工程排污费；其他应列而未列入的规费，按实际发生计取。

（七）税金

税金是指国家税法规定的应计入建筑安装工程造价内的增值税。

二、按工程造价形成划分

建筑安装工程费用项目组成按工程造价形成划分，由分部分项工程费、措施项目费、其他项目费、规费、税金组成。

（一）分部分项工程费

分部分项工程费是指各专业工程的分部分项工程应予列支的各项费用。

1. 专业工程

专业工程指按现行国家计量规范划分的房屋建筑与装饰工程、仿古建筑工程、通用安装工程、市政工程、园林绿化工程、矿山工程、构筑物工程、城市轨道交通工程、爆破工程等各类工程。

2. 分部分项工程

分部分项工程指按现行国家计量规范对各专业工程划分的项目，如房屋建筑与装饰工程划分的土石方工程、地基处理与桩基工程、砌筑工程、钢筋及钢筋混凝土工程等。

（二）措施项目费

措施项目费是指为完成建设工程施工，发生于该工程施工前和施工过程中的技术、生活、安全、环境保护等方面的费用。其内容包括：安全文明施工费（环境保护费；文明施工费；安全施工费；临时设施费）；夜间施工增加费；二次搬运费；冬雨期施工增加费；已完工程及设备保护费；工程定位复测费；特殊地区施工增加费；大型机械设备进出场及安拆费；脚手架工程费。

（三）其他项目费

其他项目费内容包括：暂列金额；计日工；总承包服务费。

（四）规费

规费是指按国家法律、法规规定，由省级政府和省级有关权力部门规定必须缴纳或计取的费用。其内容包括：社会保险费（养老保险费；失业保险费；医疗保险费；生育保险费；工伤保险费）；住房公积金；工程排污费；其他应列而未列入的规费，按实际发生计取。

（五）税金

税金是指国家税法规定的应计入建筑安装工程造价内的增值税。

第三节　工程量清单与清单计价

一、工程量清单概述

（一）工程量清单的概念

工程量清单是表现拟建工程的分部分项工程项目、措施项目、其他项目名称和相应数量以及规费、税金项目等内容的明细清单。它是按照招标要求和施工设计图纸要求规定将拟建招标工程的全部项目和内容，依据统一的工程量计算规则、统一的工程量清单项目编制规则要求，计算拟建招标工程的分部分项工程数量的表格。

（二）建设工程工程量清单计价规范

1. 制定的目的和法律依据

现行《建设工程工程量清单计价规范》（GB 50500）是为规范工程造价计价行为，统一建设工程工程量清单的编制和计价方法，根据《中华人民共和国建筑法》《中华人民共和国合同法》《中华人民共和国招标投标法》等法律法规制定的计价规范。

2. 适用范围

使用国有资金投资的建设工程发承包，必须采用工程量清单计价。非国有资金投资的建设工程，宜采用工程量清单计价。

3. 对编制人员的要求

招标工程量清单、招标控制价、投标报价、工程计量、合同价款调整、合同价款结算与支付以及工程造价鉴定等工程造价文件的编制与核对，应由具有专业资格的工程造价人员承担。承担工程造价文件的编制与核对的工程造价人员及其所在单位，应对工程造价文件的质量负责。

（三）房屋建筑与装饰工程工程量计算规范

1. 规范制定的目的

现行《房屋建筑与装饰工程工程量计算规范》（GB 50854）是为规范房屋建筑与装饰工程造价计量行为，统一房屋建筑与装饰工程工程量计算规则、工程量清单的编制方法而制定的。

2. 规范的适用范围

规范适用于工业与民用的房屋建筑与装饰工程发承包及实施阶段计价活动中的工程计量和工程量清单编制。

房屋建筑与装饰工程计价，必须按该规范规定的工程量计算规则进行工程计量。房屋建筑与装饰工程计量活动，除应遵守该规范外，尚应符合国家现行有关标准的规定。

二、工程量清单的编制

（一）工程量清单的组成

1. 封面

2. 总说明

3. 分部分项工程量清单与计价表

4. 措施项目清单与计价表

5. 其他项目清单

6. 规费、税金项目清单与计价表等

（二）分部分项工程量清单的编制

分部分项工程量清单是指完成拟建工程的实体工程项目数量的清单。分部分项工程量清单由招标人根据现行《建设工程工程量清单计价规范》（GB 50500）（以下简称《计价规范》）附录规定的项目编码、项目名称、项目特征、计量单位和工程量计算规则进行编制。

1. 分部分项工程量清单的项目编码

按五级，用十二位阿拉伯数字表示；一～四级，即一至九位按《计价规范》规定设置；第五级，即十至十二位自编，无重码。

第一级分类表示附录分类码（分两位）；第二级表示章（专业工程）顺序码（分两位）；第三级表示节（分部工程）顺序码（分两位）；第四级表示单项目（分项工程）名称码（分三位）；第五级表示拟建工程量清单项目顺序码（分三位）。

2. 分部分项工程量清单的项目名称

按《计价规范》附录的名称与特征并结合拟建工程的实际确定。

3. 分部分项工程量清单的计量单位

按《计价规范》附录规定的计量单位确定。

4. 分部分项工程量清单的工程数量

按《计价规范》附录规定的工程量计算规则计算，工程结算的数量按合同双方认可的实际完成的工程量确定。

5. 分部分项工程量清单项目的特征描述

由于项目特征直接影响工程实体的自身价值，关系到综合单价的准确确定，因此项目特征的描述，应根据《计价规范》项目特征的要求，结合技术规范、标准图集、施工图纸，按照工程结构、使用材质及规格或安装位置等予以详细表述和说明。

1）必须描述的内容

涉及正确计量计价的，如门窗洞口尺寸或框外转尺寸；涉及结构要求的，如混凝土强度等级；涉及施工难易程度的，如抹灰的墙体类型；涉及材质要求的，如油漆的品种、管材的材质等。

2）可不描述的内容

对项目特征或计量计价没有实质影响的内容，如混凝土柱高度、断面大小；应由投标人根据施工方案确定的，如石方的预裂爆破单孔深度及装药量；应由投标人根据当地材料确定的，如混凝土拌合料使用的石子种类及粒径、砂的种类；应由施工措施解决的，如现浇混凝土板、梁的标高等。

（三）措施项目清单的编制

措施项目清单指为完成工程项目施工，发生于该工程施工前和施工过程中的技术、生活、安全等方面的非工程实体项目的清单。

措施项目中列出了项目编码、项目名称、项目特征、计量单位、工程量计算规则的项目，编制工程量清单时，应按照《计价规范》分部分项工程的规定执行。

措施项目中仅列出项目编码、项目名称，未列出项目特征、计量单位和工程量计算规则的项目，编制工程量清单时，应按《计价规范》附录措施项目规定的项目编码、项目名称确定。

（四）其他项目清单的编制

其他项目清单应按照下列内容列项：

（1）暂列金额，应根据工程特点，按有关计价规定估算。

（2）暂估价，包括材料暂估单价、工程设备暂估单价、专业工程暂估价；暂估价中的材料、工程设备暂估单价应根据工程造价信息或参照市场价格估算，列出明细表；专业工程暂估价应分不同专业，按有关计价规定估算，列出明细表。

（3）计日工，应列出项目名称、计量单位和暂估数量。

（4）总承包服务费，应列出服务项目及其内容等。

（5）出现规范未列的项目，应根据工程实际情况补充。

（五）规费项目清单的编制

规费是指根据国家法律、法规规定，由省级政府或省级有关权力部门规定施工企业必须缴纳的，应计入建筑安装工程造价的费用。规费项目清单应按照下列内容列项：

（1）社会保险费，包括养老保险费、失业保险费、医疗保险费、工伤保险费、生育保险费。

（2）住房公积金。

（3）工程排污费。

（4）出现规范未列的项目，应根据省级政府或省级有关权力部门的规定列项。

（六）税金项目清单的编制

税金是指国家税法规定的应计入建筑安装工程造价内的增值税。

三、工程量清单计价

工程量清单计价包括招标控制价的编制和投标标价的编制。下面介绍招标控制价的编制过程。

（一）编制招标控制价的规定

（1）国有资金投资的建设工程招标，招标人必须编制招标控制价。

（2）招标控制价应由具有编制能力的招标人或受其委托具有相应资质的工程造价咨询人编制和复核。

（3）工程造价咨询人接受招标人委托编制招标控制价，不得再就同一工程接受投标人委托编制投标报价。

（4）招标控制价按照《计价规范》的规定编制，不应上调或下浮。

（5）招标控制价超过批准的概算时，招标人应将其报原概算审批部门审核。

（6）招标人应在发布招标文件时公布招标控制价，同时应将招标控制价及有关资料报送工程所在地（或有该工程管辖权的行业管理部门）工程造价管理机构备查。

（二）编制与复核

1. 招标控制价编制与复核的依据

招标控制价按下列依据编制与复核：计价规范；国家或省级行业建设主管部门颁发的计价定额和计价办法；建设工程设计文件及相关资料；拟订的招标文件及招标工程量清单；与建设项目相关的标准、规范、技术资料；施工现场情况、工程特点及常规施工方案；工程造价管理机构发布的工程造价信息；工程造价信息没有发布的，参照市场价；其他的相关资料。

2. 综合单价

综合单价中应包括招标文件中划分的应由投标人承担的风险

范围及其费用，招标文件中没有明确的，如是工程造价咨询人编制，应提请招标人明确；如是招标人编制，应予明确。

3. 分部分项工程和措施项目单价

分部分项工程和措施项目中的单价项目，应根据拟订的招标文件和招标工程量清单项目中的特征描述及有关要求确定综合单价计算。

4. 其他项目计价

其他项目应按下列规定计价：暂列金额应按招标工程量清单中列出的金额填写；暂估价中的材料、工程设备单价应按招标工程量清单中列出的单价计入综合单价；暂估价中的专业工程金额应按招标工程量清单中列出的金额填写；计日工应按招标工程量清单中列出的项目根据工程特点和有关计价依据确定综合单价计算；总承包服务费应根据招标工程量清单列出的内容和要求估算。

5. 规费和税金

规费和税金应按规范的相应规定计算。

第四节　木工工程工程量计算

一、木屋架

木屋架工程量清单项目名称、项目特征、计量单位及工程量计算规则，应按表 6-1 的规定执行。

表 6-1　木屋架（编码：010701）

项目编码	项目名称	项目特征	计量单位	工程量计算规则	工作内容
010701001	木屋架	1. 跨度 2. 材料品种、规格 3. 刨光要求 4. 拉杆及夹板种类 5. 防护材料种类	1. 榀 2. m³	1. 以榀计量，按设计图示数量计算 2. 以立方米计量，按设计图示的规格尺寸以体积计算	1. 制作 2. 运输 3. 安装 4. 刷防护材料

续表

项目编码	项目名称	项目特征	计量单位	工程量计算规则	工作内容
010701002	钢木屋架	1. 跨度 2. 木材品种、规格 3. 刨光要求 4. 钢材品种、规格 5. 防护材料种类	榀	以榀计量，按设计图示数量计算	1. 制作 2. 运输 3. 安装 4. 刷防护材料

注：1. 屋架的跨度应以上、下弦中心线两交点之间的距离计算。

2. 带气楼的屋架和马尾、折角以及正交部分的半屋架，按相关屋架项目编码列项。

3. 以榀计量，按标准图设计的应注明标准图代号，按非标准图设计的项目特征必须按本表要求予以描述。

二、木构件

木构件工程量清单项目设置、项目特征描述的内容、计量单位、工程量计算规则，应按表 6-2 的规定执行。

表 6-2 木构件（编号：010702）

项目编码	项目名称	项目特征	计量单位	工程量计算规则	工作内容
010702001	木柱		m^3	按设计图示尺寸以体积计算	1. 制作 2. 运输 3. 安装 4. 刷防护材料
010702002	木梁	1. 构件规格尺寸 2. 木材种类 3. 刨光要求 4. 防护材料种类			
010702003	木檩		1. m^3 2. m	1. 以立方米计量，按设计图示尺寸以体积计算 2. 以米计量，按设计图示尺寸以长度计算	

续表

项目编码	项目名称	项目特征	计量单位	工程量计算规则	工作内容
010702004	木楼梯	1. 楼梯形式 2. 木材种类 3. 刨光要求 4. 防护材料种类	m²	按设计图示尺寸以水平投影面积计算。不扣除宽度≤300mm 的楼梯井，伸入墙内部分不计算	1. 制作 2. 运输 3. 安装 4. 刷防护材料
010702005	其他木构件	1. 构件名称 2. 构件规格尺寸 3. 木材种类 4. 刨光要求 5. 防护材料种类	1. m³ 2. m	1. 以立方米计量，按设计图示尺寸以体积计算 2. 以米计量，按设计图示尺寸以长度计算	

三、屋面木基层

屋面木基层工程量清单项目名称、项目特征、计量单位、工程量计算规则，应按表 6-3 的规定执行。

表 6-3　屋面木基层（编号：010703）

项目编码	项目名称	项目特征	计量单位	工程量计算规则	工作内容
010703001	屋面木基层	1. 椽子断面尺寸及椽距 2. 望板材料种类、厚度 3. 防护材料种类	m²	1. 按设计图示尺寸以斜面积计算 2. 不扣除房上烟囱、风帽底座、风道、小气窗、斜沟等所占面积。小气窗的出檐部分不增加面积	1. 椽子制作、安装 2. 望板制作、安装 3. 顺水条和挂瓦条制作、安装 4. 刷防护材料

四、木门

木门工程量清单项目名称、项目特征、计量单位、工程量计算规则，应按表 6-4 的规定执行。

表6-4 木门（编号：010801）

项目编码	项目名称	项目特征	计量单位	工程量计算规则	工作内容
010801001	木质门	1. 门代号及洞口尺寸 2. 镶嵌玻璃品种、厚度	1. 樘 2. m²	1. 以樘计量，按设计图示数量计算 2. 以平方米计量，按设计图示洞口尺寸以面积计算	1. 门安装 2. 玻璃安装 3. 五金安装
010801002	木质门带套				
010801003	木质连窗门				
010801004	木质防火门				
010801005	木门框	1. 门代号及洞口尺寸 2. 框截面尺寸 3. 防护材料种类	1. 樘 2. m	1. 以樘计量，按设计图示数量计算 2. 以米计量，按设计图示框的中心线以延长米计算	1. 木门框制作、安装 2. 运输 3. 刷防护材料
010801006	门锁	1. 锁品种 2. 锁规格	个（套）	按设计图示数量计算	安装

注：1. 木质门应区分镶板木门、企口木板门、实木装饰门、胶合板门、夹板装饰门、木纱门、全玻门（带木质扇框）、木质半玻门（带木质扇框）等项目，分别编码列项。

2. 木门五金应包括：折页、插销、门碰珠、号背拉手、搭机、木螺钉、弹簧折页（自动门）、管子拉手（自由门、地弹门）、地弹簧（地弹门）、角铁、门轧头（地弹门、自由门）等。

3. 木质门带套计量按洞口尺寸以面积计算，不包括门套的面积，但门套应计算在综合单价中。

4. 以樘计量，项目特征必须描述洞口尺寸；以平方米计量，项目特征可不描述洞口尺寸。

5. 单独制作安装木门框按木门框项目编码列项。

五、木窗

木窗工程量清单项目名称、项目特征、计量单位及工程量计算规则，应按表6-5的规定执行。

表 6-5 木窗（编号：010806）

项目编码	项目名称	项目特征	计量单位	工程量计算规则	工作内容
010806001	木质窗	1. 窗代号及洞口尺寸 2. 玻璃品种、厚度	1. 樘 2. m²	1. 以樘计量，按设计图示数量计算 2. 以平方米计量，按设计图示洞口尺寸以面积计算	1. 窗安装 2. 五金、玻璃安装
010806002	木飘（凸）窗				
010806003	木橱窗	1. 窗代号 2. 框截面及外围展开面积 3. 玻璃品种、厚度 4. 防护材料种类		1. 以樘计量，按设计图示数量计算 2. 以平方米计量，按设计图示尺寸以框外围展开面积计算	1. 窗制作、运输、安装 2. 五金、玻璃安装 3. 刷防护材料
010806004	木纱窗	1. 窗代号及框的外围尺寸 2. 窗纱材料品种、规格		1. 以樘计量，按设计图示数量计算 2. 以平方米计量，按框的外围尺寸以面积计算	1. 窗安装 2. 五金安装

注：1. 木质窗应区分木百叶窗、木组合窗、木天窗、木固定窗、木装饰空花窗等项目，分别编码列项。

2. 以樘计量，项目特征必须描述洞口尺寸，没有洞口尺寸必须描述窗框外围尺寸；以平方米计量，项目特征可不描述洞口尺寸及框的外围尺寸。

3. 以平方米计量，无设计图示洞口尺寸，按窗框外围以面积计算。

4. 木橱窗、木飘（凸）窗以樘计量，项目特征必须描述框截面及外围展开面积。

5. 木窗五金包括：折页、插销、风钩、木螺钉、滑轮滑轨（推拉窗）等。

六、门窗套

门窗套工程量清单项目名称、项目特征、计量单位及工程量计算规则，应按表 6-6 的规定执行。

表 6-6　门窗套（编号：010808）

项目编码	项目名称	项目特征	计量单位	工程量计算规则	工作内容
010808001	木门窗套	1. 窗代号及洞口尺寸 2. 门窗套展开宽度 3. 基层材料种类 4. 面层材料品种、规格 5. 线条品种、规格 6. 防护材料种类	1. 樘 2. m² 3. m	1. 以樘计量，按设计图示数量计算 2. 以平方米计量，按设计图示尺寸以展开面积计算 3. 以米计量，按设计图示中心线以延长米计算	1. 清理基层 2. 立筋制作、安装 3. 基层板安装 4. 面层铺贴 5. 线条安装 6. 刷防护材料
010808002	木筒子板	1. 筒子板宽度 2 基层材料种类 3. 面层材料种类、规格 4. 线条品种、规格 5. 防护材料种类			
010808003	饰面夹板筒子板				
010808006	门窗木贴脸	1. 门窗代号及洞口尺寸 2. 贴脸板宽度 3. 防护材料种类	1. 樘 2. m	1. 以樘计量，按设计图示数量计算 2. 以米计量，按设计图示尺寸以延长米计算	安装
010808007	成品木门窗套	1. 门窗代号及洞口尺寸 2. 门窗套展开宽度 3. 门窗套材料品种、规格	1. 樘 2. m² 3. m	1. 以樘计量，按设计图示数量计算 2. 以平方米计量，按设计图示尺寸以展开面积计算 3. 以米计量，按设计图示中心线以延长米计算	1. 清理基层 2. 立筋制作、安装 3. 板安装

注：1. 以樘计量，项目特征必须描述洞口尺寸、门窗套展开宽度。

2. 以平方米计量，项目特征可不描述洞口尺寸、门窗套展开宽度。

3. 以米计量，项目特征必须描述门窗套展开宽度、筒子板及贴脸宽度。

4. 木门窗套适用于单独门窗套的制作、安装。

七、窗台板

窗台板工程量清单项目名称、项目特征、计量单位及工程量计算规则，应按表 6-7 的规定执行。

表 6-7　窗台板（编号：010809）

项目编码	项目名称	项目特征	计量单位	工程量计算规则	工作内容
010809001	木窗台板	1. 基层材料种类 2. 窗台面板材质、规格、颜色 3. 防护材料种类	m²	按设计图示尺寸以展开面积计算	1. 清理基层 2. 基层制作、安装 3. 窗台板制作、安装 4. 刷防护材料

八、窗帘盒、轨

窗帘盒、轨工程量清单项目名称、项目特征、计量单位及工程量计算规则，应按表 6-8 的规定执行。

表 6-8　窗帘盒、轨（编号：010810）

项目编码	项目名称	项目特征	计量单位	工程量计算规则	工作内容
010810002	木窗帘盒	1. 窗帘盒材质、规格 2. 防护材料种类	m	按设计图示尺寸以长度计算	1. 制作、运输、安装 2. 刷防护材料
010810005	窗帘轨	1. 窗帘轨材质、规格 2. 轨的数量 3. 防护材料种类			

九、其他材料面层（楼地面装饰工程）

其他材料面层工程量清单项目名称、项目特征、计量单位及工程量计算规则，应按表6-9的规定执行。

表6-9 其他材料面层（编号：011104）

项目编码	项目名称	项目特征	计量单位	工程量计算规则	工作内容
011104002	竹、木（复合）地板	1. 龙骨材料种类、规格、铺设间距 2. 基层材料种类、规格 3. 面层材料品种、规格、颜色 4. 防护材料种类	m²	按设计图示尺寸以面积计算。门洞、空圈、暖气包槽、壁龛的开口部分并入相应的工程量内	1. 基层清理 2. 龙骨铺设 3. 基层铺设 4. 面层铺设 5. 刷防护材料 6. 材料运输

例如：某硬木地板工程中，已知地板工程量为150m²，使用15mm×50mm×200mm的木板条，损耗率为5%，则需要木板条根数＝150÷（0.05×0.2）×1.05＝15750（根）。

又如：某装饰工程项目硬木拼花地板工程量为550m²，已知单位合格成品材料定额，各材料用量计算如表6-10所示。

表6-10 地板材料用量计算

材料名称	单位	定额（100m²）	材料用量
硬木地板成品	m²	103.0	566.5
毛地板成品	m²	105.0	577.5
铁钉	kg	57.5	316.25

十、踢脚线

踢脚线工程量清单项目名称、项目特征、计量单位及工程量计算规则，应按表6-11的规定执行。

表 6-11 踢脚线 （编号：011105）

项目编码	项目名称	项目特征	计量单位	工程量计算规则	工作内容
011105005	木质踢脚线	1. 踢脚线高度 2. 基层材料种类、规格 3. 面层材料品种、规格、颜色	1. m² 2. m	1. 以平方米计量，按设计图示长度乘高度以面积计算 2. 以米计量，按延长米计算	1. 基层清理 2. 基层铺贴 3. 面层铺贴 4. 材料运输

十一、楼梯面层

楼梯面层工程量清单项目名称、项目特征、计量单位及工程量计算规则，应按表 6-12 的规定执行。

表 6-12 楼梯面层 （编号：011106）

项目编码	项目名称	项目特征	计量单位	工程量计算规则	工作内容
011106007	木板楼梯面层	1. 基层材料种类、规格 2. 面层材料品种、规格、颜色 3. 粘结材料种类 4. 防护材料种类	m²	按设计图示尺寸以楼梯（包括踏步、休息平台及 ≤500mm 的楼梯井）水平投影面积计算。楼梯与楼地面相连时，算至梯口梁内侧边沿；无梯口梁者，算至最上一层踏步边沿加 300mm	1. 基层清理 2. 基层铺贴 3. 面层铺贴 4. 刷防护材料 5. 材料运输

十二、墙饰面

墙饰面工程量清单项目名称、项目特征、计量单位及工程量计算规则，应按表 6-13 的规定执行。

表 6-13　墙饰面（编号：011207）

项目编码	项目名称	项目特征	计量单位	工程量计算规则	工作内容
011207001	墙面装饰板	1. 龙骨材料种类、规格、中距 2. 隔离层材料种类、规格 3. 基层材料种类、规格 4. 面层材料品种、规格、颜色 5. 压条材料种类、规格	m^2	按设计图示墙净长乘净高以面积计算。扣除门窗洞口及单个 > 0.3m² 的孔洞所占面积	1. 基层清理 2. 龙骨制作、运输、安装 3. 钉隔离层 4. 基层铺钉 5. 面层铺贴

十三、柱（梁）饰面

柱（梁）饰面工程量清单项目名称、项目特征、计量单位及工程量计算规则，应按表 6-14 的规定执行。

表 6-14　柱（梁）饰面（编号：011208）

项目编码	项目名称	项目特征	计量单位	工程量计算规则	工作内容
011208001	柱（梁）面装饰	1. 龙骨材料种类、规格、中距 2. 隔离层材料种类 3. 基层材料种类、规格 4. 面层材料品种、规格、颜色 5. 压条材料种类、规格	m^2	按设计图示饰面外围尺寸以面积计算。柱帽、柱墩并入相应柱饰面工程量内	1. 基层清理 2. 龙骨制作、运输、安装 3. 钉隔离层 4. 基层铺钉 5. 面层铺贴

十四、隔断

隔断工程量清单项目名称、项目特征、计量单位及工程量计算规则，应按表 6-15 的规定执行。

表 6-15　隔断（编号：011210）

项目编码	项目名称	项目特征	计量单位	工程量计算规则	工作内容
011210001	木隔断	1. 骨架、边框材料种类、规格 2. 隔板材料品种、规格、颜色 3. 嵌缝、塞口材料品种 4. 压条材料种类	m²	按设计图示框外围尺寸以面积计算。不扣除单个≤0.3m² 的孔洞所占面积；浴厕门的材质与隔断相同时，门的面积并入隔断面积内	1. 龙骨及边框制作、运输、安装 2. 隔板制作、运输、安装 3. 嵌缝、塞口 4. 装钉压条

例如：某双面纤维板隔断墙单面工程量为 $125m^2$，每张纤维板的规格为 $1200mm \times 2400mm$，使用率为 90%，则该隔断墙共需要纤维板数量＝$125 \div (1.2 \times 2.4 \times 0.9) \times 2 = 96.5 \approx 97$（张）。

十五、天棚吊顶

天棚吊顶工程量清单项目名称、项目特征、计量单位及工程量计算规则，应按表 6-16 的规定执行。

表 6-16 天棚吊顶（编号：011302）

项目编码	项目名称	项目特征	计量单位	工程量计算规则	工作内容
011302001	吊顶天棚	1. 吊顶形式、吊杆规格、高度 2. 龙骨材料种类、规格、中距 3. 基层材料种类、规格 4. 面层材料品种、规格 5. 压条材料种类、规格 6. 嵌缝材料种类 7. 防护材料种类	m²	按设计图示尺寸以水平投影面积计算。天棚面中的灯槽及跌级、锯齿形、吊挂式、藻井式天棚面积不展开计算。不扣除间壁墙、检查口、附墙烟囱、柱垛和管道所占面积，扣除单个 $> 0.3m^2$ 的孔洞、独立柱及与天棚相连的窗帘盒所占的面积	1. 基层清理、吊杆安装 2. 龙骨安装 3. 基层板铺贴 4. 面层铺贴 5. 嵌缝 6. 刷防护材料

例如：某装饰板顶棚面层工程量为 250m²，已知每张装饰板的规格为 910mm×2130mm，若装饰板的使用率为 90%，则需要装饰板的数量＝250÷（0.91×2.13×0.9）＝143.3≈144（张）。

十六、扶手、栏杆、栏板装饰

扶手、栏杆、栏板装饰工程量清单项目名称、项目特征、计量单位及工程量计算规则，应按表 6-17 的规定执行。

表 6-17 扶手、栏杆、栏板装饰（编号：011503）

项目编码	项目名称	项目特征	计量单位	工程量计算规则	工作内容
011503002	硬木扶手、栏杆、栏板	1. 扶手材料种类、规格 2. 栏杆材料种类、规格 3. 栏板材料种类、规格、颜色 4. 固定配件种类 5. 防护材料种类	m	按设计图示以扶手中心线长度（包括弯头长度）计算	1. 制作 2. 运输 3. 安装 4. 刷防护材料
011503006	硬木靠墙扶手	1. 扶手材料种类、规格 2. 固定配件种类 3. 防护材料种类			

十七、混凝土模板及支架（撑）

混凝土模板及支架（撑）工程量清单项目名称、项目特征、计量单位及工程量计算规则，应按表 6-18 的规定执行。

表6-18 混凝土模板及支架（撑）（编号：011702）

项目编码	项目名称	项目特征	计量单位	工程量计算规则	工作内容
011702001	基础	基础类型	m²	按模板与现浇混凝土构件的接触面积计算 1. 现浇钢筋混凝土墙、板单孔面积≤0.3m²的孔洞不予扣除，洞侧壁模板亦不增加；单孔面积＞0.3m²时应予扣除，洞侧壁模板面积并入墙、板工程量内计算 2. 现浇框架分别按梁、板、柱有关规定计算；附墙柱、暗梁、暗柱并入墙内工程量内计算 3. 柱、梁、墙、板相互连接的重叠部分，均不计算模板面积 4. 构造柱按图示外露部分计算模板面积	1. 模板制作 2. 模板安装、拆除、整理堆放及场内外运输 3. 清理模板粘结物及模内杂物、刷隔离剂等
011702002	矩形柱				
011702003	构造柱				
011702004	异型柱	柱截面形状			
011702005	基础梁	梁截面形状			
011702006	矩形梁	支撑高度			
011702007	异型梁	1. 梁截面形状 2. 支撑高度			
011702008	圈梁				
011702009	过梁				
011702010	弧形、拱形梁	1. 梁截面形状 2. 支撑高度			
011702011	直形墙				
011702012	弧形墙				
011702013	短肢剪力墙、电梯井壁				
011702014	有梁板				
011702015	无梁板				
011702016	平板				
011702017	拱板	支撑高度			
011702018	薄壳板				
011702019	空心板				
011702020	其他板				
011702021	栏板				

项目编码	项目名称	项目特征	计量单位	工程量计算规则	工作内容
011702022	天沟、檐沟	构件类型		按模板与现浇混凝土构件的接触面积计算	
011702023	雨篷、悬挑板、阳台板	1. 构件类型 2. 板厚度		按图示外挑部分尺寸的水平投影面积计算，挑出墙外的悬臂梁及板边不另计算	
011702024	楼梯	类型	m²	按楼梯（包括休息平台、平台梁、斜梁和楼层板的连接梁）的水平投影面积计算，不扣除宽度≤500mm的楼梯井所占面积，楼梯踏步、踏步板、平台梁等侧面模板不另计算，伸入墙内部分亦不增加	1. 模板制作 2. 模板安装、拆除、整理堆放及场内外运输 3. 清理模板粘结物及模内杂物、刷隔离剂等
011702025	其他现浇构件	构件类型		按模板与现浇混凝土构件的接触面积计算	
011702026	电缆沟、地沟	1. 沟类型 2. 沟截面		按模板与电缆沟、地沟接触的面积计算	
011702027	台阶	台阶踏步宽		按图示台阶水平投影面积计算，台阶端头两侧不另计算模板面积。架空式混凝土台阶，按现浇楼梯计算	
011702028	扶手	扶手断面尺寸		按模板与扶手的接触面积计算	
011702029	散水			按模板与散水接触面积计算	
011702030	后浇带	后浇带部位		按模板与后浇带的接触面积计算	
011702031	化粪池	1. 化粪池部位 2. 化粪池规格		按模板与混凝土接触面积计算	

145

第七章　施工现场管理基本知识

第一节　施工项目管理的内容与组织

一、施工项目

施工项目是指建筑施工企业对一个建筑产品的施工过程及成果，即建筑施工企业的生产对象。它可以是一个建设项目的施工，也可以是其中一个单项工程或单位工程的施工。分部、分项工程不是完整的产品，因此不能称作"施工项目"。

二、施工项目管理

施工项目管理是由建筑施工企业对施工项目所进行的决策、计划、组织、控制与协调活动的总称，其主要内容是"三管理、三控制、一协调"，即安全管理、合同管理、信息管理、成本控制、进度控制、质量控制和与施工有关的组织与协调。施工项目管理的管理者是建筑施工企业，管理对象是施工项目，管理内容在一个长时间进行的有序过程中不断变化。因此，要求施工项目管理应强化组织协调工作，建立起动态控制体系。

三、施工项目管理的组织机构

施工项目管理的组织机构与企业管理的组织机构是局部与整体的关系。施工项目管理组织机构是建筑企业管理组织机构的重要组成部分。组织机构设置的目的是进一步发挥项目管理功能，提高项目整体管理效率，以达到项目管理的最终目标。

四、施工项目管理组织机构的形式

（一）工作队式项目组织机构

1. 特点

如图 7-1 所示，虚线框内表示工作队式项目组织机构。其特点如下：

（1）项目经理在企业内部招聘职能人员组成管理机构（工作队），由项目经理指挥，其独立性大。

（2）管理机构成员在项目施工期间与原企业部门暂时不存在直接的领导与被领导关系。

（3）项目管理组织与项目同寿命。项目结束后机构撤销，所有人员仍回原单位所在部门和岗位工作。

（4）专业人员可以取长补短、办事效率高，既不打乱企业原有建制，又保留了传统的直线职能制等优点。

2. 适用范围

工作队式项目组织机构适用于大型项目，工期要求紧迫的项目，需多工种、多部门密切配合的项目。

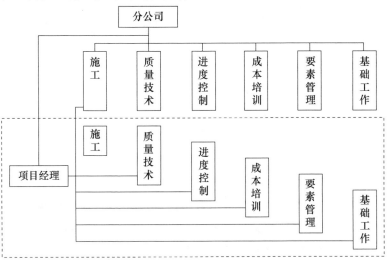

图 7-1　工作队式项目组织机构

（二）部门控制式项目组织机构

1. 特点

如图 7-2 所示，虚线框内表示部门控制式项目组织机构。其特点如下：

（1）不打乱企业现行的建制，把项目委托给企业某一专业部门或某一施工队，并由这个部门（施工队）领导，在本部门内组合管理机构。

（2）能充分发挥人才作用，人事关系容易协调，运转启动时间短，职责明确，职能专一，项目经理无须专门训练。

2. 适用范围

部门控制式项目组织机构适用于小型的、专业性较强、不需涉及众多部门的施工项目。

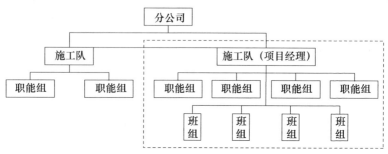

图 7-2 部门控制式项目组织机构

（三）矩阵制项目组织机构

1. 特点

如图 7-3 是矩阵式项目组织形式。其特点如下：

（1）项目组织机构与职能部门的结合部同职能部门数相同。项目组织机构与职能部门的结合部呈矩阵形式。

（2）职能部门的纵向与项目组织的横向有机地结合在一起。既发挥了职能部门的纵向优势，又发挥了项目组织的横向优势。

（3）职能部门负责人对参与项目组织的人员有组织调配、业务指导和管理考查的责任。项目经理把来自各职能部门的专业人员在横向上有效地组织在一起，协同工作。

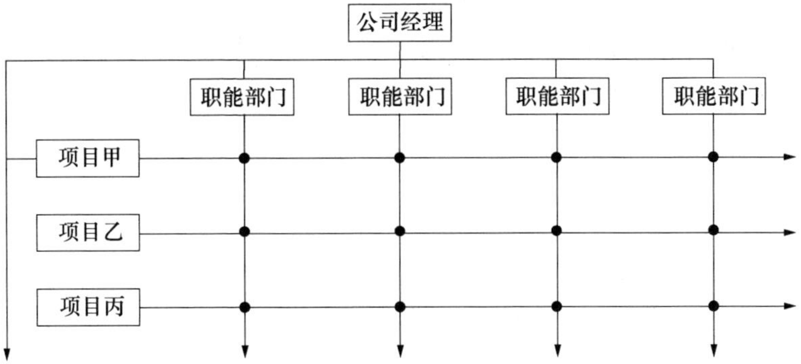

图 7-3 矩阵式项目组织机构

（4）每个成员接受部门负责人和项目经理的双重领导。但部门控制力大于项目的控制力。为了提高人才的利用率，部门负责人有权根据各项目对人员的要求，在项目之间调配本部门的人员。

（5）项目经理对临时组建的机构成员有权控制和使用，他可以向职能部门要求调换、辞退机构成员，但需提前向职能部门提出要求。

（6）项目经理部的工作有多个职能部门支持，项目经理没有人员包袱。

（7）项目经理部的管理工作把企业的长期例行性管理与项目的一次性管理有机地结合起来，充分利用有限的人才对多个项目进行高效率管理，使项目组织具有较强的应变能力。

（8）由于各类专业人员来自不同的职能部门，工作中可以相互取长补短，纵向专业优势得以发挥。但易造成双重领导，使意见分歧，难以统一。

2. 适用范围

（1）同时承担多个需要进行项目管理工程的企业。在此情况下，各项目对专业技术人员都有需求，加在一起数量较大。采用矩阵式组织可以充分利用有限的人才发挥更大的作用。

（2）适用于大型、复杂的施工项目。因大型复杂的施工项目要求多部门、多技术、多工种配合施工，在不同阶段、对不同人员，有不同数量和搭配各异的要求。显然，其他组织机构形式难以满足多个项目经理对人才的要求。

五、施工项目组织形式的选择

选择什么样的项目组织形式，要根据企业的素质、任务、条件、基础与施工项目的规模、性质、内容、要求的管理方式结合起来分析，选择最适宜的项目组织形式。一般可按下列思路选择项目组织形式：

（1）大型施工企业，人员素质好，管理基础好，业务综合性强，可以承担复杂施工任务，宜采用矩阵式、工作队式等项目组织形式。

（2）简单项目、小型项目、承包内容专一的项目，应采用部门控制式项目组织形式。

表 7-1 提供了选择施工项目组织形式的参考因素。

表 7-1　选择施工项目组织形式的参考因素

项目组织形式	项目性质	施工企业类型	企业人员素质	企业管理水平
工作队式	大型复杂项目、工期紧的项目	大型施工企业，有得力项目经理的企业	人员素质较强，专业人才多，职工的技术素质较高	管理水平较高，基础工作较强，管理经验丰富
部门控制式	小型、简单项目，只涉及个别少数部门的项目	小型施工企业，任务单一的企业	素质较差，力量薄弱，人员构成单一	管理水平较低，基础工作较差，项目经理短缺
矩阵式	多工种、多部门、多技术配合的项目，管理效率要求很高的项目	大型施工企业，经营范围很宽，实力很强的施工企业	文化素质、管理素质、技术素质很高，但人才紧缺，人员一专多能	管理水平很高，管理渠道畅通，信息沟通灵敏，管理经验丰富

第二节 施工准备工作

施工准备工作是为了保证工程的顺利开工和施工活动正常进行所必须事先做好的各项准备工作，是生产经营管理的重要组成部分，是施工程序中的重要环节。

施工准备工作的基本任务是为拟建工程的施工建立必要的技术和物质条件，统筹安排施工力量和施工现场。认真做好施工准备工作，对于发挥企业优势、合理供应资源、加快施工速度、提高工程质量、降低工程成本、增加企业经济效益等具有重要的意义。

施工准备工作的内容一般包括原始施工资料收集和整理、技术资料准备、施工现场准备、施工现场人员及现场生产资料准备、冬雨期施工准备。

一、原始施工资料的收集和整理

对一项工程所涉及的自然条件和技术经济条件等施工资料进行调查研究与收集整理，是施工准备工作的一项重要内容，尤其是当施工单位进入一个新的城市或地区时，此项工作显得尤为重要。调查研究工作开始之前，事先要拟订详细的调查提纲。其调查的范围、内容、要求等应根据拟建工程的规模、性质、复杂程度、工期以及对当地的了解程度确定。调查时，除向建设单位、勘察设计单位、当地气象台及有关部门收集资料及有关规定外，还应到实地勘测，并向当地居民了解。

（一）原始资料的收集

自然条件调查分析包括对建设地区的气象资料、工程地形地质、工程水文地质、地区地震条件、场地周围环境及障碍物条件等的调查。

（二）收集相关信息与资料

1. 技术经济条件调查分析

技术经济条件调查分析包括地方建筑生产企业、地方资源交通运输、主要设备材料、水电及其他能源以及它们的生产能力等调查。

2. 其他相关信息与资料的收集整理

在编制施工组织设计时，除施工图纸及调查所得的原始资料外，还可以收集相关的参考资料作为编制的依据。如施工定额、施工手册、各种施工规范、施工组织设计编写实例及平时施工实践活动中所积累的资料等。

二、技术资料准备

技术资料准备即通常所说的"内业"工作，它是施工准备的核心，指导着现场施工准备工作，对于保证建筑产品质量，实现安全生产，加快工程进度，提高工程经济效益都具有十分重要的意义。

（1）提前组织各专业技术人员熟悉图纸，进行图纸会审，制定技术措施。

（2）编制施工进度控制实施细则：分解工程进度控制目标，编制施工作业计划，协调各施工部门之间的关系，采取奖罚控制措施，确保工程进度控制目标。

（3）编制质量控制手册，明确各分部分项所达到的质量标准。编制切实可行的作业技术指导书，使质量目标得以实现。

（4）进行技术交底、明确施工技术要点及难点，做到严格按照施工组织设计组织施工。

（5）在设计交底和图纸会审的基础上，预算部门即可着手编制单位工程施工图预算和施工预算，以确定人工、材料和机械费用的支出，并确定人工数量、材料消耗数量及机械台班使用量等。

三、施工现场准备

施工现场的准备工作，主要是为了给施工项目创造有利的施工条件，是保证工程按计划开工和顺利进行的重要环节。施工现场准备工作由两个方面组成：一是建设单位应完成的施工现场准备工作；二是施工单位应完成的施工现场准备工作。建设单位与施工单位的施工现场准备工作均就绪时，施工现场就具备了施工条件。

（一）建设单位施工现场准备工作

建设单位要按合同条款中约定的内容和时间完成以下工作：

（1）办理土地征用、拆迁补偿等工作，使施工场地具备施工条件，在开工后继续负责解决以上事项遗留问题。

（2）将施工所需水、电、通信线路从施工场地外部接至专用条款约定地点，保证施工期间的需要。

（3）开通施工场地与城乡公共道路的通道。

（4）向承包人提供施工场地的工程地质和地下管线资料，对资料的真实准确性负责。

（5）办理施工许可证及其他施工所需证件、批件和临时用地、停水、停电、中断道路交通、爆破作业等的申请批准手续（证明承包人自身资质的证件除外）。

（6）确定水准点与坐标控制点，以书面形式交给承包人，进行现场交验。

（7）协调处理施工场地周围的地下管线和邻近建筑物、构筑物（包括文物保护建筑）、古树名木的保护工作，承担有关费用。

上述施工现场准备工作，承发包双方也可在合同专用条款约束下交由施工单位完成，其费用由建设单位承担。

（二）施工单位施工现场准备工作

施工单位现场准备工作即通常所说的室外准备，施工单位应按合同条款中约定的内容和施工组织设计的要求完成以下工作：

（1）根据工程需要，提供和维修施工使用的照明、围栏设施，并负责安全保卫。

（2）按专用条款约定的数量和要求，向发包人提供施工场地办公和生活的房屋及设施，发包人承担由此发生的费用。

（3）遵守政府有关主管部门对施工场地交通、施工噪声以及环境保护和安全生产等的管理规定，按规定办理有关手续，并以书面形式通知发包人，发包人承担由此发生的费用，因承包人责任造成的罚款除外。

（4）保证施工场地清洁，符合环境卫生管理的有关规定。

（5）清除现场障碍物，做好"五通一平"。

（6）建立测量控制网。

（7）根据平面布置图安装施工机械，调试正常。

（8）搭设施工所需的各项临时设施。

（9）设置警牌标志，做好安全通道的防护措施。

四、施工现场人员及生产资料准备

（一）施工现场人员准备

施工现场人员准备包括施工管理层和作业层两大部分，这些人员的合理选择和配备，将直接影响工程质量与安全、施工进度及工程成本，因此，劳动组织准备是开工前施工准备的一项重要内容。

1. 项目组织机构建设

对于实行项目管理的工程，建立项目组织机构就是建立项目经理部。施工企业建立项目经理部，要针对工程特点和建设单位要求，根据有关规定进行精心组织安排，认真抓实、抓细、抓好。

2. 建立施工队伍

组织施工队伍，要认真考虑专业工程的合理配合，技术工人和普通工人的比例要满足合理的劳动组织要求。按组织施工方式的要求，确定建立混合施工队组或专业施工队组及其数量。集结施工力量，组织劳动力进场。项目经理部确定之后，按照开工日期和劳动力需要量计划组织劳动力进场。

3. 做好职工培训工作

工人进场后按作业班组及特殊工种组织上岗培训（包括规章制度、安全施工、操作技术、精神文明）。

（二）施工现场生产资料准备

生产资料准备是指施工中必需的施工机械、工具和材料、构

（配）件等的准备，是一项较为复杂而又细致的工作，建筑施工所需的材料、构（配）件、机具和设备品种多且数量大，能否保证按计划供应，对整个施工过程的工期、质量和成本，有着举足轻重的作用。

（1）做好建筑材料需要量计划和货源安排计划，作为备料、供料和确定仓库、堆场面积及组织运输的依据。

（2）根据施工方案和进度计划，编制施工机具需要量计划和进场计划。

（3）向有关厂家提出构（配）件及设备的加工订货计划要求。

（4）组织材料、构配件按计划进场，按施工平面布置图做好存放及保管工作。

五、冬雨期施工准备

建筑工程施工绝大部分工作是露天作业，受气候影响比较大，因此，在冬期、雨期施工中，必须从具体条件出发，正确选择施工方法，做好季节性施工准备工作，以保证按期、保质、安全地完成施工任务，取得较好的技术经济效果。

（一）冬期施工准备

（1）合理安排施工进度计划。冬期施工条件差，技术要求高，费用增加，因此，要合理安排施工进度计划，尽量安排保证施工质量且费用增加不多的项目在冬期施工，如吊装、打桩、室内装饰装修等工程；而费用增加较多又不容易保证质量的项目则不宜安排在冬期施工，如土方、基础、外装修、屋面防水等工程。

（2）安排专人测量施工期间的室外气温、暖棚内气温、砂浆温度、混凝土的温度并做好记录。

（3）根据实物工程量提前组织有关机具、外加剂和保温材料、测温材料进场。

（4）搭建加热用的锅炉房、搅拌站、敷设管道，对锅炉进行试火试压，对各种加热的材料、设备要检查其安全可靠性。

（5）做好室内施工项目的保温，如先完成供热系统，安装好门窗玻璃等，以保证室内其他项目能顺利施工。

（6）做好冬期施工混凝土、砂浆及掺外加剂的试配试验工作，提出施工配合比。

（7）对现场火源要加强管理；使用天然气、煤气时，要防止爆炸；使用焦炭炉、煤炉或天然气、煤气时应注意通风换气，防止煤气中毒。

（二）雨期施工准备

（1）合理安排雨期施工。在雨期到来之前，应多安排完成基础、地下工程、土方工程、室外及屋面工程等不宜在雨期施工的项目；多留些室内工作在雨期施工。

（2）加强施工管理，做好雨期施工的安全教育。

（3）防洪排涝，做好现场排水工作。

（4）做好道路维护，保证运输畅通。雨期前检查道路边坡排水，适当提高路面，防止路面凹陷，保证运输畅通。

（5）做好物资的储存工作。雨期到来前，应多储存物资，减少雨期运输量，以节约费用。要准备必要的防雨器材，库房四周要有排水沟渠，防止物资淋雨、浸水而变质，仓库要做好地面防潮和屋面防漏雨工作。

（6）做好机具设备等防护工作。雨期施工，对现场的各种设施、机具要加强检查，特别是对脚手架、垂直运输设施等，要采取防倒塌、防雷击、防漏电等一系列技术措施，现场机具设备（焊机、箱等）要有防雨措施。

第三节　图纸会审

图纸会审应在开工前进行，一般由建设单位组织并主持会议，设计单位交底，施工单位、监理单位参加。重点工程或规模较大及结构、装修较复杂的工程，如有必要，可邀请各主管部门及消防、防疫与协作单位参加。

一、图纸会审的目的

（1）使施工单位和各参建单位熟悉设计图纸，了解工程特点和设计意图，保障工程质量，找出需要解决的技术难题，并制定解决方案。

（2）解决图纸中存在的问题，减少图纸的差错，将图纸中的质量隐患消灭在萌芽之中。

二、图纸会审的程序

（1）设计单位介绍设计意图，总体布置与结构设计特点、工艺要求、施工技术措施和有关注意事项。

（2）各有关单位提出图纸中的疑问、存在问题和需要解决的问题。

（3）设计单位答疑。

（4）各单位针对问题进行讨论、研究与协商，拟订解决问题的方法。

（5）写出图纸会审纪要，并经各方签字，在工程中执行。会审纪要作为与施工图纸具有同等法律效力的技术文件使用。

三、图纸会审的主要内容

（1）设计是否符合国家有关方针、政策和规定。

（2）设计规模、内容是否符合国家有关的技术规范要求，尤其是强制性标准的要求，是否符合环境保护和消防安全的要求。

（3）建筑设计是否符合国家有关的技术规范要求，尤其是强制性标准的要求，是否符合环境保护和消防安全的要求。

（4）建筑平面布置是否符合核准的按建筑红线划定的详图和现场实际情况，是否提供符合要求的永久水准点或临时水准点位置。

（5）是否无证设计或越级设计；图纸是否经设计单位正式签署。

（6）地质勘探资料是否齐全。

（7）图纸及说明是否齐全、清楚、明确。

（8）总平面图与施工图的几何尺寸、平面位置、标高等是否一致。

（9）几个设计单位共同设计的图纸相互间有无矛盾，专业图纸之间、平立剖面图之间有无矛盾，标注有无遗漏。

（10）建筑、结构、设备等图纸本身及相互之间是否有错误和矛盾，图纸与说明之间有无矛盾。

（11）有无特殊材料（包括新材料）要求，其品种、规格、数量能否满足需要。

（12）设计是否符合施工技术装备条件，如需采取特殊技术措施，技术上有无困难，能否保证安全施工。

（13）地基处理及基础设计有无问题，建筑物与地下构筑物、管线之间有无矛盾，建筑与结构构造是否存在不能施工、不便于施工的技术问题，或容易导致质量、安全、工程费用增加等方面的问题。

（14）工艺管道、电气线路、设备装置、运输道路与建筑物之间或相互间有无矛盾，布置是否合理，是否满足设计功能要求。

（15）建（构）筑物及设备的各部位尺寸、轴线位置、标高、预留孔洞及预埋件、大样图及做法说明有无错误和矛盾。

（16）设计地震烈度是否符合当地要求。

第四节　施工技术交底

一、施工技术交底的作用

施工技术交底是施工企业极为重要的一项技术管理工作。通过技术交底确保参与施工活动的每一个技术人员，明确本工程的特定施工条件、施工组织、具体技术要求和有针对性的关键技术措施，系统掌握工程施工过程全貌和施工的关键部位，科学组织施工，安全文明生产；确保参与工程施工操作的每一个工人，了解自己所要完成的分部分项工程的具体工作内容、操作方法、施工工艺、质量标准和安全注意事项等，做到任务明确，心中有数，有序施工，减少各种质量通病，提高施工质量。

二、施工技术交底的要求

（1）工程施工技术交底必须符合建筑工程施工及验收规范、

技术操作规程（分项工程工艺标准）、质量检验评定标准的相应规定。同时，也应符合本行业制定的有关规定、准则以及所在省（区）市地方性的具体政策和法规的要求。

（2）工程施工技术交底必须执行国家各项技术标准，包括计量单位和名称。有的施工企业还制定企业内部标准，如建筑分项工程施工工艺标准、混凝土施工管理标准等。这些企业标准在技术交底时应认真贯彻实施。

（3）技术交底还应符合与实现设计施工图中的各项技术要求，特别是当设计图纸中的技术要求和技术标准高于国家施工及验收规范的相应要求时，应做更为详细的交底和说明。

（4）应符合和体现上一级技术领导在技术交底中的意图和具体要求。

（5）应符合和实施施工组织设计或施工方案的各项要求，包括技术措施和施工进度等要求。

（6）对不同层次的施工人员，其技术交底深度与详细程度不同，也就是说对不同人员，其交底的内容深度和说明的方式要有针对性。

三、施工技术交底的形式

（一）书面交底

通过书面交底内容向下级人员交底，双方在交底书上签字，逐级落实责任到人，有据可查，效果较好，是最常用的交底方式。书面技术交底是工程施工技术资料中必不可少的，施工完毕后应归档。

（二）会议交底

召开会议传达交底内容，可通过多工种的讨论、协商对技术交底内容进行补充完善，提前规避技术问题。

（三）施工样板、模型交底

实行样板引路，制作满足各项要求的样板予以参考，常用于要求较高的项目，或制作模型以加深实际操作人员的理解。

（四）挂牌交底

在标牌上写明交底相关要求，挂在施工场所，适用于内容及人员固定的分项工程。

四、施工技术交底的程序

施工技术交底分为三级：一级是施工企业向项目部交底，由施工企业总工程师向项目经理、项目技术负责人进行技术交底；二级是项目部向施工班组交底，由项目经理、项目技术负责人向专业工长、施工班组长进行技术交底；三级是施工班组向具体施工人员交底，由专业工长、各施工班组长向各工种工人进行技术交底。

五、施工技术交底的内容

（一）一级技术交底的内容

（1）工程概况、工期要求。

（2）施工现场调查情况。

（3）实施性施工组织设计，施工顺序，关键线路、主要节点进度，阶段性控制目标。

（4）施工方案及施工方法，技术标准及质量安全要求，重要工程及采用新技术新材料等的分部分项工程。

（5）工序交叉配合要求，各部门的配合要求。

（6）主要材料、设备、劳动力安排及资金需求。

（7）项目质量计划、成本目标。

（8）设计变更内容。

（二）二级技术交底的内容

（1）施工详图和构件加工图，材料试验参数及配合比。

（2）现场测量控制网、监控量测方法和要求。

（3）重大施工方案措施、关键工序、特殊工序施工方案及具体要求。

（4）施工进度要求和相关施工工序配合要求。

（5）重大危险源应急救援措施。

（6）不利季节施工应采取的技术措施，正常情况下的半成品及成品保护措施。

（7）本工程所采用的技术标准、规范、规程的名称，施工质量标准和实现创优目标的具体措施，质量检查项目及其要求。

（8）主要材料规格性能、试验要求；施工机械设备及劳动力的配备。

（9）安全文明施工及环境保护要求。

（三）三级技术交底的内容

（1）施工图纸细部讲解，采用的施工工艺、操作方法及注意事项。

（2）分项工程质量标准、交接程序及验收方式，成品保护注意事项。

（3）易出现质量通病的工序及相应技术措施、预防办法。

（4）工期要求及保证措施。

（5）设计变更情况。

（6）降低成本措施。

（7）现场安全文明施工要求。

（8）现场应急救援措施、紧急逃生措施等。

六、技术交底管理程序及注意事项

（1）技术交底必须在单位工程图纸综合会审的基础上进行，并在单位工程或分部、分项工程施工前进行。技术交底应为施工留出适当的准备时间，并不得后补。

（2）技术交底应以书面形式进行，并辅以口头讲解。交底人和接交人应及时履行交接签字手续，并应及时交资料员进行归档、妥善保存。

（3）技术交底应根据工程任务和施工需要，逐级进行操作工艺交底和施工安全交底。

（4）接受交底人在接受技术交底时，应将交底内容搞清弄

161

懂。各级交底要实行工前交底、工中检查、工后验收，将交底工作落在实处。

（5）技术交底要字迹工整，交底人、接交人要签字，交底日期、工程名称等内容要写清楚。技术交底要一式三份，交底人、接交人、存档各一份。

（6）技术交底要具有科学性、操作性、实用性。

第五节 班组管理

施工班组是施工企业直接组织员工完成生产任务的基本单位，为了加强班组建设工作，实现班组管理的规范化、标准化、方便化，促进施工企业安全文明生产水平、经济效益、整体素质的提高，需从各方面进行班组管理。

一、综合管理

（1）以业绩评估工作为主体，加强和规范班组建设制度，实现班组建设工作的制度化、标准化。

（2）形成班组奖罚机制，实行按劳、按责分配，并形成记录。

（3）加强统计管理，做好各种原始记录、保管和传递工作，对日常生产设备管理资料进行收集保管。

（4）按照施工企业规划及部署，认真开展增收节支。加强材料、费用成本控制及废料回收，不断提升班组节材、成本控制意识，以最小投入获取最大效益。

（5）严肃劳动纪律，杜绝串岗、脱岗、睡岗、迟到、早退等现象，服从班组长工作安排。按日考勤，及时、准确地核对。

（6）班组管理应设立以下记录：

①班组工作日志。班组工作日志记录内容包括班前班后会、人员出勤等。

②安全记录。安全记录内容包括安全活动、安全规程考核、生产事故通报及安全规程、安全制度培训等。

③培训记录。培训记录内容包括技术问答、现场考问讲解、

技术交流、技术讲课以及制度质量体系文件的共同学习等。

④经济责任制考核记录。明确考核原因、时间、考核金额等。

⑤综合会议记录。记录内容包括班务会、项目部会议、公司会议等会议的相关内容。

⑥班组设备、技术台账。它包括设备和系统图纸、设备变更、设备缺陷记录、设备试验及校验记录、现场规程等，还可以根据实际设立相应的设备技术台账。

二、生产管理

（1）建立健全班组生产管理制度。

（2）合理、科学地安排生产工作，计划组织生产，全面完成生产作业计划和任务，杜绝无计划施工。

（3）根据项目部的工作计划，制订出周、月度工作计划，做好日工作安排。

（4）按定员定量组织生产工作，提高工时利用率。

（5）坚持每天召开班前、班后会。班前会安排工作时强调安全注意事项、工作进度、工艺要求，班后会主要对当日工作存在的技术或安全问题进行总结。

三、安全管理

（1）建立班组安全责任制，发挥班组长、安全员的安全保证和安全监督作用。

（2）执行各项安全生产制度、规程及规定，制订各阶段的安全目标。

（3）每周至少开展一次安全培训活动并形成记录，每位成员对一周内自己所完成工作进行自我检查，对检查出的问题进行有计划的整改。

（4）进行安全教育培训，提高班组人员安全技能和安全意识。

（5）组织班组人员进行危险点分析及预控并开展安全性评价工作，让每位成员清楚地知道每项工作的危险点和预防措施。

（6）贯彻"安全第一、预防为主"的方针，积极宣传安全生产理念，规范员工安全生产行为，实现人身安全、电网安全、设备安全，落实安全生产岗位责任制。

四、设备管理

（1）建立健全设备、工具专责制、设备、工具巡回检查制度、缺陷管理制度等各项设备及工具管理制度。

（2）建立设备台账，记录完整、准确、规范。

（3）设备及工具更新改造后，及时更新完善设备及工具台账、技术资料，对新设备及工具开展相关培训工作。

五、技术管理

（1）建立健全技术管理制度。

（2）每月组织班组人员进行技术培训，技术培训记录内容包括技术规程、技术规范、技术标准、专业知识等内容的学习、讲解。

（3）组织班组人员开展设备异常原因分析，制定并落实技术防范措施。

六、文明施工

（1）建立文明施工制度。

（2）工作人员进入生产现场着装符合要求。

（3）员工行为符合文明施工要求。

（4）生产现场做到无积尘、无弃物、无杂物，安全防护设施符合要求。

（5）工作现场卫生清洁、整齐，道路畅通；工完料清；工器具、材料及废料有固定摆放位置，摆放整齐。

七、质量管理

（1）班组成员要树立"质量第一"的意识，施工不得敷衍了事。

（2）执行质量管理体系，加强施工质量控制，每做一项工序确保合格一项，不出现返工、不合格的现象。

八、思想工作

（1）遵守国家法律、社会公德、职业道德、行为守则、规章制度，无违法违纪行为。

（2）班组人员间能相互协作，密切配合，并能够发挥团队精神，优质高效地完成生产任务。

（3）班组长严以律己，发挥先锋模范带头作用，做到身边无违章。

（4）积极组织开展有益于企业发展、有益于安全生产、有益于员工身心健康并能增强企业凝聚力的活动。

九、民主管理

（1）按月召开班务会，讨论解决班组重大事宜及工程任务相关事宜。

（2）按月召开生活会，公开班务，评议班组管理工作，找出工作中存在的问题并提出解决措施，持续改进管理工作。

（3）结合生产任务开展班组劳动竞赛、技术比武等活动。

第六节　质量验收

一、木结构工程施工质量验收规范

（一）总则

（1）现行《木结构工程施工质量验收规范》（GB 50206）是为了加强建筑工程质量管理，统一木结构工程施工质量的验收，保证工程质量而制定的。

（2）现行《木结构工程施工质量验收规范》（GB 50206）适用于方木和原木结构、胶合木结构、轻型木结构及其防腐、防虫和防火措施的施工质量验收。

（3）现行《木结构工程施工质量验收规范》（GB 50206）的规定是施工质量验收最低和最基本的要求。木结构工程施工质量验收应以工程设计文件为基础。设计文件和工程承包合同中对施工质量验收的要求，不得低于本规范的规定。

（4）现行《木结构工程施工质量验收规范》（GB 50206）应与现行《建筑工程施工质量验收统一标准》（GB 50300）配套使用。

（二）基本规定

（1）木结构工程施工单位应具备相应的资质、健全的质量管理体系、质量检验制度和综合质量水平的考评制度。

（2）木结构子分部工程应由木结构制作安装与木结构防护两个分项工程组成，并应在分项工程皆验收合格后，再进行子分部工程的验收。

（3）检验批应按材料、木产品和构配件的物理力学性能质量控制和结构构件制作安装质量控制分别划分。

（4）木结构防护工程应按表7-2规定的不同使用环境验收木材防腐施工质量。

表7-2　木结构的使用环境

使用分类	使用条件	使用环境	常用构件
C1	户内，且不接触土壤	在室内干燥环境中使用，能避免气候和水分的影响	木梁、木柱等
C2	户内，且不接触土壤	在室内环境中使用，有时受潮湿和水分的影响，但能避免气候的影响	木梁、木柱等
C3	户外，但不接触土壤	在室外环境中使用，暴露在各种气候中，包括淋湿，但不能长期浸泡在水中	木梁等
C4	户外，且接触土壤或浸在淡水中	在室外环境中使用，暴露在各种气候中，且与地面接触或长期浸泡在淡水中	木柱等

（5）除设计文件另有规定外，木结构工程应按下列规定验收其外观质量：

①A级，结构构件外露，外观要求很高而需油漆，构件表面洞孔需用木材修补，木材表面应用砂纸打磨。

②B级，结构构件外露，外表要求用机具刨光油漆，表面允许有偶尔的漏刨、细小的缺陷和空隙，但不允许有松软节的空洞。

③C级，结构构件不外露，构件表面无须加工刨光。

（6）木结构工程应按下列规定控制施工质量：

①应有本工程的设计文件。

②木结构工程所用的木材、木产品、钢材以及连接件等，应进行进场验收。凡涉及结构安全和使用功能的材料或半成品，应按该规范或相应专业工程质量验收标准的规定进行见证检验，并应在监理工程师或建设单位技术负责人监督下取样、送检。

③各工序应按该规范的有关规定控制质量，每道工序完成后，应进行检查。

④相关各专业工种之间，应进行交接检验并形成记录。未经监理工程师和建设单位技术负责人检查认可，不得进行下道工序施工。

⑤应有木结构工程竣工图及文字资料等竣工文件。

（7）当木结构施工需要采用国家现行有关标准尚未列入的新技术（新材料、新结构、新工艺）时，建设单位应征得当地建筑工程质量行政主管部门同意，并应组织专家组，会同设计、监理、施工单位进行论证，同时应确定施工质量验收方法和检验标准，并应依此作为相关木结构工程施工的主控项目。

（8）木结构工程施工所用材料、构配件的材质等级应符合设计文件的规定。可使用力学性能、防火、防护性能超过设计文件规定的材质等级的相应材料、构配件替代。当通过等强（等效）换算处理进行材料、构配件替代时，应经设计单位复核，并应签发相应的技术文件认可。

（9）进口木材、木产品、构配件，以及金属连接件等，应有产地国的产品质量合格证书和产品标识，并应符合合同技术条款的规定。

二、木结构工程施工质量验收

（一）方木和原木结构

方木、原木及板材制作与安装的木结构工程施工质量验收应符合下列规定：

（1）材料、构配件的质量控制应以一幢方木、原木结构房屋为一个检验批；构件制作安装质量控制应以整幢房屋的一楼层或变形缝间的一楼层为一个检验批。

（2）方木、原木结构的形式、结构布置和构件尺寸，应符合设计文件的规定。

（3）结构用木材应符合设计文件的规定，并应具有产品质量合格证书。

（4）进场木材均应做弦向静曲强度见证检验，其强度最低值应符合要求。

（5）方木、原木的目测材质等级不应低于表 7-3 的规定，不得采用普通商品材的等级标准替代。

表 7-3　方木、原木结构构件木材的材质等级

项次	构件名称	材质等级
1	受拉或受弯构件	Ⅰa
2	受拉或压弯构件	Ⅱa
3	受压构件及次要受弯构件（如吊顶小龙骨）	Ⅲa

（6）各类构件制作时及构件进场时木材的平均含水率，应符合下列规定：

①原木或方木不应大于 25%；

②板材及规格材不应大于 20%；

③受拉构件的连接板不应大于 18%；

④处于通风条件不畅环境下的木构件的木材，不应大于 20%。

（7）承重钢构件和连接所用钢材应有产品质量合格证书和化学成分的合格证书。

（8）焊条应符合现行国家标准的有关规定，型号应与所用钢

材匹配，并应有产品质量合格证书。

（9）螺栓、螺帽应有产品质量合格证书，其性能应符合现行国家标准的有关规定。

（10）圆钉应有产品质量合格证书，其性能应符合现行行业标准的有关规定。

（11）圆钢拉杆应符合要求。

（12）承重钢构件中，节点焊缝焊脚高度不得小于设计文件的规定。除设计文件另有规定外，焊缝质量不得低于三级，−30℃以下工作的受拉构件焊缝质量不得低于二级。

（13）钉连接、螺栓连接节点的连接件（钉、螺栓）的规格、数量应符合设计文件的规定。

（14）木桁架支座节点的齿连接，端部木材不应有腐朽、开裂和斜纹等缺陷，剪切面不应位于木材髓心侧，螺栓连接的受拉接头，连接区段木材及连接板均应采用 I_a 等材，并应符合规范规定；其他螺栓连接接头也应避开木材腐朽、裂缝、斜纹和松节等缺陷部位。

（15）在抗震设防区的抗震措施应符合设计文件的规定。

（二）胶合木结构

主要承重构件由层板胶合木制作和安装的木结构工程施工质量验收应符合下列规定：

（1）层板胶合木可采用分别由普通胶合木层板、目测分等或机械分等层板按规定的构件截面组坯胶合而成的普通层板胶合木、目测分等与机械分等同等组合胶合木，以及异等组合的对称与非对称组合胶合木。

（2）层板胶合木构件应由经资质认证的专业加工企业加工生产。

（3）材料、构配件的质量控制应以一幢胶合木结构房屋为一个检验批；构件制作安装质量控制应以整幢房屋的一楼层或变形缝间的一楼层为一个检验批。

（4）胶合木结构的结构形式、结构布置和构件截面尺寸，应符合设计文件的规定。

（5）结构用层板胶合木的类别、强度等级和组坯方式，应符合设计文件的规定，并应有产品质量合格证书和产品标识。同时应有满足产品标准规定的胶缝完整性检验和层板指接强度检验合格证书。

（6）胶合木受弯构件应做荷载效应标准组合作用下的抗弯性能见证检验。在检验荷载作用下胶缝不应开裂，原有漏胶胶缝不应发展，跨中挠度的平均值不应大于理论计算值的 1.13 倍，最大挠度不应大于规范的规定。

（7）弧形构件的曲率半径及其偏差应符合设计文件的规定，层板厚度不应大于 $R/125$（R 为曲率半径）。

（8）层板胶合木构件平均含水率不应大于 15%，同一构件各层板间含水率差别不应大于 5%。

（9）钢材、焊条、螺栓、螺帽应分别符合规范的规定。

（10）各连接节点的连接件类别、规格和数量应符合设计文件的规定。桁架端节点齿连接胶合木端部的受剪面及螺栓连接中的螺栓位置，不应与漏胶胶缝重合。

（三）轻型木结构

由规格材及木基结构板材为主要材料制作与安装的木结构工程施工质量验收应符合下列规定：

（1）轻型木结构材料、构配件的质量控制应以同一建设项目同期施工的每幢建筑面积不超过 300m² 、总建筑面积不超过 3000m² 的轻型木结构建筑为一检验批，不足 3000m² 者应视为一检验批，单体建筑面积超过 300m² 时，应单独视为一检验批；轻型木结构制作安装质量控制应以一幢房屋的一层为一检验批。

（2）轻型木结构的承重墙（包括剪力墙）、柱、楼盖、屋盖布置、抗倾覆措施及屋盖抗掀起措施等，应符合设计文件的规定。

（3）进场规格材应有产品质量合格证书和产品标识。

（4）每批次进场目测分等规格材应由有资质的专业分等人员做目测等级见证检验或做抗弯强度见证检验；每批次进场机械分等规格材应做抗弯强度见证检验，并应符合规范的规定。

（5）轻型木结构各类构件所用规格材的树种、材质等级和规格，以及覆面板的种类和规格，应符合设计文件的规定。

（6）规格材的平均含水率不应大于20%。

（7）木基结构板材应有产品质量合格证书和产品标识，用作楼面板、屋面板的木基结构板材应有该批次干、湿态集中荷载、均布荷载及冲击荷载检验的报告，其性能不应低于规范的规定。

进场木基结构板材应做静曲强度和静曲弹性模量见证检验，所测得的平均值应不低于产品说明书的规定。

（8）进场结构复合木材和工字形木搁栅应有产品质量合格证书，并应有符合设计文件规定的平弯或侧立抗弯性能检验报告。

（9）齿板桁架应由专业加工厂加工制作，并应有产品质量合格证书。

（10）钢材、焊条、螺栓和圆钉应符合规范的规定。

（11）金属连接件应冲压成型，并应具有产品质量合格证书和材质合格保证。

（12）轻型木结构各类构件间连接的金属连接件的规格、钉连接的用钉规格与数量，应符合设计文件的规定。

（13）当采用构造设计时，各类构件间的钉连接不应低于规范的规定。

（四）木结构的防护

木结构防腐、防虫和防火的施工质量验收应符合下列规定：

（1）设计文件规定需要作阻燃处理的木构件应按现行《建筑设计防火规范》（GB 50016）的有关规定和不同构件类别的耐火极限、截面尺寸选择阻燃剂和防护工艺，并应由有专业资质的施工企业施工。对于长期暴露在潮湿环境下的木构件，尚应采取防止阻燃剂流失的措施。

（2）木材防腐处理应根据设计文件规定的各木构件用途和防腐要求，按规范的规定确定其使用环境类别并选择合适的防腐剂。防腐处理宜采用加压法施工，并应由具有专业资质的企业施工。经防腐药剂处理后的木构件不宜再进行锯解、包削等加工处理。确需做局部加工处理导致局部未被浸渍药剂的木材外露时，该部位的木材应进行防腐修补。

（3）阻燃剂、防火涂料以及防腐、防虫等药剂，不得危及人畜安全，不得污染环境。

（4）木结构防护工程的检验批可分别按对应的方木与原木结构、胶合木结构或轻型木结构的检验批划分。

（5）所使用的防腐、防虫及防火和阻燃药剂应符合设计文件表明的木构件（包括胶合木构件等）使用环境类别和耐火等级，且应有质量合格证书的证明文件。经化学药剂防腐处理后的每批次木构件（包括成品防腐木材），应有符合规范规定的药物有效性成分的载药量和透入度检验合格报告。

（6）经化学药剂防腐处理后进场的每批次木构件应进行透入度见证检验，透入度应符合规范的规定。

（7）木结构构件的各项防腐构造措施应符合设计文件的规定。

（8）木构件需做防火阻燃处理时，应由专业工厂完成，所使用的阻燃药剂应具有有效性检验报告和合格证书。

（9）凡木构件外部需用防火石膏板等包覆时，包覆材料的防火性能应有合格证书，厚度应符合设计文件的规定。

（10）炊事、采暖等所用烟道、烟囱应用不燃材料制作且密封，烟囱出屋面处的空隙应用不燃材料封堵。

（11）墙体、楼盖、屋盖空腔内现场填充的保温、隔热、吸声等材料，应符合设计文件的规定。

（12）电源线敷设应符合要求。

（13）埋设或穿越木结构的各类管道敷设应符合要求。

（14）木结构中外露钢构件及未做镀锌处理的金属连接件，应按设计文件的规定采取防锈蚀措施。

（五）木结构子分部工程验收

（1）木结构子分部工程质量验收的程序和组合，应符合现行《建筑工程施工质量验收统一标准》（GB 50300）的有关规定。

（2）检验批及木结构分项工程质量合格，应符合下列规定：

①检验批主控项目检验结果应全部合格。

②检验批一般项目检验结果应有 80％以上的检查点合格，且最大偏差不应超过允许偏差的 1.2 倍。

③木结构分项工程所含检验批检验结果均应合格，且应有各检验批质量验收的完整记录。

（3）木结构子分部工程质量验收应符合下列规定：

①子分部工程所含分项工程的质量验收均应合格。

②子分部工程所含分项工程的质量资料和验收记录应完整。

③安全功能检测项目的资料应完整，抽检的项目均应合格。

④外观质量验收应符合规范的规定。

（4）木结构工程施工质量不合格时，应按现行《建筑工程施工质量验收统一标准》（GB 50300）的有关规定进行处理。

①经返工重做或更换器具、设备的检验批，应重新进行验收。

②经有资质的检测单位检测鉴定能够达到设计要求的检验批，应予以验收。

③经有资质的检测单位检测鉴定达不到设计要求但经原设计单位核算认可能够满足结构安全和使用功能的检验批，应予以验收。

④经返修或加固处理的分项、分部工程，虽然改变外形尺寸但仍能满足安全使用要求，可按技术处理方案和协商文件进行验收。

⑤通过返修或加固处理仍不能满足安全使用要求的分部工程、单位（子单位）工程，严禁验收。

三、木结构工程质量通病及治理

（一）木屋架节点不牢，杆件劈裂

1. 现象

屋架杆件在施工和使用过程中产生端头劈裂、剪面开裂、斜断裂、下弦接头拉脱等现象，致使节点不牢，强度不足，危及屋架安全。

2. 治理

（1）木屋架应建立检查和维护的技术档案，每隔 1～2 年做一次定期检查，对局部缺陷应予维护，如拧紧松动的螺母；锈蚀拉杆的涂油；渗漏木屋盖的翻修；局部重涂防腐膏等。对影响使用安全的屋架，必须更换和加固，但应注意以下几点：

①在更换或加固之前，对作用在结构上的荷载应局部或全部卸荷，并设置必要的临时支撑。如采用千斤顶或临时支承柱进行卸荷，支承点宜设在上弦节点下面。卸荷时应解除原支撑体系与屋架的连系，为防止受压弦杆出平面，应予以加固。

②临时支柱向上抬起的高度应与屋架的挠度相适应，不能抬起过高，防止杆件在更换或加固后产生附加应力。由于增设支柱，将使连接处及各杆件内力发生变化，必要时须做验算。

③各种补强加固措施应预先制定方案，并进行验算，以满足原设计要求。

(2) 屋架弦杆的个别部位出现断裂迹象，或具有过大的木节、斜纹等缺陷，而其他部分完好时，可采用局部加木夹板并以螺栓连接的加固方法（上弦每侧螺栓不少于 4 个，下弦每侧螺栓不少于 6 个）。

(3) 屋架在制作过程中，如上下弦杆的端部发生轻度开裂而又无条件更换，应及时在开裂处灌注乳胶，然后用 8 号镀锌铁丝捆扎牢固（利用紧丝器捆扎），并在安装时满涂防腐剂；如弦杆接头处开裂，除灌胶铁丝捆扎加固外，还要根据开裂程度，将夹板适当加长，并增加接头螺栓数量，以确保接头强度和刚度。

(4) 屋架在使用过程中，如下弦受拉木夹板断裂或螺栓间剪面开裂，可重换木夹板处理（两侧夹板必须同时更换，即使另一侧夹板未损坏）。如更换夹板有困难，可在原夹板两端各加一块木夹板，其截面和使用螺栓数量、直径皆相同，然后通过抵承角钢将圆钢拉杆拧紧，使新加的木夹板受力工作。

(5) 屋架端节点受剪面出现危险性的裂缝时，可先按方法(3) 加固（灌胶前要清除缝内灰尘），然后在附近完好部位设木夹板，再用四根钢拉杆与设在端部抵承角钢连接。

(6) 若上弦截面强度不足，可在上弦脊节间内设一横撑，以减小上弦跨中弯矩，缓解强度不足。

（二）屋架高度超差较大

1. 现象

屋架组装时，对结构高度、起拱高度控制不准超差较大。

2. 治理

可利用拉杆螺栓进行调整，使之符合要求。

（三）槽齿不合，锯割过线

1. 现象

（1）双齿连接时，两个承压面不能紧密一致共同受力，或槽齿承压面局部接触，致使屋架早期遭受破坏。

（2）槽口深度锯割不准，锯口深度超过了槽口深度，削弱了杆件的截面面积。

2. 治理

（1）两个槽齿不能紧密一致共同受力时，只要用钢锯锯去长的一个槽齿，即可靠自重使双齿密合。如槽齿间有均匀缝隙，应将屋架竖起靠自重密合，或适当拧紧拉杆螺栓使之密合。

（2）槽口锯割过线严重的，应增设夹板补强加固。

（四）木屋架安装位置不准

1. 现象

屋架安装后，支座节点中心与支座面中心不相对应，超差较大。

2. 治理

用螺栓锚固的屋架，其位置超差后不易治理，应保证一次安装合格。

（五）屋架防腐处理不当

1. 现象

屋架端节点木材过早腐朽，钢构件严重锈蚀，危及屋盖安全。

2. 治理

（1）如防腐、防虫处理不符合要求，必须重做。

（2）如屋面漏水、渗水，应及时维修。

（3）当屋架端节点木材腐朽时，应在卸荷后用临时支撑将屋架顶起，再用木板和螺栓将上、下弦连接固定，然后将腐朽部分全部截去，更换新木料。

（六）木檩条节点不牢

1. 现象

同一檩条，其接头处、檩条与屋架、山墙连接松动。

2. 治理

对节点不牢的檩条，应按规定的做法重新连接牢固，或用夹板补强加固。

（七）木檩条挠度过大

1. 现象

檩条承重后挠度过大，瓦屋面呈波浪形。

2. 治理

（1）如果大部分檩条都产生较严重的下挠现象，应根据情况进行翻修。

（2）如个别檩条下挠较严重，可用千斤顶将檩条向上顶出拱度，通长附一根向上弯曲的檩条，千斤顶拆除后将两根檩条钉在一起，共同受力；也可将屋面板顶起，然后在檩条两侧钉木夹板找平。夹板长度应大于檩条跨度的二分之一，夹板接头位置不应设在檩条中部 $1/2$ 跨长范围内。

（八）吊顶搁栅拱度不匀

1. 现象

（1）吊顶搁栅装钉后，其下表面的拱度不均匀、不平整，甚至成波浪形。

（2）吊顶搁栅周边或四角不平。

（3）吊顶完工后，经过短期使用，产生凹凸变形。

2. 治理

（1）如吊顶搁栅拱度不匀，局部超差较大，可利用吊木或吊筋螺栓把拱度调匀。

（2）如吊筋螺母处未加垫板，应及时安装垫板，并把吊顶搁栅的拱度调匀；如果吊筋过短，可用电焊加长螺栓，并安好垫板、螺母，把吊顶搁栅拱度调匀。

（3）吊木被钉劈裂而节点松动时，必须将劈裂的吊木换掉；吊顶搁栅接头有硬弯的，应将夹板起掉，调直后钉牢。

（4）因射钉松动而节点不牢的，必须补钉射钉。如射钉不能满足节点荷载，应改用膨胀螺栓锚固。

（九）吸声板吊顶的孔距排列不均

1. 现象

板块拼装后，孔距不等，孔眼横、竖、斜看，不成直线，有弯曲、错位等现象。

2. 治理

吸声板吊顶的孔距排列不匀，不易修理，应一次装钉合格。

第七节　施工组织设计

一、施工组织设计概述

施工组织设计是为完成施工任务而进行合理的施工组织和选择先进的施工工艺所做的设计，它是施工单位编制的指导拟建工程从施工准备到竣工验收乃至保修回访的技术、经济、组织的综合性文件。施工组织设计需要结合所收集的原始资料和相关信息资料，根据图纸及会审纪要，按照编制施工组织设计的基本原则，综合建设单位、监理单位、设计单位的具体要求进行编制，以保证工程好、快、省、安全、顺利地完成。

（一）施工组织设计编制原则

1. 科学合理地安排施工程序

施工程序要反映客观规律的要求，一般将整个工程划分为几大阶段，在各个施工段之间互有搭接，应力求衔接紧凑，缩短工期。

2. 采用先进的技术和进行合理的施工组织

积极采用新材料、新设备、新技术、新工艺，努力提高机械化程度，使技术先进性和经济合理性相结合。应组织流水施工，采用网络计划安排施工进度，以保证施工连续、均衡、有节奏地进行。

3. 施工方案择优选定

施工方案择优选定要从实际出发，在确保工程质量和生产安全的前提下，使方案在技术上是先进的，经济上是合理的。

4. 确保工程质量和施工安全

工程质量和施工安全是施工企业的生命，是提高效益的根本途径。因此，编制施工组织设计时，应始终把质量和安全放在首位。

5. 节约基建费用和降低工程成本

应合理布置施工平面图，减少临时设施，避免二次搬运，并做到布置紧凑，节约施工用地。要在合理安排施工顺序的前提下，尽量发挥建筑机械的工效。

6. 科学合理地安排冬雨期施工项目

合理安排冬雨期施工项目，采取相应的技术组织措施，确保冬雨期施工项目的质量和安全，尽量降低其增加的施工费用，保证全年施工的连续性和均衡性。

（二）施工组织设计编制内容

施工组织设计一般应包括下述内容：

（1）工程概况。

（2）施工方案。

（3）施工进度计划。

（4）主要资源配置计划。

（5）施工平面布置。

（6）主要施工管理计划。

二、工程概况

施工组织设计中的工程概况，是对拟建工程的整个情况所做的一个简要的、突出重点的文字介绍。其目的是使我们了解工程项目的基本全貌，并为施工组织设计其他部分的编制提供依据。工程概况一般包括：工程主要情况、各专业设计简介、工程施工条件和工程施工特点分析等内容。

三、施工方案

施工方案的选择是施工组织设计的核心问题，施工方案的合理与否直接影响着工程的施工效率、工程质量、工期及技术经济效果。

（一）熟悉施工图纸

熟悉施工图纸是掌握工程设计意图，明确施工内容，了解工程特点的重要环节，它是选择合理施工程序、施工方案的基础。

（二）确定施工程序

施工程序是在施工中，不同阶段、不同工作内容的先后次序。

1. 严格执行开工报告制度

工程开工前必须做好一系列准备工作，具备开工条件后还应写出开工报告，并由建设单位按照国家有关规定向工程所在地县级以上人民政府建设行政主管部门申请领取施工许可证后方可开工。

申请领取施工许可证，应当具备下列条件：

（1）已经办理该建筑工程用地批准手续；

（2）在城市规划区的建筑工程，已取得规划许可证；

（3）需要拆迁的，其拆迁的进度符合施工要求；

（4）已经确定建筑施工企业；

（5）有满足施工需要的施工图纸及技术资料；

（6）有保证工程质量和安全的具体措施；

（7）建设资金已经落实；

（8）法律、行政法规规定的其他条件。

2. 一般原则

遵守"先地下后地上""先主体后围护""先结构后装修""先土建后设备"的一般原则。

3. 安排好工程的收尾工作

（三）选择施工方法

施工方法的选择是针对工程的主要施工过程而言的，属于施工方案的技术方面，是施工方案的重要组成部分。通常对于在工程中占重要地位、施工技术复杂的施工过程，采用新技术、新工艺、对工程质量起关键作用的施工过程，以及不熟悉的特殊工程，必须认真研究，选择适宜的施工方法。

（四）选择施工机械

合理选择施工机械，可以提高机械化施工的程度，而机械化施工是改变建筑业生产落后面貌，实现建筑工业化的重要基础。

四、施工进度计划

施工进度计划是用图表的形式表明一个工程项目从施工准备到开始施工，再到最终全部完成，其各施工过程在时间上和空间上的安排及它们之间相互搭接、相互配合的关系。施工进度计划的表示方法通常有两种图表，即横道图和网络图。

五、资源配置计划

（一）劳动力配置计划

劳动力配置计划是根据进度计划编制的，主要反映工程施工所需技工、普工人数，它是控制劳动力平衡、调配的主要依据。其编制方法是将施工进度计划表上每天施工的项目所需的工人按工种分配统计，得出每天所需工种及其人数，再按时间进度要求汇总。

（二）主要材料配置计划

主要材料配置计划是根据施工预算、材料消耗定额及施工进度计划编制的，主要指工程用水泥、钢筋、砂、石子、砖、防水材料等主要材料配置计划，是施工备料、供料和确定仓库、堆场面积及运输量的依据。编制时应提出材料名称、规格、数量、使用时间等要求。

（三）施工机具配置计划

施工机具配置计划是根据施工方案、施工方法及施工进度计划编制的，主要反映施工所需的各种机械和器具的名称、规格、型号、数量及使用时间，可作为落实机具来源、组织机具进场的依据。

六、施工平面图

施工平面图是施工组织设计的重要组成部分，是施工现场的平面规划和布置图。在进行施工组织设计时，应根据拟建工程的规模、施工方案、施工进度及施工过程中的需要，结合现场条件，明确施工所需各种材料、构件、机具的堆放位置，以及临时生产、生活设施和供水、供电、消防设施等合理布置的位置。将这些施工现场的平面规划和布置绘制成图纸，即为施工平面图。

施工平面图的设计是施工准备工作的一项重要内容，是施工过程中进行现场布置的重要依据，是实现施工现场有组织有计划进行文明施工的先决条件。施工时贯彻和执行合理的施工平面图，将会提高施工效率，保证施工进度有计划、有条不紊地实施。

1. 设置大门，引入场外道路

施工现场宜考虑设置两个以上大门。大门应考虑周边路网情况、转弯半径和坡度限制，大门的高度和宽度应满足车辆运输需要。尽可能考虑与加工场地、仓库位置的有效衔接。

2. 布置大型机械设备

布置起重机时，应考虑其覆盖范围、可吊构件的质量以及构件的运输和堆放；同时还应考虑起重机的附墙杆件及使用后的拆除和运输。布置混凝土泵的位置时，应考虑泵管的输送距离、混凝土罐车行走方便，一般情况下立管应相对固定，泵车可以现场流动使用。

3. 布置仓库、堆场

一般应接近使用地点，其纵向宜与交通线路平行，尽可能利用现场设施卸货；货物装卸需要时间长的仓库应远离路边。

4. 布置加工厂

总的指导思想：应使材料和构件的运输量最小，垂直运输设备发挥较大的作用；有关联的加工厂适当集中。

5. 布置场内临时运输道路

施工现场的主要道路应进行硬化处理，主干道应有排水措施。临时道路要把仓库、加工厂、堆场和施工点贯穿起来，按货运量大小设计双行干道或单行循环道满足运输和消防要求。主干道宽度单行道不小于 4m，双行道不小于 6m。木材场两侧应有 6m 宽通道，端头处应有 12m×12m 回车场，消防车道不小于 4m，载重车转弯半径不宜小于 15m。

6. 布置临时房屋

（1）尽可能利用已建的永久性房屋为施工服务，如不足，再修建临时房屋。临时房屋应尽量利用可装拆的活动房屋且满足消防要求。有条件的应使生活区、办公区和施工区相对独立。宿舍内应保证有必要的生活空间，室内净高不得低于 2.4m，通道宽度不得小于 0.9m，每间宿舍居住人员不得超 16 人。

（2）办公用房宜设在工地入口处。

（3）作业人员宿舍一般宜设在现场附近，方便工人上下班；有条件时也可设在场区内。作业人员用的生活设施宜设在人员相对较集中的地方，或设在出入必经之处。

（4）食堂宜布置在生活区，也可视条件设在施工区与生活区之间。如果现场条件不允许，也可采用送餐制。

7. 布置临时水、电管网和其他动力设施

临时总变电站应设在高压线进入工地入口处，尽量避免高压线穿过工地。临时水池、水塔应设在用水中心和地势较高处。管网一般沿道路布置，供电线路应避免与其他管道设在同一侧，同时支线应引到所有用电设备使用地点。

第二篇 岗位操作技能

第八章 安全生产知识

安全生产是指通过人、机、环境三者的和谐运作，使社会生产活动中危及劳动者生命安全和身体健康的各种事故风险和伤害因素，始终处于有效控制的状态。安全生产管理工作就是为了达到安全生产目标所进行的一系列系统性管理活动，一般由源头管理、过程控制、应急救援和事故查处四个部分构成。

第一节 施工现场安全管理与文明施工

一、施工现场安全管理

1. 安全生产管理目标

（1）加强施工现场的安全生产，杜绝重大安全事故发生，安全伤害指标控制在规定以下。

（2）认真贯彻"安全第一、预防为主、综合治理"的指导思想，使员工有共同理想和奋斗目标。

（3）争创安全文明工地。

2. 安全生产管理制度

（1）设置健全、完善的安全生产管理制度，建立以项目经理为第一责任人的工地项目安全生产领导小组，有组织、有领导、系统地开展安全管理活动。

（2）"安全生产，人人有责"，各级职能部门人员，在各自业务范围内，对实现安全生产的要求负责。

（3）定期召开安全工作专题会议。

（4）建立安全生产例检制度，及时发现并消除安全隐患。

（5）建立每周一次安全活动制度。

（6）建立安全工作奖罚制度。

3. 安全生产教育和培训制度

（1）牢固树立"安全第一、预防为主、综合治理"的思想方针，自觉地遵守各项安全生产法律和规章制度。

（2）项目经理部对新进场工人和调换工种的职工必须进行安全教育和安全技术培训，经考核合格方可上岗。

（3）特殊工种除了进行一般安全教育外，还要经过本工种的安全技术教育，经考核合格，发证后方准独立操作，且半年还要进行一次复审，对从事有尘、有毒作业的工人要进行尘毒危害的防治知识教育。

（4）要定期开展安全培训教育，其中项目经理、项目安全员、施工员、班组长是安全教育培训的重点，要让他们树立"安全第一"的思想。

（5）采用新材料、新技术、新工艺、新设备施工及调换工作岗位时，要对操作人员进行新技术操作和新岗位的安全教育培训，未经培训不得上岗。

4. 安全技术管理制度

（1）所有建筑工程的施工组织设计（施工方案）都必须有安全技术措施，施工临时用电等大型特殊工种，都要编制单项安全技术方案，否则不得开工。

（2）采用新技术、新工艺、新材料、新设备时，必须制定相应的有针对性的安全技术措施，并付诸实施。

（3）安全技术必须有针对性和具体化。要针对不同工程的结构特点和不同施工方法，针对施工场地及场地周边环境等，从防治、技术等各方面提出相应的安全技术措施，所有安全技术措施都必须明确、具体，能指导施工人员作业。

（4）编制的安全技术措施，必须按照审批程序审查批准后方能执行。

（5）经过批准的安全技术措施，不得随意修改或拒不执行，否则，发生人员伤亡事故，要追究责任，如果由于安全技术措施内容有问题，发生伤亡事故，要追究编制人与审批人的责任。

（6）工程开工前，工程技术负责人要将工程概况、施工方法、安全技术措施等情况向全体施工人员进行安全技术措施交底。

（7）两个以上施工队或配合施工队施工时，施工队长、工长要按工程进度定期或不定期向有关班组长进行交叉工作的安全交底。

（8）班组长每天要对工人进行施工要求、作业环境交底。

5. 安全生产检查和隐患整改制度

（1）工地项目经理部应定期对施工项目进行安全检查。

（2）各班组班前、班后岗位要进行经常性的安全检查。

（3）各级安全员及安全值班人员必须进行日常巡回安全检查，各级安全员在检查生产的同时，须检查安全生产。

（4）脚手架、上料平台、斜道的搭设、塔式起重机、施工升降机等大型设备的大型机械的安装，现场施工用电路线架设等需经班组自检，有关部门专业验收合格后，与使用单位办理交接安全检查手续，方可使用。

（5）检查中查处到隐患，必须发出隐患整改通知书，以督促整改单位消除隐患。

（6）被检查单位收到"隐患整改通知书"后，应立即进行整改，整改完成后，及时通知有关部门进行复查。

6. 安全警示标志和安全防护管理制度

（1）在工程施工中，认真执行国家现行的安全管理的相关法律法规。

（2）对进入施工现场的工作人员，实行入场安全教育、上岗安全教育，特殊工种的操作人员必须持证上岗。

（3）加强安全防护设施、安全标识的日常检查和维修。安全警示标志应设置在危险作业区域或设备的明显位置，且醒目、清晰。各类标识应保持洁净。

（4）土方工程中，施工人员要经常检查边坡是否有裂痕、滑坡现象，一旦发现，待处理和加固后才能进行施工。

（5）各种脚手架在投入使用前，必须有施工单位负责人组织搭拆和使用脚手架的负责人及安全员共同检查，履行交接验收手续，特殊脚手架在搭拆安装前均由技术人员编制安全施工方案，并按照审批程序审批后，方可施工。

（6）建筑物的出入口应按照规定设置安全通道，非出入口和通道两侧必须封严。邻近施工区域，对人或物造成威胁的地方，必须搭设防护棚，确保人、物安全。

（7）应按照要求做好"三宝、四口、五临边"防护工作。

7. 特种作业管理制度

（1）从事特种作业人员必须接受安全教育和安全技术培训。

（2）特种作业人员必须持证上岗，严禁无证操作。

（3）离开特种作业岗位一年以上的特种工作人员，作业人员需重新进行安全技术考核，合格者方可从事原作业。

（4）对在安全生产和预防事故方面做出显著成绩者给予适当奖励，对违章作业的特种作业人员，视其情节轻重，给予批评、教育或吊销其操作证，造成事故者，根据有关法律法规予以处罚。

8. 班组安全活动制度

（1）必须坚持进行每周一次的班组安全活动。

（2）严格组织班组的班前安全交底，针对当前内容、作业环境、作业特点、作业人员素质组织班前安全交底。

（3）班前交底活动要进行检查，班前交底活动考核要与经济挂钩。

9. 施工机械安全管理制度

（1）建立机械设备管理制度和岗位责任制，指定专人负责机械设备管理工作。

（2）施工机械应按照其技术性能的要求正确使用，缺少安全装置或已失效的机械设备不得使用。严禁拆除机械设备上的自动控制装置及检测、警报器等自动报警、信号装置。其调试和故障排除，应由专业人员负责进行。

（3）大型施工机械要达标并安全使用。

（4）处在运行和运转中的机械严禁对其进行维护、保养或调整等作业。

（5）施工机械设备应按时进行保养，当发现有漏保、失修、超载及带病运转等情况，应停止其使用。

（6）机械设备操作人员必须身体健康，熟悉所操作设备的机械性能，并经专业培训考试合格后持证上岗。

（7）在有碍机械安全和人身健康场所时，机械设备应采取相应安全措施，操作人员必须配备适当的安全防护用品。

（8）当使用机械设备和安全标准发生矛盾时，必须服从安全管理的相关要求。

10. 伤亡事故报告、调查、处理统计制度

（1）发生工伤事故，必须严格执行"四不放过原则"，即事故原因分析不清不放过，事故责任者没有得到处理不放过，事故责任者和群众没有受到教育不放过，整改防范措施未落实和隐患没有消除不放过。

（2）发生轻伤事故，工地要组织人员按"四不放过原则"处理整改，并于当天上报公司。

（3）发生重大伤亡事故和重大设备事故，施工现场应立即进行抢救，并立即上报公司，且保护好现场。

（4）各种事故均必须填写伤亡事故记录表，重大事故必须按照相关规定写出详细的调查报告，并上报相关部门。

（5）对事故责任者根据责任轻重、损失大小、认识态度提出处理意见。

（6）对于因公负伤的职工和死者的家属，要进行关怀，给予慰问，按国家有关规定做好善后处理工作。

（7）工伤事故发生后，要做好工伤事故档案资料保管工作。

（8）对事故要分清责任，严肃处理。

11. 安全生产资料（档案）管理制度

（1）建立安全生产资料档案室，指定专人负责管理。

（2）项目经理部应安排专职人员负责记录、整理、收集安全生产资料，建立档案，健全和完善各类安全管理台账，强化安全

管理软件资料工作。

（3）项目经理要经常检查了解，指导资料整理及建档工作。

12．消防管理制度

（1）成立现场消防管理小组，制定岗位消防安全责任制，落实消防巡查检查制度。

（2）现场要有明显的防火宣传标志，定期对施工现场工作人员进行消防法规和各项规章制度学习，定期组织防火检查，建立防火工作档案。

（3）从事建筑设备安装和电气焊等作业人员，应有上岗证，动火前要清除附近易燃物，配备看火人员和灭火用具。

（4）使用电气设备和易燃、易爆物品，要有严格的防火措施，指定防火负责人，配备灭火器具，确保施工安全。

（5）施工临时用电管理要达标，设专业人员管理，建筑工地施工现场的照明、配电装置等必须达到规范标准。

（6）施工材料的存放、保管，应符合防火安全要求。

（7）新建工程内不准作为仓库使用，不准存放易燃、可燃材料，因施工需要进入新建工程内的可燃材料，要根据工程计划限量进入并采取可靠的防护措施。

（8）施工现场严禁吸烟并张贴禁烟标识，必要时可设置有防火措施的吸烟室。

（9）在施工过程中要坚持防火安全交底制度。

（10）冬季施工保温材料的存放与使用，必须采取防火措施。

二、安全文明施工

安全文明施工是施工现场安全生产管理的重要工作之一，为了更好地使现场工作人员积极投入到安全生产中，对安全文明施工提出了相应的标准和要求。

（一）文明施工基本要求

文明施工基本要求有：

（1）施工现场必须设置明显的标牌，标明工程项目名称、建设单位、设计单位、施工单位、项目经理和施工现场总代表人的姓名、开竣工日期、施工许可证、批准文号等。施工单位负责施工现场标志、标牌的保护工作。

（2）施工现场的管理人员在施工现场应当佩戴证明其身份的证卡。

（3）应当按照施工总平面布置图设置各项临时设施。现场堆放的大宗材料、成品、半成品和机具设备不得侵占场内道路及安全防护等设施。

（4）施工现场的用电线路、用电设施的安装和使用必须符合国家安装规范和安全操作规程，并按照施工组织设计进行架设，严禁任意拉线接电。施工现场必须设有保证施工安全要求的夜间照明，危险潮湿场所的照明以及手持照明灯具，必须采用符合安全要求的电压。

（5）施工机械应当按照施工总平面布置图规定的位置和线路设置，不得任意侵占场内道路。施工机械进场必须经过安全检查，经检查合格的方能使用。施工机械操作人员必须建立机组责任制，并按照有关规定持证上岗，禁止无证人员操作。

（6）应保证施工现场道路畅通，排水系统处于良好的使用状态，保持场容场貌的整洁，随时清理建筑垃圾。在车辆、行人通行的地方施工，应当设置施工标志，并对沟井坎穴进行覆盖。

（7）施工现场的各种安全设施和劳动保护器具，必须定期进行检查和维护，及时消除隐患，保证其安全有效。

（8）施工现场应当设置各类必要的职工生活设施，并符合卫生、通风、照明等要求。职工的膳食、饮水供应等应当符合卫生要求。

（9）应当做好施工现场安全保卫工作，采取必要的防盗措施，在现场周边设立围护设施。

（10）在施工现场建立和执行防火管理制度，设置符合消防要求的消防设施，并保持良好的备用状态。在容易发生火灾的地区施工，或者储存使用易燃易爆器材时，应当采取特殊的消防安全措施。

（二）文明施工管理的内容和要求

1. 文明施工管理的内容

企业应通过培训教育，提高现场人员的文明意识和素质，并通过建设现场文化，使现场成为企业对外宣传的窗口，树立良好的企业形象。项目经理部应按照文明施工标准，定期进行评定、考核和总结。

文明施工应包括下列工作：规范场容场貌，保持作业环境整洁卫生；创造文明有序安全生产的条件和氛围；减少施工对居民和环境的不利影响；落实项目文化建设。

2. 文明施工管理的要点

（1）现场必须实施封闭管理，现场出入口应设大门和保安值班室，大门或门头设置企业名称和企业标识，建立完善的保安值班管理制度，严禁非施工人员任意出入，场地四周必须采用封闭围挡，围挡要坚固、整洁、美观，并沿场地四周连续设置，一般路段的围挡高度不得低于1.8m，市区主要路段的围挡高度不得低于2.5m。

（2）现场出入口明显处应设置"五牌一图"，即工程概况牌、管理人员名单及监督电话牌、消防保卫牌、安全生产牌、文明施工和环境保护牌及施工现场总平面图。

（3）现场的场容管理应建立在施工平面图设计的合理安排和物料器具定位管理标准化的基础上，项目经理部应根据施工条件，按照施工总平面图、施工方案和施工进度计划的要求，进行所负责区域的施工平面图的规划、设计、布置、使用和管理。

（4）现场的主要机械设备、脚手架、密目式安全网及围挡、模具、施工现场道路、各种管线、施工材料制品堆场及仓库、土方及建筑垃圾堆放区、变配电室、消火栓、警卫室、现场的办公、生产和临时设施等的布置与搭设均应符合施工平面图及相关规定的要求。

（5）现场的临时用房应选址合理，并符合安全、消防要求和国家有关规定。

（6）现场的施工区域应与办公、生活区划分清晰，并应采取相应的隔离防护措施，在建工程内严禁住人。

（7）现场应设置办公室、宿舍、食堂、厕所、淋浴间、开水房、文体活动室、密闭式垃圾站及盥洗设施等临时设施，所用建筑材料应符合环保、消防要求。

（8）现场应设置畅通的排水沟渠系统，保持场地道路的干燥坚实，泥浆和污水未经处理不得直接排放。施工场地应硬化处理，有条件时，可对施工现场进行绿化布置。

（9）现场应建立防火制度和火灾应急响应机制，落实防火措施，配备防火器材。明火作业应严格执行动火审批手续和动火监护制度。高层建筑要设置专用的消防水源和消防立管，每层留设消防水源接口。

（10）现场应按要求设置消防通道，并保持通畅。

（11）现场应设宣传栏、报刊栏，悬挂安全标语和安全警示标志牌，加强安全文明施工宣传。标语和标牌要规范、整齐、美观。

（12）施工现场应加强治安综合治理、社区服务和保健急救工作，建立和落实好现场治安保卫、施工环保、卫生防疫等制度，避免失盗、扰民和传染病等发生。

（三）建筑施工环境保护

施工单位在施工时，应当自觉遵守国家关于保护和改善环境、防止污染的法律、法规。

1. 防止大气污染

（1）施工现场应采取硬化措施，其中主要道路、料场、生活办公区域必须进行硬化处理。土方应该集中堆放。裸露的场地和集中堆放的土方应采取覆盖或绿化等措施。

（2）使用密目式安全网对在建建筑物、构筑物进行封闭，防止施工过程扬尘。拆除旧建筑物时，应采用隔离、洒水等措施防止扬尘，并应在规定期限内将废弃物清理完毕。不得在施工现场熔融沥青，严禁在施工现场焚烧含有毒、有害化学物品的装饰废料、油毡油漆垃圾等各类废弃物。

（3）从事土方、渣土和施工垃圾输送应当采用密闭式运输车辆和采取覆盖措施。

（4）施工现场出入口处应采取保证车辆清洁的措施。

（5）施工现场应根据风力和大气湿度的具体情况，进行土方回填、转运作业。

（6）水泥和其他易飞扬的细颗粒建筑材料应密闭存放，砂石等应采取覆盖措施。

（7）施工现场混凝土搅拌场所应采取封闭、降尘措施。

（8）建筑物内施工垃圾的清运，应采用专用的封闭式容器吊运或传送，严禁随意抛撒。

（9）施工现场应设置密闭式垃圾站，施工垃圾、生活垃圾分类存放，并及时清运出场。

（10）城区、旅游景点、疗养区、重点文物保护地及人口密集区的施工现场应使用清洁能源。

（11）施工现场的机械设备、车辆的尾气排放应符合国家环保排放标准要求。

2. 防止水污染

（1）施工现场应设置排水沟及沉淀池，现场废水不得直接排入市政污水管网和河流。

（2）现场存放的油料、化学溶剂等应设有专门的库房，地面应进行防渗漏处理。

（3）食堂应设置隔油池，并应及时清理。

（4）厕所的化粪池应进行抗渗处理。

（5）食堂、盥洗间、淋浴间的下水管线应设置隔离网，并与市政污水管线连接，保证排水通畅。

3. 防止施工噪声污染

（1）施工现场应按照现行国家标准制定降噪措施，并对施工现场的噪声值进行检测和记录。

（2）施工现场的强噪声设备应设置在远离居民区的一侧。

（3）对因生产工艺要求或其他特殊需要，确需在当日 22 时到次日 6 时期间进行强噪声施工的，施工前，建设单位和施工单位应到有关部门提出申请，申请批准后方可进行夜间施工，并公告附近居民。

（4）夜间运输材料的车辆进入施工现场，严禁鸣笛，装卸材料应当做到轻拿轻放。

（5）对产生噪声和振动的施工机械、机具的使用，应当采取消声、吸声、隔声等措施，有效控制降低噪声。

4. 防止施工照明污染

夜间施工严格按照建设行政主管部门和有关部门的规定执行，对施工照明器具的种类、灯光、亮度加以严格控制，特别是在城市市区居民居住区内，减少施工照明对城市居民的危害。

5. 防止施工固体废弃物污染

施工车辆运输沙石、土方、渣土和建筑垃圾，采取密封、覆盖措施，避免泄漏、遗撒，并按指定地点倾卸，防止固体污物污染环境。

第二节　安全生产操作规程

一、施工现场安全技术

（一）施工现场安全要求

现场木工制作木门窗、模板及屋架的施工现场，应尽量远离建筑主体，以免物体跌落伤人。

木作现场应尽量同居民的生活区域隔开，以免伤及闲杂人员。

木作施工会产生大量的劈柴、刨花和锯末，因此木作现场应该尽量远离火源，严禁吸烟。冬季取暖必须采取防火措施，吸烟应进吸烟室，现场应设置水箱、灭火器及其他灭火器材。

原材料和工具堆放应该井然有序，防止磕碰、跌倒而受伤。

（二）现场安全用电

现场用木工机具的电线应该尽量架空固定，无法架空的拖地电线，应该设置保护设施，避免车碾人踏，损坏绝缘保护层。经过水沟、水坑的电线，应使其离开水面，以免水浸漏电。

要经常检查现场机具的临时拉用电线，发现线皮破损应及时用绝缘胶布缠严，以防人体接触触电。

安装刀具和调整维修机床应先拉闸断电，并在电闸上挂"请勿合闸"的警示牌。

下班前应将总闸断开，锁好闸箱，以防小孩好奇误开机具，造成不必要的伤亡事件。

（三）加工厂安全技术

1. 加工厂生产用电安全

所有用电设备都须配备单独的闸刀、开关和保险。下班后应拉闸断电，并将闸盒上锁，防止闲杂人员误开机床，造成机械损坏或人身伤亡。

安装刀具和维护设备时应拉闸断电，并挂"请勿合闸"的警示牌。

工厂里的电路应当由专职电工安装与维护，严禁其他人员乱接乱改线路，以免烧毁电动机、损坏设备和触电伤人。

在生产过程中，应按设备说明，顺序启动和关闭用电设备，以免造成不必要的机械和人员事故。

在机械运输和产品堆放等生产活动中，自觉保护用电设备和线路。

2. 加工厂防火要求

木材加工厂是二级防火单位，严禁吸烟和乱扔烟头，吸烟要进吸烟室。

冬季取暖，要向安全防火管理部门提出申请，注明生火地点、取暖方式和生火点责任人，经批准后方可生火，下班时熄灭炉火。

工厂里的劈柴、刨花和锯末要集中堆放到指定地点，产品堆放应整齐有序，保证消防通道畅通无阻。

要配备专人、兼职消防员，配备设置消防栓、灭火器等消防器材，预防火灾，及时发现和扑灭火险。

操作人员下班时要清扫工作场地，特别是电动机旁的刨花、锯末，防止易燃物摩擦起火。

二、手工工具安全操作规程

（一）斧的安全操作

（1）用斧砍削木料或敲击时，应先检查斧柄是否安全牢固，以防斧脱柄伤及他人或者操作者。

（2）为防止砍到地面上的沙石损伤斧刃，工件下面应垫一木块。

（3）砍削前应在工件上画线，左手扶稳工件，右手紧握斧柄，看准下斧路线，沉着冷静地砍削，砍削时注意不要过线，以免工件报废。

（4）砍削时，不要让斧柄在手中随意滑动，以免手掌磨出血泡。工件较窄时，为防止斧刃伤及手指，可用木棍等将工件扶稳砍削。

（二）刨的安全操作

（1）刨刃要经常修磨，保持锋利。

（2）推刨时双手要紧握刨柄，用力向前平推，中途不要停顿，出料头时刨不要低头，以免将工件末端啃伤。

（3）刨料前要观察木料纹理，顺纹刨削，避免戗槎。

（4）不用时，刨要刃口朝上放置，以免刨刃触地损伤。

（5）刨用完后要将楔木放松，刨身和刨刃涂擦机油，防止生锈和吸潮。

（三）凿的安全操作

（1）凿眼时，左手要把稳凿柄，紧贴工件眼线凿削，防止凿刃跳动伤腿。

（2）凿眼时凿柄不能左右摆动，以免损伤榫眼。

（3）每敲一下，要将凿柄前后摇动一下，以防凿被卡住拔不出来。

（4）凿子用完以后，不要随地乱放，以免损伤凿刃或砸伤脚趾。

（四）钻的安全操作

（1）钻眼时，要将钻尖插入工件定位，再开动钻头钻进，以防钻头跳动打错眼位。

（2）钻大孔时先钻一小孔，以小孔定位扩钻大孔，以防钻头跳动，产生孔位偏差。

（3）钻透孔时，工件下应垫一木块，防止钻头触地伤刃或者钻伤其他工件。

（五）锯的安全操作

（1）入锯时，要用左手手指或者拇指刻准墨线外缘作为锯条的靠山，引导锯条锯入木材，以防锯条跳动锯坏工件。

（2）右手握锯要紧，不要随便移动，以免磨伤手指。

（3）脚要把工件踩稳，以防工件扭动损伤锯条，当锯条距脚50mm 左右时，应停锯移动工件，以防锯条伤脚。

（4）两人配合锯木料时，推锯者要与拉锯者配合，随拉锯者把稳锯身，不要用力推送，以免走锯锯坏工件。

（5）锯木前要绷紧锯绳，以防锯条摆动走线，锯不用时要放松锯绳，防止锯条长期处于张紧状态。

（6）如果长期不用，应在锯条两面涂上机油，防止生锈。

三、机械设备安全操作规程

（一）跑车带锯机的安全操作

（1）锯机要加防护罩，以防锯条断裂和掉条时伤人。

（2）在跑车上工作的摇尺工和卡木工要站稳，不要随意走动，以防跌落，造成撞伤或砸伤。

（3）在跑车上的操作工不准将手和头伸向锯条，以免跑车前进时锯伤身体。

（4）跑车不允许边摇尺边前进，摇尺工不准在跑车后退中进尺，以免木头将锯条撞掉或扭伤。

（5）在跑车进退过程中，要时刻注意车桩与卡钩位置，以免碰坏锯条，倒车时要注意跑车上木料的状况，发现尾部劈裂，应采取措施慢慢退回，以防挂脱锯条。

（6）锯木前要清除原木上的钉石，以免损伤锯条和锯齿。

（7）锯条在运行中，刮锯条和轮面上的树脂锯末时，动作要准，以免刮刀碰着锯齿。

（8）工作时不许调紧或放松锯卡，必须调整时，应在锯停稳后进行。

（9）装卸锯条一定要等锯停稳后进行，如果锯未停稳下降锯轮，会造成锯条脱落伤人或损伤设备。

（10）锯在运行中要时刻观察锯条动向，防止锯条断裂或脱落伤人。

（二）平台带锯机及细木工带锯机的安全操作

（1）跑车带锯机的安全操作要点也是平台带锯机和细木工锯机的注意事项。

（2）两人配合锯料时，上手送料手距锯条的距离不得小于200mm，剩下的由下手接拉锯完。

（3）上、下手均不许将手伸过锯条，以免手臂锯伤。

（4）锯小料和木楔时，要用木棍推送，避免锯伤手指。

（5）台面或锯条通道中卡有劈柴、锯屑时，严禁用手拨弄，以免伤及手指。

（三）圆锯机的安全操作

（1）用圆锯锯解木料需两人配合操作，上手推送木料入锯，木料锯出台面后由下手接拉。上手送料尾端距锯片300mm，放开木料站到锯片一侧，防止木片射回伤人。

（2）下手回送木料时，必须将木料摆离锯片，防止锯片将木料打回伤人。

（3）当木料夹锯时要停止送料，用木楔撑开锯后再推送锯割，以免电动机过热，烧毁线圈。

（4）锯台上的劈柴料头，严禁用手拨弄，应用木棍及时清除。下手往下甩板皮料头时，严禁接触锯片。

（5）圆锯机的锯片和皮带应加防护罩，避免人体误触受伤。

（四）平刨床的安全操作

（1）平刨床开动前应先检查刀头螺钉是否上紧，以避免刀片飞出伤人。

（2）开机前应检查安全防护装置是否灵敏可靠，发现问题及时解决。

（3）刨料前要清除木料上的钉石，以免刨刀刃口打豁。

（4）送料刨削时，操作者要站在机床侧面，以免木料打回伤人。

（5）刨短小薄料时，要用推棍推板压送工件刨削，以避免手距刨口太近受伤。

（6）下手要将木料抬离刀头回送，以免刀头将料打回伤人。

（7）遇到节疤和戗槎，应减慢送料速度，以免木料弹起，手触刀刃受伤。

（8）刀轴未停稳以前，严禁调对刀具，以免刨伤手指。

（9）在平刨床上同时刨削几根工件时，工件厚度应基本一致，防止薄料被刨刀打回伤人。

（五）压刨床的安全操作

（1）开机前要检查刀头螺钉是否拧紧，刀片是否锋利。

（2）操作者不要正对工件送料，以免工件射回伤人。

（3）用手强行送料时，手不得接触压罩和滚筒，不准将头伸向台面延长线上观察。进料时不准抬起滚筒重锤。

（4）压刨操作时严禁戴手套，应该扎紧衣裤，女工应该将长辫盘入帽内，以防卷进机床受伤。

（5）如将几根工件同时送进刨削。其厚度应相差不大，以防滚筒压不住薄料打回伤人。

（6）刨短小料时，台面中间要纵向加一挡板，以防短料打横送不出台面，短于前后滚筒间距的工件，严禁在压刨中刨削。

（7）在工作过程中，发生木屑滚入下滚筒与台面之间的缝隙，阻止工件前进时，应该停车降低工作台面，用木棒或者金属棒拨出，切勿用手拨弄。

（8）刨削松木时，常有树脂粘结在台面和滚筒上，阻止工件进给，为了使台面保持光滑，以便进给顺利，应经常在台面上擦拭煤油润滑。

（六）四面刨的安全操作

（1）开车前应详细检查左、右立铣刀头和上下刨刀轴的刀具安装是否牢固，位置是否调整合适。

（2）开车顺序应先启动四个刀头电动机，最后启动送料电动机，待所有电动机达到额定转速后方可进料，以免电动机卡住烧毁。停机时应和启动时相反，先停进料电动机，后停刀头电动机。

（3）戗槎太大，旁弯超过 6mm，斜头未截，裂劈超过 30mm 的木料不准入机刨削，以免料被卡住损伤刀具。

（4）工件被卡住要先停止进给，查明原因，分别情况给予处理，切忌盲目操作，损坏工件和设备。

（5）机器运转过程中严禁接近刀具和滚筒，以免碰伤，被机器卷入受伤。

（6）换刀时要戴手套，以防刀刃伤及手指。

（七）开榫机的安全操作

（1）开榫机的刀头较多，开车前要注意检查刀头螺钉是否上紧，以防刀片飞出伤人。

（2）单头开榫机各刀头工作面外露。操作者推车开榫时，注意头部不要歪向刀头，手锯刀头的距离不能小于 200mm，以免被刀刃伤着。

（3）榫机的开机顺序是先启动六个刀头电动机，待其达到额定转速后进料开榫，以免电动机卡住烧毁。

（4）灵活掌握进料速度，当发现某一刀头电动机转数明显下降或被卡住时，应放慢或者停止进料，待恢复转速时再进料工作，以免烧毁电动机。

（5）在单头开榫机上掉头开榫时，应在推车拉离刀头时进行，以免工件碰着刀头，损坏工件和刀具。

（6）刀头电动机上堵塞刨花要在停机时用木棒清理拔出，严禁用手掏捅，以免刀刃伤手。

（7）开榫机工作时，操作者及其他人员不得站在刀具切削方向的直线上，以免结疤木屑飞出伤人。

（八）打眼机的安全操作

（1）钻头装卡时必须使其尾部顶住钻卡上部，注意使方凿与钻头之间留有适当的间隙，以保证钻屑顺利排除。

（2）操作者应该扎紧衣袖，将长发盘入帽内，以免卷进机器受伤。

（3）打斜眼时要夹紧工件，慢速钻削，以免别坏钻头。

（4）机头在运行中严禁装卡工件，也不要清理台面上的钻屑，以确保人身安全。

（5）凿打深孔或硬木时，要适当放慢速度，以免损伤钻头。

（九）木工铣床的安全操作

（1）装卸刀头时一定要用弹力插销将刀轴锁定，以免刀头旋转刨伤手指。

（2）操作时上下手要思想集中，步调一致，密切配合。下手接拉不要用力过猛，以免上手脱离工件刨伤手指。下手接料不应将手伸过刀口，以免误入刀口刨伤手指。

（3）铣削中途不要将工件退回，以免打坏工件。

（4）铣削过程中遇有节疤和坚硬木料，应放慢进给速度，以防发生意外事故。

（5）装有进料器的铣床，上手送料距进料器 150mm 就要放开工件，以免手被挤进受伤。

（6）裁口、起线、开槽时要在后台面靠山上钉一压条，以防工件跳动，损害工件。

（7）打不通的槽口时，开始时吃刀切削力很大，要用较大的力将工件压住慢慢推进，以防工件被刀打回伤人。

（8）工件铣削至尾端时，要将右手移至刀口后面，压住工件中部将工件送过刀口，以免右手碰着刀头受伤。

（9）换刀时要戴手套，以免刀刃伤手。

（10）铣削时清除台面上的木屑，要用木棍或者刷子，切忌直接用手拨弄，以免受伤。

（十）木工车床的安全操作

（1）刀架上的支撑托板应尽量接近工件表面，以减小车刀所受的切削力矩，如果间隙过大，工件和车刀有可能折断或飞出，造成人身安全事故。

（2）要根据工件直径调整托板高度，以使车刀刃口接触工件中心线以上，以免车刀卡住工件或使工件飞出伤人。

（3）用砂纸砂磨工件时，手握得不要太紧，以免沙子受热发烫烧伤手掌。

（4）车削时严禁戴手套，应该扎紧衣袖，将长发盘入帽内，以免被卷进受伤。

（5）切削中途不要用手去试工件的光滑程度，以免手被磨伤。

（6）加工圆盘形工件时，操作者不要正对工件回转面，以免车屑和车刀飞出伤人。

（7）切削时双手握紧刀柄，紧贴支撑托板左右慢慢移动，以防车刃被打出伤人。

四、木工安全技术操作规程

（一）一般规定

参加施工的工人要严格执行安全生产规章制度，遵守劳动纪律和职业道德，要熟知本工种的安全技术操作规程及工艺过程和技术标准。在操作中，应坚守工作岗位，严禁酒后操作。

正确使用个人防护用品和安全防护措施，进入施工现场时必须戴安全帽，禁止穿拖鞋或光脚。在没有防护设施的高空、悬崖和陡坡施工，必须系安全带。上下交叉作业有危险的出入口要有防护棚或其他隔离设施。距地面 3m 以上作业要有防护栏杆、挡板或安全网。安全帽、安全带、安全网要定期检查，不符合要求的，严禁使用。

施工现场的脚手架、防护设施、安全标志和警告牌，不得擅自拆动。需要拆动的，要经工地施工负责人同意。

施工现场的洞、坑、沟、升降口等危险处，应有防护设施或明显标志。

高处作业时，材料码放必须平稳整齐。

使用的工具不得乱放。地面作业时应随时放入工具箱，高处作业时应放入工具袋内。

作业时使用的铁钉，不得含在嘴中。

作业前应检查所使用的工具，如手柄有无松动、断裂等，手持电动工具的漏电保护器应试机检查，合格后方可使用。操作时戴绝缘手套。

使用手据时，锯条必须调紧适度，下班时要放松，以防再使用时锯条突然爆断伤人。

成品、半成品、木材应堆放整齐，不得任意乱放，不得存放在施工范围之内，木材码放高度不宜超过 1.2m。

木工作业场所的刨花、木屑、碎木必须自产自清、日产日清、活完场清。

用火必须事先申请用火证，并设专人监护。

（二）模板安装与拆除安全操作规程

1. 模板安装应遵守的规定

（1）作业前应认真检查模板、支撑等构件是否符合要求，木模板及支撑材质是否合格。模板支撑不得使用腐朽、扭裂、劈裂的材料。

（2）顶撑要垂直，底端平整坚实，并加垫木。木楔要钉牢，并用横顺拉杆和剪刀撑拉牢。

（3）采用桁架支模应严格检查，发现严重变形、螺栓松动等应及时修复。

（4）支模应按工序进行，模板没有固定前，不得进行下道工序。

（5）支设 4m 以上的立杆模板，四周必须顶牢。操作时要搭设工作台；不足 4m 的，可使用马凳操作。

（6）支设独立梁模应设临时工作台，不得站在柱模上操作和在梁底模上行走。

（7）地面上的支模场地必须平整夯实，并同时排除现场的不安全因素。

（8）模板工程作业高度在2m和2m以上时，必须设置安全防护设施。

（9）操作人员登高必须走人行梯道，严禁利用模板支撑攀登上下，不得在墙顶、独立梁及其他高处狭窄而无防护的模板面上行走。

（10）模板的立柱顶撑必须设牢固的拉杆，不得与门窗等不牢靠和临时物件相连接。模板安装过程中，不得间歇，柱头、搭头、立柱顶撑、拉杆等必须安装牢固成整体后，作业人员才允许离开。

（11）基础及地下工程模板安装，必须检查基坑土壁边坡的稳定状况，基坑上口边沿1m以内不得堆放模板及材料。向槽（坑）内运送模板构件时，严禁抛掷。使用溜槽或起重机械运送，下方操作人员必须远离危险区域。

（12）组装立柱模板时，四周必须设牢固支撑，如柱模在6m以上，应将几个柱模连成整体。支设独立梁模应搭设临近操作平台，不得站在柱模上操作和在梁底模上行走和立侧模。

2. 模板拆除应遵守的规定

（1）拆模必须满足拆模时所需混凝土强度，经施工技术人员、工程技术领导同意，不得因拆模而影响工程质量。操作时应按顺序分段进行，严禁猛撬、硬砸或大面积撬落和拉倒。

（2）拆模的顺序和方法。应按照先支后拆、后支先拆的顺序；先拆非承重模板，后拆承重模板及支撑；在拆除用小钢模板支撑的顶板模板时，严禁将支柱全部拆除后，一次性拉拽拆除。已拆活动的模板，必须一次连续拆除完，方可停歇，严禁留下不安全隐患。

（3）拆模作业时，必须设警戒区，严禁下方有人进入。拆模作业人员必须站在平稳牢固可靠的地方，保持自身平衡，不得猛撬，以防失稳坠落。

（4）严禁用吊车直接吊除没有撬松动的模板，吊运大型整体模板时必须拴结牢固，且吊点平衡，吊装、运大钢模时必须用卡环连接，就位后必须拉接牢固方可卸除吊环。

（5）拆除电梯井及大型孔洞模板时，下层必须支搭安全网等可靠防坠落措施。

（6）拆除薄腹梁、吊车梁、桁架等预制构件模板，应随拆随加顶撑支牢，防止构件倾倒。

（三）门窗安装安全操作规程

（1）安装二层楼以上外墙门窗扇时，外防护应齐全可靠，操作人员必须系好安全带，工具应随手放进工具袋内。

（2）立门窗时必须将木楔背紧，作业时不得 1 人独立操作，不得碰触临时电线。

（3）操作地点的杂物，待工作完毕后，必须清理干净运至指定地点，集中堆放。

（四）构件安装安全操作规程

（1）在坡度大于 25° 的屋面操作，应设防滑板梯、护身栏杆等防护措施，系好保险绳，穿软底防滑鞋，并立挂密目安全网。操作人员移动时，不得直立着在屋面上行走，严禁背向檐口边倒退。

（2）钉房檐板应站在脚手架上，严禁在屋面上探身操作。

（3）木屋架应在地面拼装。必须在上面拼装的应连续进行，中断时应设临时支撑。屋架就位后，应及时安装脊檩、拉杆或临时支撑。吊运材料所用索具必须良好，绑扎要牢固。

（4）在没有望板的轻型屋面上安装石棉瓦等，应在屋架下弦支设水平安全网或其他安全设施，并使用有防滑条的脚手板，钩挂牢固后方可操作。禁止在石棉瓦上行走。

（5）安装二层楼以上外墙窗扇，如外面无脚手架或安全网，应挂好安全带。安装窗扇中的固定扇，必须钉牢固。

（6）拼装屋架应在地面进行，经工程技术人员检查，确认合格，才允许吊装就位。屋架就位后必须及时安装有脊檩、拉杆或临时支撑，以防倾倒。

（7）吊运屋架及构件材料所用索具必须事先检查，确认符合要求，才准使用。绑扎屋架及构件材料必须牢固稳定。安装屋架时，下方不得有人穿行或停留。

（8）不准直接在板条天棚或隔声板上通行及堆放材料。必须通行时，应在大楞上铺设脚手架。

（五）木工机械安全操作规程

（1）操作人员应经培训，熟悉使用的机械设备构造、性能和用途，掌握有关使用、维修、保养的安全操作知识。电路故障必须由专业电工排除。

（2）作业前应试机，各部件运转正常后方可作业。开机前必须将机械周围及脚下作业区的杂物清理干净，必要时应在作业区铺垫板。

（3）使用机械时应穿紧身工作服、戴袖套、戴发套、戴劳保眼镜，不得戴手套。作业人员的长发不得外露，女工必须戴工作帽。

（4）机械运转过程中出现故障时不要惊慌，必须立即停机、切断电源，不要顾及材料，首先考虑安全。

（5）加工小件严格使用推板，绝对禁止用手直接推送。

（6）妥善安排电线，防止电线进入刀口范围。

（7）刀具、锯片附近禁止堆放材料。刀头静止后方可取木料，绝对禁止用手直接取刀具旁小件或者清理残渣，应该用木棒。

（8）链条、齿轮和皮带等传动部分，必须安装防护罩或防护板。

（9）必须使用定向开关，严禁使用倒顺开关。

（10）清理机械台面上的刨花、木屑，严禁直接用手。

（11）每台机械应挂机械负责人和安全操作牌。

（12）心情不好、喝酒、身体不适等不良状况应停止工作。

（13）作业后离开时必须拉闸，切断总电源，箱门锁好。

（六）木材搬运、装卸、堆放安全操作规程

（1）从火车上卸圆木应有专人指挥。拔夹杠应先拔掉中间，后拆两头；断铁丝应先剪上层、中层，后剪下层。圆木滚卸时，车上不准留人，车下禁止行人通过。

（2）马车运圆木，下层装大的，上层装小的。运成材高度不得超过 1m，每 30cm 设横木，并用绳索捆牢。卸车时，车要站稳、挂闸。

（3）堆放圆木，应站在垛的两端并清除垛下障碍物。码高垛，脚手板必须支搭牢固，禁止两人在同一脚手板上操作。冬雨期必须加防滑条。

（4）翻圆木撬杠和板钩不得正面对人。翻弯曲和直径较大的圆木，必须掩好木垫，防止圆木滚动。

（5）圆木垛高一般不得超过 3m，垛距不得小于 1.5m；成材垛高一般不得超过 4m，每 50cm 加横木，垛距不得小于 1m。所有材料堆垛应距运输轨道两侧 1m，上方不准有高压线。

（6）用小平车运料，不准猛推猛跑，拐弯要慢行。两车间距不小于 5m。

（七）木工安全生产工作职责

（1）严格执行安全生产规章制度和岗位操作规程，做到"三不伤害"，即不伤害自己、不伤害别人、不被别人伤害。

（2）上岗时自觉并正确佩戴劳动防护用品，保证本岗位工作区域内安全防护装置及设施齐全、完好、灵敏、有效。保证不随便拆除安全防护装置，不使用自己不该使用的机械和设备。

（3）掌握本岗位安全操作技能及工艺过程和技术标准。

（4）积极参加安全生产知识教育和安全生产技能培训，提高安全操作技术水平。经常检查本岗位附属设备和工具的安全性能，及时消除隐患，自己无力解决即向上级如实报告。

（5）有权制止、纠正他人影响健康、安全、环境的行为，对于违反施工程序、违反操作程序、违反有关安全生产规定的生产指挥者，可退出施工作业并可越级报告。

（6）妥善保管和正确使用消防器材和掌握一般灭火技能，会打 119 火警电话，对于突发事故，能够采取应急措施。

（7）在作业过程中，对健康、安全、环境可能出现或存在的不利因素，会采取有效的预防措施。

（8）遵守劳动纪律和职业道德，无缺岗、睡岗、脱岗、窜岗、酒后上岗现象。

第三节　安全生产防护设施

一、安全防护用具

为了实现安全管理目标，保护劳动者免遭或减轻事故伤害和职业危害，用人单位须无偿提供给工人安全防护用具（劳动防护用品）。

（一）劳动安全防护用品的分类

劳动防护用品是为了保护工人在生产过程中的安全和健康而发给劳动者个人使用的防护用品，是保障职工安全和健康的一种预防性辅助措施。

1. 劳动防护用品分类

劳动防护用品按照防护部位分为头部护具类、呼吸护具类、眼防护具、听力护具、防护鞋、防护手套、防护服、防坠落护具、护肤用品、面罩面屏等。劳动防护用品都是必须配备的，并根据实际使用情况按时间更换，在发放中，应按照工种不同进行分别发放并保存台账。

2. 三宝

在工程施工中，安全帽、安全带、安全网统称为建筑"三宝"。

（二）劳动防护用品的安全管理

1. 劳动防护用品的规定

1）选用原则

（1）根据现行《个体防护装备选用规范》（GB/T 11651）、行业标准或地方标准等有关规定选购劳动防护用品。

（2）根据生产作业环境、劳动强度以及生产岗位接触有害因素的存在形式、性质、浓度（或强度）和防护用品的防护性能进行选用。

（3）劳动防护用品必须符合安全要求，外观要光洁，色泽均匀协调，且美观经济耐用，并具有时装化的特点，穿戴要舒适方便，不影响作业活动。

2）劳动防护用品的发放要求

（1）用人单位应当按照国家劳动防护用品配备标准，根据不同工种和劳动条件发给职工个人劳动防护用品。

（2）用人单位应根据工作场所中的职业危害因素及其危害程度，按照法律、法规、标准的规定，为从业人员免费提供符合国家标准的护品。不得以货币或其他物品来替代应当配备的护品。

（3）用人单位应到定点经营单位或生产企业购买各种劳动防护用品。护品必须具有"三证"，即生产许可证、产品合格证和安全鉴定证。购买的护品必须经本单位安全管理部门验收，并按照护品的使用要求，在使用前对其防护功能进行必要的检查。

（4）用人单位应教育从业人员根据护品的使用规则和防护要求正确使用护品，做到"三会"：会检查护品的可靠性，会正确使用护品，会正确维护保养护品。用人单位应定期进行监督检查。

（5）用人单位应该按照产品说明书的要求，及时更换、报废过期和失效的护品。

（6）用人单位应建立健全护品的购买、验收、保管、发放、使用、更换、报废等管理制度和使用档案，并切实贯彻执行和进行必要的监督检查。

2. 常用劳动防护用品的正确使用

1）安全帽的正确佩戴

（1）检查安全帽。佩戴安全帽之前，必须仔细检查安全帽是否完好，如帽体是否有裂纹变形、是否超过使用期等，有问题的安全帽不得使用。

（2）调整安全帽内衬缓冲圈的大小，直到对头部稍有约束感但不难受的程度，以不系下颌带低头时安全帽不会脱落为宜。人的头顶与帽体内顶的空间垂直距离不小于 32mm，以保证头顶上部有足够的缓冲空间，也利于通风。

（3）戴正安全帽。不要歪戴安全帽，不要把帽缘戴在脑后，女职工的长发必须盘在帽内。

（4）系好下颌带。下颌带应紧贴下颌，松紧程度以下颌有约束感但不难受为宜，这样可以防止安全帽被大风吹掉，或被其他物体碰掉，或头部摇摆时落掉。

（5）取放安全帽。安全不用时取下后放在阴凉、干燥的地方，不能放在高温、潮湿的地方，不能把安全帽当凳子坐，以防安全帽受损。

2）安全带的正确使用

（1）在基准面 2m 以上作业必须系安全带。

（2）悬挂安全带不得低挂高用，因为低挂高用在坠落时受到的冲击力大，对人体伤害也大。

（3）要经常检查安全带缝制部分和挂钩部分，发现断裂和磨损要及时修理或更换，如果保护套丢失，要加上再用。

（4）在使用安全带时应仔细检查安全带的部件是否完整，有无损坏，金属配件的各种环不得是焊接件，边缘光滑，产品上应有"安鉴证"。

（5）使用安全带时不允许在地面上随意拖着绳走，以免损伤绳套，影响主绳。

（6）安全带使用前后应储存在干燥、通风的仓库内，不得接触高温、明火、强酸和尖锐的坚硬物体，也不准长期暴晒、雨淋。

3）防尘眼镜的正确使用

（1）护目镜要选用经产品检验机构检验合格的产品。

（2）护目镜的宽窄和大小要适合使用者的脸型。

（3）镜片磨损粗糙、镜架损坏会影响操作人员的视力，应及时更换。

（4）护目镜要专人专用，防止传染眼病。

（5）焊接护目镜的滤光片和保护片要按规定作业需要的选用和更换。

（6）防止重压、重摔，防止坚硬的物品磨损镜片和面罩。

4）防尘口罩的正确使用

（1）选用产品其材质不应对人体有害，不应对皮肤产生刺激和过敏影响。

（2）应佩戴方便且与面部吻合。

5）防噪声耳塞的正确使用

（1）各种耳塞在佩戴时要先将耳廓向上提拉，使耳甲腔呈平直状态，然后手持耳塞柄，将耳塞帽体部分轻轻推向外耳道内，并尽可能使耳塞体与耳甲腔相贴合，但不要用劲过猛、过急或插得太深，以自我感觉舒适为宜。

（2）戴后感到不隔声时可将耳塞缓慢转动，调整到效果最佳位置为止。如果经反复调整仍然效果不佳，应考虑改用其他型号规格的耳塞反复试用，以选择最佳者定型使用。

（3）佩戴泡沫塑料耳塞时，应将圆柱体揉捏成锥形体后塞入耳道，让塞体自行回弹，充满耳道。

（4）佩戴硅橡胶自行成型的耳塞，应分清左右塞，不能弄错，塞入耳道时要稍微转动，放正位置，使之紧贴耳甲腔内。

6）防护鞋的正确使用

（1）根据工作场所的需要选择大小适合自己的工作鞋。普通生产现场穿一般工作鞋，电工穿绝缘鞋，在水坑现场穿防水工作鞋。

（2）工作鞋的鞋带要系好，松紧适宜，鞋带不能留太长或拖地。

（3）耐酸碱皮鞋只适用于浓度较低的作业场所，不能在酸碱液中长时间作业，以防酸碱溶液渗入皮鞋内腐蚀足部造成伤害。

（4）耐酸碱塑料靴和胶靴应避免接触高温，避免锐器损伤靴面或者靴底引起渗漏，影响防护功能。

（5）耐酸碱塑料靴和胶靴穿用后，应用清水冲洗靴内的酸碱液体然后晾干，避免日光直接照射，以防塑料和橡胶老化脆变，影响使用寿命。

7）防护手套的正确使用

（1）绝缘手套应定期检验电绝缘性能，不符合规定的不能使用。

（2）橡胶、塑料等类防护手套用后应冲洗干净、晾干，保存时避免高温，并在防护手套上撒上滑石粉以防粘连。

（3）操作旋转机器禁止戴手套作业。

（4）防水耐酸碱手套使用前应仔细检查，观察表面是否破损。

采用的最简易方法是吹气，然后观察是否漏气，漏气则不能使用。

8）工作服的正确使用

（1）进入厂区必须佩戴安全帽。

（2）工作时必须穿公司发放的工作衣裤。

（3）穿长袖工作服时袖口必须束紧。

（4）衣服下摆必须束在工作裤内。

（5）不得戴领带、围巾等飘逸的装饰物。

（6）进入厂区必须穿安全鞋。

二、建筑职业病及其防治

职业病是指劳动者在工作中，因为接触粉尘、放射性物质和其他有毒、有害物质等而引起的疾病。产生职业病的危害因素包括各种有害的化学、物理、生物因素以及在工作过程中产生的其他有害因素。

（一）建筑职业病的危害

1. 职业危害因素

职业危害因素是指与生产有关的劳动条件，包括生产过程、劳动过程和生产环境中，对劳动者健康和劳动能力产生有害作用的职业因素。

2. 职业病的范围

职业病通常是指由国家规定的在劳动过程中接触职业危害因素而引起的疾病。职业病与生活中的常见病不同，一般认为应该具有下列三个条件：

（1）致病的职业性。疾病与其工作场所的职业性有害因素密切相关。

（2）致病的程度。接触有害因素的剂量，已足以导致疾病的发生。

（3）发病的普遍性。在受到同样生产性有害因素作用的人群中有一定的发病率，一般不会只出现个别病人。

具有一定的范围及国家规定的职业病，病人在治疗休息期间应按国家保险条例有关规定给予劳保待遇。

（二）建筑职业病的防治

1. 建筑职业病危害因素的识别

1）施工前识别

施工企业应在施工前进行施工现场卫生状况调查，明确施工现场是否存在排污管道、历史化学废弃物填埋、垃圾填埋和放射性物质污染等情况。项目经理部在施工前应根据施工工艺、施工现场的自然条件，对不同施工阶段存在的职业病危害因素进行识别，列出职业病危害因素的清单。职业病危害因素的识别范围必须覆盖施工过程中的所有活动。

2）施工过程识别

项目经理部应委托有资质的职业卫生服务机构根据职业病危害因素的种类、浓度或强度、接触人数、职业病危害防护措施和产生职业病危害程度，对不同施工阶段，不同岗位的职业病危害因素进行识别、检测和评价，确定防控的重点。

2. 职业病危害因素的预防控制

1）原则

项目经理部应根据施工现场职业病危害的特点，采取以下职业病危害防护措施：

选择不产生或少产生职业病危害的建筑材料、施工设备和施工工艺，配备有效的职业病危害防护设施，使工作场所职业病危害因素的浓度或者强度符合国家标准要求，职业病防护设施必须进行经常性的维护、检修，确保其处于正常状态。

配备有效的个人防护用品。个人防护用品必须保证选型正确，维护得当，建立健全个人防护用品的采购、验收、保管、发放、使用、更换、报废等管理制度，并建立发放台账。

制定合理的劳动制度，加强施工过程职业卫生健康和教育培训。

可能产生急性健康损害的施工现场，设置检测报警装置、警示标志、紧急撤离通道和泄险区域等。

2) 粉尘危害预防措施

进行技术革新，采取不产生或少产生粉尘的施工工艺、施工设备和工具。采用无危害或者危害较小的建筑材料。采用机械化、自动化或密闭隔离操作。采取湿式作业，如场地平整时配备洒水车，定时喷水作业。设置局部防尘设施和净化排放装置。建筑物拆除和翻修作业时，在接触石棉的施工区域，设置警示标识，禁止无关人员进入。根据粉尘的种类和浓度为劳动者配备合适的呼吸防护用品并定时更换。

3) 噪声污染预防措施

尽量选用低噪声施工设备和施工工艺代替高噪声施工设备和施工工艺，对高噪声施工设备采用隔声、消声、隔振降噪等措施，尽量将噪声源与劳动者隔开，尽可能减少高噪声设备作业点的密度，噪声超过 85dB 的施工场所，应为劳动者配备有足够的衰减值、佩戴舒适的护耳器，减少噪声作业，实施听力保护计划。

4) 高温危害预防措施

夏季高温季节应合理调整作息时间，避开中午高温时间施工，严格控制劳动者加班，尽可能缩短工作时间，保证劳动者有充足的休息和睡眠时间。降低劳动者的劳动强度，采取轮流作业方式，增加工间休息次数和休息时间。当气温高于 37℃ 时，一般情况下应当停止施工作业。各种机械和运输车辆的操作室和驾驶室应设置空调。在施工现场附近设置工间休息室和浴室，休息室内设置空调或电扇。夏季高温季节为劳动者提供含盐的清凉饮料，饮料水温应低于 15℃。

5) 振动危害预防措施

应加强施工工艺、设备和工具的更新改造，尽可能避免使用手持风动工具，采用自动、半自动操作装置，减少手及肢体直接接触振动体。风动工具的金属部件改用塑料或橡胶，或加用各种衬垫物，减少因撞击而产生的振动，提高工具把手的温度，改进压缩空气进出口方位，避免手部受冷风吹袭。手持振动工具应安装防振手柄，劳动者应佩戴防振手套。挖土机、推土机、铺路机、压路机等驾驶室应设置减振设施。减少手持振动工具的质量，改善手持工具的作业体位，防止强迫体位，以减轻肌肉负荷和静力紧张。采取轮流作业。减少劳动者接触振动的时间，增加工间休息次数和休息时间，冬季还应注意保温防寒。

6）紫外线预防措施

采用自动或半自动焊接设备，加大劳动者与辐射源的距离。产生紫外线的施工现场应当采用不透明或半透明的挡板，将该区域与其他区域分割，禁止无关人员进入操作现场，避免紫外线对其他人员的影响。电焊工必须佩戴专用的面罩、防护眼镜以及有效的防护服和手套。

7）高处作业预防措施

重视气象预警信息，当遇到大风、大雪、大雨、暴雨、大雾等恶劣天气时，禁止进行露天高处作业。劳动者应进行严格的上岗前职业健康检查，有高血压等职业禁忌症的劳动者禁止从事高处作业。

三、安全防护措施

（一）应急救援

（1）项目经理部应建立应急救援机构或组织。

（2）项目经理部应根据不同施工阶段可能发生的各种职业病危害事故制定相应的应急救援预案，并定期组织演练、及时修订应急救援预案。

（3）按照应急救援预案要求，合理配备快速检测设备、急救药品、通信工具、交通工具、照明装置、个人防护用品等应急救援装备。

（4）可能发生泄漏大量有毒化学品或者容易造成急性中毒的施工现场，应设置自动检测报警装置、事故通风设施、冲洗设备、应急撤离通道和必要的泄险区。除为劳动者配备常规个人防护用品外，还应在施工现场醒目位置放置必需的防毒用具，以备逃生、抢救时应急使用，并设有专人管理和维护，保证其处于良好的待用状态。应急救援撤离通道应保持通畅。

（5）施工现场应配备受过专业训练的急救员，配备急救箱、担架、毯子和其他应急急救用品，急救箱内应有明显的使用说明，并由受过急救培训的人员进行定期检查和更换。超过 200 人的施工工地应配备急救室。

（6）应根据施工现场可能发生的各种职业病危害事故对全体劳动者进行有针对性的应急救援培训，使劳动者掌握事故预防和自救互救等应急处理能力，避免盲目救治。

（7）应与就近医疗机构建立合作关系，以便发生急性职业病危害事故时，能够及时获得医疗救援救助。

（二）辅助设施

（1）办公区、生活区与施工区域应当分开布置，并符合卫生学要求。

（2）施工现场或者附近应当设置清洁饮用水供应设备。

（3）施工企业应当为劳动者提供符合营养和卫生要求的食品，并采取预防食物中毒的措施。

（4）施工现场或者附近应当设置符合卫生要求的就餐场所、更衣室、浴室、厕所、盥洗设施，并保证这些设施完好。

（5）为劳动者提供符合卫生要求的休息场所，休息场所应当设置男女卫生间、盥洗设施，设置清洁饮用水，设置防暑降温、防蚊虫、防潮设施，禁止在尚未竣工的建筑物内设置集体宿舍。

（6）施工现场辅助用室和宿舍应采用合适的照明器具，合理配置光源，提高照明质量，防止炫目、照度不均匀及频闪效应，并定期对照明设备进行维护。

（7）生活用水、废弃物应当经过无害化处理后排放填埋。

（三）防止职业危害的综合措施

职业危害的工程技术措施，仅是建筑行业已经推行的较好措施，但是仍有大量的职业危害至今尚无有效的工程技术措施，必须针对各种职业危害具体条件、环境，研究采取综合性措施。

1. 加强职业卫生管理工作

（1）各级建筑行业主管部门和建筑企业领导者必须从思想上

认识到职业危害对职工的慢性伤害，后患严重。要把防止职业危害列入领导工作的重要议事日程，定期对职业卫生工作进行计划布置、检查、总结，不断改善劳动条件，使劳动条件更合乎卫生，使人们免除烟雾、灰尘和泥垢之苦，能很快从肮脏的让人厌恶的工作间变成清洁明净的适合人们工作的实验室。

（2）企业安全部门、人员，应高度重视职业危害工程技术治理工作，会同有关部门研究制定职业工程技术措施，组织监督实施，其所需费用应列入企业安全技术措施费中给予解决。

（3）企业要设置职业卫生专业人员，定期对职业危害场所进行测定，为改善劳动条件、治理作业环境提出数字依据，从事有职业危害的职工，要定期进行职业体检，早期发现职业病，早期治疗，减少职工的痛苦，要建立健全职业卫生档案，收集职业卫生的各种数据，为职业危害的防治提供信息资料。

（4）建立健全职业卫生管理制度，并认真贯彻执行，如职业体检制度、职业危害检测制度、有关危害物质的领取、保管、储藏和运输制度，职业卫生宣传教育制度，职业卫生档案管理制度，消除职业危害的防护设备、装置检查维修制度，有害工种个人卫生保健制度。

（5）加强职业卫生宣传教育工作，使广大职工充分认识到搞好职业卫生的重要性、迫切性。既要实事求是向职工讲清各种危害的严重性，又要说明职业危害是可以防止的，发动广大职工，群策群力，共同搞好职业卫生工作，确保职工生命安全和身体健康。同时，还要对有害作业人员进行急性中毒急救知识的教育。

2. 个人卫生和个人防护

采取科学技术措施是防止职业危害的治本措施，但是由于科学技术水平或经济条件的限制，目前尚有一些超过国家标准界限值，直接、间接危害职工身体健康，因此，做好个人卫生和个人防护，也是一项极为重要的防护措施。

（1）根据危害的种类、性质、环境条件等，有针对性地发给作业人员有效的防护用品、用具，也是防止或减少职业危害的必要措施，如：配合电焊作业的辅助人员，必须佩戴有色防护眼镜，防止电光性眼炎；在噪声环境下，作业人员必须戴防护耳塞（器）；从事有粉尘作业的人员戴纱布口罩，达不到滤尘目的的，必须戴过滤式防尘口罩；从事苯、高锰作业人员，必须佩戴供氧式或送风式防毒面具；从事有机溶剂、腐蚀剂和其他损坏皮肤作业的，应使用橡皮或塑料专用手套，不能用粉尘过滤器代替防毒过滤器，因为有机溶剂蒸汽可以直接通过粉尘过滤器等。

（2）从事粉尘、有毒作业人员，应在工地（车间）设置淋浴设施，工人下班必须淋浴后，换上自己的服装，以防止工人头发和衣服上的粉尘、毒物、辐射物带回家中，危害家人健康。有条件的单位，还应每天把有危害作业人员的防护服集中洗涤干净，使其每次从事有害作业前均穿上干净的防护用品。

（3）定期对有害作业职工进行体检，凡发现有不适宜某种有害作业的人员，应及时调换工作。

第四节　安全生产基本法律法规

一、相关法律法规体系

工程建设法规是由国家权力机关或其授权的行政机关制定的，由国家强制力保证实施的，旨在调整国家及其有关机构、企事业单位、社会团体、公民之间在工程建设活动中或建设行政管理活动中发生的各种社会关系的法律、法规的总称。

工程建设法规体系的构成即为工程建设法规体系采取的框架或结构。目前我国的工程建设法规体系采取的是"梯形结构"方式，即以若干并列的专项法律共同组成体系框架的顶层，再依序配置相应的行政法规和部门规章，形成若干相互联系又相对独立的小体系。这种选择符合建设系统多行业的特点，有着其现实的依据。整体框架可以从工程建设法规的效力层次和内容两方面来掌握。

（一）相关法规的效力层次

我国工程建设法规的构成习惯上分为建设行政法律、建设民事

217

法律和建设技术法规三种。按照立法权限可分为以下五个层次：

法律：是由全国人民代表大会及其常委会审议通过的规范工程建设活动的法律规范，如《中华人民共和国建筑法》《中华人民共和国安全生产法》等，它们是建设法律体系的核心。

行政法规：由国务院依法制定并颁布的属于住房城乡建设部主管业务范围内的各项法规，如《建设工程质量管理条例》等。

建设部门规章：指住房城乡建设部根据国务院规定的职责范围，依法制定并颁布的各项规章或由住房城乡建设部及国务院有关部门联合制定并发布的规章。

地方性建设法规：指在不与宪法、法律、行政法规相抵触的前提下，由省、自治区、直辖市人大及其常委会制定并发布的建设方面的法规，包括省会（自治区首府）城市和经国务院批准的较大的市人大及其常委会制定的，报经省、自治区、直辖市人大或者常委会批准的各种法规。

地方建设规章：指省、自治区、直辖市以及省会（自治区首府）城市和经国务院批准的较大的市人民政府，根据法律和国务院的行政法规制定并颁布的建设方面的规章。

上述法规从立法主体的角度可以大致分为中央立法和地方立法两个层次。法律、行政法规、部门规章属于中央立法，地方性法规和地方政府规章属于地方立法。法律的效力高于行政法规、地方性法规、规章，行政法规的效力高于地方性法规、规章，地方性法规的效力高于本级和下级地方政府规章。

（二）相关法规的内容

一是规范建筑市场准入的法规，主要体现在对建筑市场各方面活动主体的资质管理，包括勘察设计企业、建筑施工企业、建设监理企业、招投标代理机构等的资质管理。

二是有关工程建设政府监管程序的法规，包括招投标管理法规、建设工程施工许可管理法规、建设工程竣工验收备案等，在该类法规中，还包括工程建设现场管理的法规，例如建设工程施工现场管理规定。

三是规范建筑市场各方主体行为的法规，该类法规侧重于对建筑市场活动行为人行为的制约和管理，例如装饰、装修市场管理等。

二、相关的法律法规

随着我国安全生产相关法律、法规的不断出台，从法律、法规到部门规章，从国家标准到行业标准、地方标准，从普通法到特殊法，从单行法到综合法，逐步构建并完善了我国安全生产法律体系的基本框架。

（一）《中华人民共和国安全生产法》

《中华人民共和国安全生产法》是一部"生命法"，它的颁布实施是我国安全生产法制建设的重要里程碑。

《中华人民共和国安全生产法》第三条规定了"安全第一、预防为主、综合治理"是安全生产的基本方针，是安全生产法的灵魂。安全生产法第四条规定，依法确定了以生产经营单位作为主体、以依法生产经营为规范、以安全生产责任制为核心的安全生产管理制度。安全生产法是安全生产管理的基本法，是所有生产经营单位的安全生产普遍使用的基本法律。

（二）《中华人民共和国职业病防治法》

《中华人民共和国职业病防治法》所称的职业病是指企业、事业单位和个体经济组织等用人单位的劳动者在职业活动中，因接触粉尘、放射性物质和其他有毒、有害因素引起的疾病。职业病危害是指对所从事职业活动的劳动者可能导致职业病的各种危害。这部法律就是预防、控制和消除职业病危害，防治职业病，从而保护劳动者的健康及其相关利益的法律依据。

（三）《建设工程安全生产管理条例》

建筑行业是国民经济的支柱产业之一，在国民经济中举足轻重。与其他行业相比，建筑行业属于高危行业，建筑施工范围遍及各个行业、地区，对工程质量和安全的要求很高。建筑工程多数地下、地面、高空作业，面临着固有和不可预见的危险因素和灾害威胁。《建设工程安全生产管理条例》就是为了加强建设工程安全生产监督管理，保障人民群众生命和财产安全而制定的。《建设工程安全生产管理条例》中确定了建设单位、勘察、设计和工程监理单位、施工单位等建设各方严格的、明确的安全生产责任制度及其法律责任追究制度。

（四）《建设工程施工现场管理规定》

在该规定第三章、第四章中，分别对"现场文明施工"和"环境管理"做出了具体规定。

（五）《住宅室内装饰装修管理办法》

为加强住宅室内装饰装修管理，保证装饰装修工程质量和安全，维护公共安全和公众利益，根据有关法律、法规，制定该办法。

（六）《中华人民共和国环境噪声污染防治法》

该法共分八章。第四章对"建筑施工噪声污染防治"做了具体的规定。

在城市市区噪声敏感建筑物集中区域内，夜间禁止进行产生环境噪声污染的建筑施工作业，由工程所在地县级以上地方人民政府生态环境主管部门责令改正，可以并处罚款。

（七）《中华人民共和国建筑法》

该法共八章，85 条规定。第五章"建筑安全生产管理"第四十八条规定如下：

建筑施工企业应当依法为职工参加工伤保险缴纳工伤保险费。鼓励企业为从事危险作业的职工办理意外伤害保险，支付保险费。

（八）《中华人民共和国劳动法》

该法共 13 章，第三章为劳动合同和集体合同，第六章为劳动安全卫生，第八章为职业培训，第十二章为法律责任。

（九）《生产安全事故报告和调查处理条例》

此条例是为了规范生产安全事故的报告和调查处理，落实生产安全事故责任追究制度，防止和减少生产安全事故，根据《中华人民共和国安全生产法》和有关法律而制定。

第五节 工程事故处理程序

建筑行业属于高风险、事故多发行业，也是我国安全事故发生率较高的行业之一，随着我国建筑行业的快速发展，建筑行业各方面的事故也暴露得越来越多。建筑业的施工安全管理形势并不乐观，各地建筑施工伤亡事故频发，对人民生命财产和国民经济造成了很大损失。对于建筑施工安全生产中存在的安全问题及建筑施工现场突发的安全事故，应进行事故应急救援和处理。

一、施工现场应急预案

（一）施工现场应急预案的分类

生产经营单位的应急预案按照针对情况的不同，分为综合应急预案、专项应急预案和现场处置方案。

（二）应急预案的编制

1. 应急预案的编制

应急预案是规定事故应急救援工作的全过程，应急预案的编制应当符合下列基本要求：

（1）符合有关法律、法规、规章和标准的规定。

（2）结合本地区、本部门、本单位的安全生产实际情况。

（3）结合本地区、本部门、本单位的危险性分析情况。

（4）应急组织和人员的职责分工明确，并有具体的落实措施。

（5）有明确、具体的事故预防措施和应急程序，并与其应急能力相适应。

（6）有明确的应急保障措施，并能满足本地区、本部门、本单位的应急工作要求。

（7）预案内容与相关应急预案相互衔接。应急预案应当包括应急组织机构和人员的联系方式，应急物资储备清单等附件信息。

（8）预案基本要素齐全、完整，预案附件提供的信息准确。

2. 应急预案的评审

《生产安全事故应急预案管理方法》规定，建筑施工单位应当组织专家对本单位编制的应急预案进行评审，评审应当形成书面记录并附有专家名称。

3. 应急预案的备案

中央管理的总公司综合应急预案和专项应急预案，报国务院国有资产监督管理部门、国务院安全生产监督管理部门和国务院有关主管部门备案；其所属单位的应急预案分别抄送所在地的省、自治区、直辖市或者设区的市人民政府安全生产监督管理部门和有关主管部门备案。

4. 应急预案的培训

生产经营单位应当组织本单位的应急预案培训活动，使有关人员了解应急预案的内容，熟悉应急职责、应急程序和岗位应急处置方案。应急预案的要点和程序应当张贴在应急地点和应急指挥场所，并设有明显的标志。

5. 应急预案的演练

生产经营单位应当制定本单位的应急预案演练计划，根据本单位的事故预防地点，每年至少组织 1 次综合应急预案演练或者专项应急预案演练，每半年至少组织 1 次现场处置方案演练。

6. 应急预案的修订

生产经营单位制定的应急预案，应当至少每 3 年修订 1 次，预案修订情况应有记录并归档。

二、工程安全事故报告及调查处理

（一）安全事故等级划分

根据生产安全事故造成人员伤亡或者直接经济损失，事故一般分为特别重大事故、重大事故、较大事故，一般事故。

（二）事故报告

1. 事故报告的时间要求

《生产安全事故报告和调查处理条例》规定，事故发生后，事故现场有关人员应当立即向本单位负责人报告，单位负责人接到报告后，应当于 1h 内向事故发生地县级以上人民政府安全生产监督管理部门和负有安全生产监督管理职责的有关部门报告。

情况紧急时，事故现场有关人员可以直接向事故发生地县级以上人民政府安全生产监督管理部门和负有安全生产监督管理职责的有关部门报告。

安全生产监督管理部门和负有安全生产监督管理职责的有关部门逐级上报事故情况，每级上报的时间不得超过 2h。

2. 事故补报的时间

自事故发生之日起 30 日内，事故造成的伤亡人数发生变化的应当及时补报。道路交通事故、火灾事故自发生之日起 7 日内，事故发生的伤亡人数发生变化的，应当及时补报。

3. 事故发生后应采取的措施

事故发生单位负责人接到事故报告后，应当立即启动事故相应应急预案或者采取有效措施，组织抢救，防止事态扩大，减少人员伤亡和财产损失。

事故发生后有关单位和人员应当妥善保护事故现场以及相关证据，任何单位和个人不得破坏事故现场，毁灭相关证据。

因抢救人员、防止事故扩大以及疏通交通等原因，需要移动事故现场物件的，应当做出标志，绘制现场简图并做出书面记录，妥善保存现场重要痕迹、物证。

4. 安全事故报告的填写

《生产安全事故报告和调查处理条例》规定，事故发生后，事故现场有关人员应当立即向有关人员报告。事故报告应当包括以下内容：

（1）事故发生单位概况。

（2）事故发生的时间、地点以及事故现场情况。

（3）事故的简要经过。

（4）事故已经造成或者可能造成的伤亡人数（包括下落不明的人数）和初步估计的直接经济损失。

（5）已经采取的措施。

（6）其他应当报告的情况。

事故报告后出现新情况的，应当及时补报。

（三）事故的调查

1. 事故调查的管辖

《生产安全事故报告和调查处理条例》规定，特别重大事故由国务院或者国务院授权有关部门组织事故调查组进行调查。

重大事故、较大事故、一般事故分别由事故发生地省级人民政府、设区的市级人民政府、县级人民政府负责调查。省级人民政府、设区的市级人民政府、县级人民政府可以直接组织事故调查组进行调查，也可以授权或者委托有关部门组织事故调查组进行调查。未造成人员伤亡的一般事故，县级人民政府也可以委托事故发生单位组织事故调查组进行调查。上级人民政府认为必要时，可以调查由下级人民政府负责调查的事故。

自事故发生之日起 30 日内（道路交通事故、火灾事故自发生之日起 7 日内），因事故伤亡人数变化导致事故等级发生变化，依照规定应当由上级人民政府负责调查的，上级人民政府可以另行组织事故调查组进行调查。

2. 事故调查组的组成与职责

事故调查组成员应当具有事故调查所需要的知识和专长，并与所调查的事故没有直接利害关系。事故调查组组长由负责事故调查的人民政府指定。事故调查组组长主持事故调查组的工作。

事故调查组履行以下职责：查明事故发生的经过、原因、人员伤亡情况及直接经济损失；认定事故的性质和事故责任；提出对事故责任者的处理建议；总结事故教训，提出防范和整改措施；提交事故调查报告。

3. 事故调查报告的期限

事故调查组应当自事故发生之日起 60 日内提交事故调查报告。特殊情况下，经负责事故调查的人民政府批准，提交事故调查报告的期限可以适当延长，但延长的期限最长不超过 60 日。

4. 事故调查报告的填写

事故发生后，应该根据事故发生的具体情况组成调查组，对事故及时进行调查，并按要求提交调查报告。事故调查报告应当包括以下内容：

（1）事故发生单位概况。

（2）事故发生经过和事故救援情况。

（3）事故造成的人员伤亡和直接经济损失。

（4）事故发生的原因及事故性质。

（5）事故责任的认定以及对事故责任者的处理建议。

（6）事故防范和整改措施。

事故调查报告应当附有关证据材料。事故调查组成员应当在事故调查报告上签名。

（四）事故的处理

1. 事故处理时限

《生产安全事故报告和调查处理条例》规定，重大事故、较大事故、一般事故，负责事故调查的人民政府应当自收到事故调查报告之日起 15 日内做出批复；特别重大事故，30 日内做出批复，特殊情况下，批复时间可以适当延长，但延长的时间最长不超过 30 日。

2. 处理结果的公布

事故处理的情况由负责事故调查的人民政府或者其授权的有关部门、机构向社会公布，依法应当保密的除外。

（五）法律责任

造成重大安全事故，构成犯罪的，对直接责任人员依照刑法有关规定追究刑事责任；造成损失的，依法承担赔偿责任，具体需承担的责任参见《生产安全事故报告和调查处理条例》。

三、施工现场应急救援基本知识

施工现场应急救援基本知识主要包括应急救援基本知识、触电急救知识、火灾急救知识等。

（一）应急救援基本常识

1. 现场急救互救基本步骤

（1）脱离危险区

施工现场安全事故造成人员伤亡时，在施救前，必须先检查是否对施救者自身构成危险，并保护好自己。如果此时危险仍然存在，应当采取正确的方法使伤者和自己转移到安全地带，同时对现场进行排查，确保在第一时间找到所有伤患者，以便及时施救。

（2）判断患者伤情，正确施救

对施工现场遇到的伤害或突发性疾病，重要的是做初步的诊治和判断。无论意外受伤还是突然发病，均需先行处理，并尽可能快速实施急救措施。判断形势并正确处理的顺序为恢复和保持呼吸频率、止血、保护伤口、固定骨折、安抚惊恐不安者。

（3）及时呼救，寻求医疗救护

因条件和技术等因素决定，现场所采取的措施只是稳定伤情，防止伤情蔓延扩大的初级救生。所以，事故现场对伤者进行急救的同时，必须及时向社会医疗机构呼救，并安排专人负责迎接医疗救护车，现场急救与社会急救应同时进行。

（4）排查潜在的伤患者

在对伤患者展开急救的同时，应对事故中其他有受伤可能的人员进行彻底检查，以便及时施行必要的急救措施。

2. 常用急救措施

（1）包扎：伤口包扎绷带必须清洁，伤口不要用水冲洗。如伤口大量出血，要用折叠多层的绷带盖住，并用手帕或毛巾（必要时可撕下衣服）扎紧直到流血减少或停止。

（2）碰伤：轻微的碰伤可将冷湿布敷在伤口。较重的碰伤，应小心把伤员安置在担架上，等待医生处理。

（3）骨折：手骨或者腿骨折断，应将伤员安放在担架或地上，用两块长度超过上下两个关节、宽度为 $10\sim15cm$ 的木板或竹片绑缚在肢体的外侧，夹住骨折处并扎紧，以减轻伤员的痛苦和伤势。

（4）碎屑入目：当眼睛因碎屑所伤，要立即去医院治疗，不要用手、手帕、毛巾或别的东西擦眼睛。

（5）灼烫伤：用清洁布覆盖创面后包扎，不要弄破水泡，避免创面感染，伤员口渴时可适量饮水或含盐饮料，经现场处理后，伤员要迅速送医院治疗。

（6）燃气中毒：发现有人燃气中毒时，要迅速打开门窗，使空气流通。迅速将中毒者转移到室外，实行现场急救。将中毒者衣领、裤带松开，头放平，使其呼吸不受阻碍。注意保暖，避免受凉而导致肺部感染，加重病症。检查中毒者的呼吸道是否畅通，发现其鼻、口中有呕吐物、分泌物的话，需用手指裹洁净的布轻轻擦拭，以免进入咽腔造成窒息。中毒较轻者可喝少量醋或酸菜水，使其迅速清醒。如果中毒者面色青紫，四肢冰凉，呼吸停止，应立即进行人工呼吸。立即拨打急救电话 120 或将中毒者送往就近医院。及时报告有关负责人。

（7）食物中毒：发现饭后有多人呕吐、腹泻等不正常症状时，尽量让病人大量饮水，刺激喉部，使其呕吐。立即将病人送往就近医院或打 120 急救电话。及时报告工地负责人和当地卫生防疫部门，并保留剩余食品以被检验。

（8）中暑急救：迅速将中暑者移至凉快通风处，实行现场急救。脱去或松解衣服，使患者平卧休息，给患者喝含盐清凉饮料或含食盐 0.1％～0.3％的凉开水，用凉水或酒精擦身，重度中暑者立即送医院急救或打 120 急救电话，并及时报告有关负责人。

（9）发现火险的处理方法：当现场有火险发生时，不要惊慌，立即取出灭火器或接通水源扑救，当火势比较大，现场无力扑救时，应该立即拨打 119 报警电话，讲清火险发生的地点、情况、报告人及单位等。

（二）触电急救知识

触电者的生命能否获救，在绝大多数情况下取决于能否迅速脱离电源和施救者能否正确地实施人工呼吸及心脏按压，拖延时间、动作迟缓或者救助不当都可能造成人员伤亡。

1. 脱离电源的方法

（1）发生触电事故时，出事附近有电源开关和电源插销时，可立即拉开电源开关或拔下电源插头，以切断电源。

（2）当有电的电线触及人体引起触电时，不能采用其他方法脱离电源时，可用绝缘的物体（如干燥的木棒、竹签、绝缘手套等）将电线移开，使人体脱离电源。

（3）必要时可用绝缘工具（如带绝缘柄的电工钳、木柄斧头等）切断电线，以切断电源。

（4）应防止人体脱离电源后造成的二次伤害，如高处坠落、摔伤等。

（5）对于高压触电，应立即通知有关部门停电。

（6）高压断电时，应戴上绝缘手套，穿上绝缘鞋，并用相应电压等级的绝缘工具拉开开关。

2. 紧急救护基本常识

根据触电者的情况，进行简单的诊断，并分别处理。

（1）病人神志尚清，但感觉乏力、头晕、心悸、出冷汗，恶心呕吐。此类病人应该使其就地安静休息，减轻心脏负担，加快恢复。情况严重时应立即小心送往医院检查治疗。

（2）病人呼吸心跳尚存在，但神志昏迷。此时应将病人仰卧，周围空气要流通，并注意保暖，除了要严密观察外，还要做好人工呼吸和心脏按压的准备工作。

（3）如经检查发现病人处于"假死"状态，应立即针对不同类型的"假死"进行对症处理。如果呼吸停止，应用口对口人工呼吸来维持气体交换，如心脏停止跳动，应用体外人工心脏按压来维持血液循环。

（4）口对口人工呼吸：病人仰卧，松开衣物、清理病人口腔阻塞物、病人鼻孔朝天、头后仰、贴嘴吹气、放开嘴鼻好换气，如此反复进行，每分钟吹气 12 次，即每 5s 吹气一次。

（5）体外心脏按压：病人仰卧硬板上，抢救者用手掌对病人胸口凹膛，掌根用力向下压、慢慢向下、突然放开，连续操作每分钟 60 次，即每秒一次。

（6）病人心跳、呼吸停止，而急救则只有一人时，必须同时进行口对口人工呼吸和体外心脏按压，此时可先吹两次气，立即按压 15 次，然后再吹两次气，再按压，反复交替进行。

（三）火灾急救知识

一般来说，起火要有三个条件，即可燃物（木材、石油等）、助燃物（氧气等）和点火源（明火、烟火、电焊花等）。扑灭初期火灾的一切措施都是为了破坏已经产生的燃烧条件。

1. 火灾急救的基本要点

（1）及时报警，组织扑救。全体员工在任何时间、地点，一旦发现起火，都要立即报警，并参与和组织群众扑灭火灾。

（2）集中力量，控制火势。集中灭火力量，主要利用灭火器材，在火势蔓延的主要方向进行扑救以控制火势蔓延。

（3）消灭飞火。组织人力监视火场周围的建筑物、露天物质堆放场所的未尽飞火，并及时扑灭。

（4）疏散物资。安排人力和设备，将受到火势威胁的物质转移到安全地带，以阻止火势蔓延。

（5）积极抢救被困人员。人员集中的场所发生火灾，要有熟悉情况的人做向导，积极寻找和抢救被困的人员。

2. 火灾急救的基本方法

（1）先控制，后消灭。对于不可能立即扑灭的火灾，应先控制火势，具备灭火条件时再展开全面进攻，一举消灭。

（2）救人重于救火。灭火的目的，首先是打开救人通道，使被困人员得到救援。

（3）先重点后一般。重要物资和一般物资相比，保护和抢救重要物资是重点；火势蔓延猛烈和其他方面相比，控制火势蔓延是重点。

（4）正确使用灭火器材。水是最常用的灭火器，取用方便、丰富，但要注意水不能用于扑灭带电设备的火灾。

（5）人员撤离火场途中被浓烟围困时，应采取低姿势行走或匍匐穿过浓烟，有条件时可用湿毛巾等捂住嘴鼻，以便顺利撤出烟雾区，如无法逃生，可向外伸出衣物或抛出小物件，发出求救信号，引起他人注意。

（6）进行物质疏散时，应将参加疏散的员工编成组，指定负责人首先疏通通道，其次，疏通物资，疏通的物资应堆放在上风向的安全地带，不得堵塞通道，并要派人看护。

第九章　木工配料与加工工艺

第一节　选配料常识

一、圆木制材

圆木制材是将圆木进行纵向锯解和横向截断成锯材和成材的过程。圆木的形态各异，而且还有节疤、腐朽、虫眼和裂纹等疵病。因此木工在配料时必须按材画线，量木取材，合理用料。

（一）制材生产的工序

制材生产一般包括：圆木运输，圆木锯解，板材再解，板皮处理和小料处理等工序。圆木锯解一般用带跑车的大带锯机，板材锯解用小带锯机，处理板皮和小料也用小型带锯机完成。

圆木先由各种吊装机和运输工具运进车间。通直的圆木送大带锯机锯割。弯曲度过大的圆木要经过截断才能送大带锯机进行锯割。大带锯机割锯的大方板、厚板送主力带锯机再锯成成材。主力带锯机锯割出的板皮送到辅助带锯机进行板边处理或制成灰板等成材。

（二）圆木制作半圆木

将圆木放在木马架或枕槽内，在圆木的小头端用眼吊看，确定弯曲较大的一面，将其转动到顶面，然后在顶面上弹一条墨线，再用线锤在木材两端吊看，并画出垂直中心线，画完后把圆木底面转向顶面，以两端截面中心线的端点在顶面弹出一条纵长中心线，如图9-1所示。沿纵长中心线锯开即得两根半圆木。

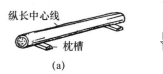

图 9-1 圆木制作半圆木

(a) 弹纵长中心线；(b) 小头吊线；(c) 大头吊线

（三）圆木制作方木

先在圆木大小头截面用吊线法画出垂直中心线，用尺平分为二等份，中间的点即为方木的中心，再在圆木中心用角尺画出一条水平线，在水平线上量出方木宽度（左右各半），再用线锤吊着画出方木宽度边线，在中心线上量出方木高度（上下各半），用角尺画出方木高度边线，如图 9-2 所示。

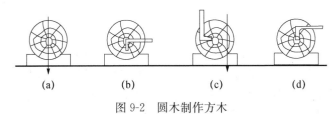

图 9-2 圆木制作方木

(a) 吊中心线；(b) 画水平线；(c) 吊、画宽度线；(d) 画高度线

依据同样的方法，在大头端画出方木四条边线，注意不要动圆木，以防两端边线相扭，大小头端面画线后，连接相应的方木棱角点，用墨头弹出纵长墨线，依线锯掉四边边皮即可得到方木。在锯割方木时，如梢径较大，最好采取"破心下料"的方法，这样可消除因切向、径向收缩率不同而产生的裂缝。

（四）圆木制作板材

用较平直的圆木，在端截面上用线锤吊中心线，用角尺画出水平线，在水平线上按板材厚度（加上锯缝的宽度），从截面中心向两边画平行线，然后连接相应板材棱角点，用墨斗弹出纵长墨线，最后锯出各块板材。圆木制作板材画线如图 9-3 所示。圆木锯解板材时，应注意年轮分布情况，使一块板材中的年轮疏密一致，以免发生变形。锯得的成材运送至成材现场，堆放待用或送干燥车间进行干燥处理。

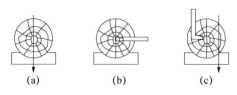

(a)　　　　　　(b)　　　　　　(c)

图 9-3　圆木制作板材画线示意图

（a）吊中心线；（b）画水平线；（c）吊、画宽度线

圆木制材时要根据锯割和刨光的需要量留出消耗量。锯缝消耗：大锯约为 4mm，中锯为 2～3mm，细锯为 1.5～2mm。刨光消耗量：单面刨光为 1～1.5mm，双面刨光为 2～3mm。

二、选料

根据制品的质量要求，合理地确定各零部件所用材料的树种、纹理、规格及含水率的过程，称为选料。等级不同和用途不同的木制品，其技术要求也不同。制品上不同部位的零部件对材料的要求也不完全相同。

木制品按其部位可分为外表用料、内部用料以及暗用料三种。外表用料露在外面，需涂饰；内部用料指用在制品内部，不需涂饰或不需要完全涂饰的零部件；暗用料指在正常使用情况下看不到的零部件。

选料时，在满足设计要求的前提下，应首先考虑树种的材质、光泽、材色、纹理等特征，以及干燥情况和有无缺陷等情况。然后从结构强度和外表美观考虑，把材质好、纹理美观、材色悦目、涂饰性能好的木材作为制品的外表用料，把材质差、材色和纹理一般的木材作为内部用料或暗用料。这是选料的基本原则。

在选料用料时，除按上面基本原则选用木料外，还要注意以下几点：

（1）选择的材种、规格要符合产品设计要求，用材与设计相符，材料搭配合理，避免浪费。

（2）配料所选用木材必须经过干燥处理，并符合质量要求。当木制品使用时达到平衡含水率以后，木材最不容易开裂变形。

（3）在选料时要考虑产品各零部件的受力情况和产品的强度要求，并注意对有缺陷木材的选择和使用。

（4）在同一胶拼件上，软材和硬材不得混合使用。

总之选料时，在确保工程质量的前提下，必须考虑节约木材的原则，要做到优材不劣用，大材不小用，长材不短用，对有缺陷材要合理使用，材种搭配合理，料尽其用。

三、配料

（一）配料方法

木材制品的规格和品种很多，根据设计图样要求，按照零件尺寸规格和质量要求，将木板及各种人造板材锯割成各种规格、形状的毛料的过程称为配料。

根据加工工艺不同，配料方法多种多样，归纳起来，主要有画线配料法、刨光配料法、单一配料法和综合配料法。

1. 画线配料法

根据木构件的毛料规格尺寸、形状和质量要求，在木板上套截画线，然后照线锯割。此法尤其适用于弯曲部件或异型部件。

2. 刨光配料法

将大板先经刨床单面或双面粗刨加工，然后进行选料的方法，叫刨光配料法。经过粗刨后的板材，纹理、材色以及缺陷明显暴露在表面，配料时可以按实际情况合理配料。

3. 单一配料法

对大批的门窗配料，可将制材时已加工成规格料的板方材，按构件所需长度进行横截，工序简单，生产效率高，是批量配料常用的一种方法。

4. 综合配料法

综合配料法是相对单一配料法而言的，即一批制品的多种构件，只要断面尺寸相同，或构件的宽度和厚度只要有一个尺寸相同，不论其长短有多少种，均可混合配料，综合配料由于构件规格复杂，操作技术要求高，因此要经常总结经验，提高操作技术水平。

（二）门窗配料

配门窗料时，首先要根据图纸或样板上所示的门窗各部件的断面和长度，写出配料加工单，在具体逐一选料、开料和截料中，应注意以下几点：

（1）门窗料在制作时的刨削、拼装等的损耗。各部件的毛料尺寸要比其净料尺寸加大些，特别是门、窗梃两端均要放长一些，防止拼装上下冒头时其端部发生劈裂现象。

（2）应先配长料，后配短料；先配大料，后配小料。

（3）配料时还应考虑到木材的疵病，不要把节疤留在开榫、开眼或起线的地方，对腐朽、斜裂的木材应不予采用。

（4）根据毛料尺寸，在木材上画出截断线或锯开线时要考虑锯解的损耗量，锯开时要注意木料的平直，截断时木料端头要兜方。

（三）屋架配料

（1）木材有弯曲，用于下弦时，凸面应向上；用于上弦时，凸面应向下。弯曲的程度，原木应不大于全长的1/200，方木应不大于全长的1/500。

（2）木材裂纹处不要用于受剪部位（如端节点处）。木材有木节及斜纹不要用于接榫处。木材的髓心应避开槽齿部分及螺栓排列部位。

（3）上弦、斜杆断料长度要比样板实长多30～50mm，因为这两种杆件端头要做凸榫，应留出锯割及修整余量。下弦可按样板实长断料。如果弦杆需要接长，则各榀屋架的各段长度应尽可能取得一致，否则容易混淆，造成接错。

（4）料截好后，在木料上弹出中心线，把样板放在木料上，两者中心线对准，沿样板边缘画线，这样就如实地画出各杆件的形状，然后按线进行加工。

（四）细木制品配料

（1）细木制品所用木材要认真进行挑选，保证所用木材的树种、材质、规格符合设计要求。施工中应避免大材小用、长材短用和优材劣用的现象。

（2）由木材加工厂制作的细木制品，在出厂时，应配套供应并附有合格证明，进入现场后应验收，施工时要使用符合质量标准的成品或半成品。

（3）细木制品露明部位要选用优质材，做清漆涂饰显露木纹时，应注意同一房间或同一部位选用颜色、木纹近似的相同树种。细木制品不得有腐朽、节疤、扭曲和劈裂等弊病。

（4）细木制品用材必须干燥，应提前进行干燥处理。重要工程，应根据设计要求做含水率的检测。

第二节 木制品加工工艺

一、毛料的刨削加工

经过配料，将锯材按零件的规格尺寸和技术要求锯成了毛料，但有时毛料可能因为干燥不良而带有翘曲、扭曲等各种变形，再加上配料加工时基准都较粗，毛料的形状和尺寸总会有误差，表面也是粗糙不平的。为了保证后续工序的加工质量，以获得准确的尺寸、形状和光洁的表面，必须先在毛料上加工出正确的基准面，作为后续工序加工时的精基准。

毛料的刨削加工是将配料后的毛料经基准面加工和相对面加工而成为合乎规格尺寸要求的净料的加工过程。

（一）加工基准面

基准面包括平面（大面）、侧面（小面）和端面。对于不同的零件，根据其质量要求的不同，不一定加工三个基准面，有时只需其中一面或两面找基准即可。平面和侧面的基准面可在平刨床或铣床上加工，端面一般只需锯机横截。

（二）加工相对面

对相对面进行加工后即可获得光洁平整的表面和符合技术要求的形状及规格尺寸。相对面的加工可在单面压刨床和铣床上进行。尺寸较小的工件加工相对面，可在铣床上进行，面积较大的工件加工相对面，应在压刨床上进行。在实际生产中，应根据制品各零部件的质量要求和使用位置、生产批量的大小等具体情况，合理选择加工机械和加工方法。一般以平刨床加工基准面和边，再以单面压刨床加工相对面和相对边。此种方法加工出的产品形状和尺寸准确，表面光洁，但效率较低。

压刨床是一种能自动进料、效率较高的木工机床，主要用于加工已有两个相邻基准面的工件的相对面，使工件加工成一定厚度和宽度的净料。压刨床由两个人配合操作，一人送料，一人接料。

（三）加工余量

1. 加工余量的概念

将毛料加工成形状、尺寸、表面质量都符合设计要求的零件时所切去的部分，就是加工余量。简单地说，加工余量就是毛料尺寸与零件尺寸之差。如果采用湿材配料，则加工余量中应该包括湿材毛料的干缩量。

如果加工余量过大，不仅木材切削损失的部分较多，还会因多次切削而降低生产率，增加动力消耗；但是，加工余量也不能过小，否则经过基准面与基准边的加工后，有相当数量的零件达不到要求的断面尺寸和表面质量，形成废品。在配料中，要注意留出合理的加工余量，以提高木材的利用率，节约加工时间。

加工余量分为工序余量和总余量两种。工序余量是为了消除上道工序所造成的形状和尺寸误差而应当切去的木材表面部分。总余量是为了获得尺寸、形状和表面粗糙度都符合要求的零部件而应从毛料表面切去的总厚度。总余量等于各工序余量之和。

2. 影响加工余量的因素

（1）尺寸偏差指锯材配料时毛料的尺寸偏差。部件装配时的装配精度、装配条件等造成的间隙加大的偏差。这些都属于尺寸偏差。

（2）形状误差主要表现为相对面不平行、相邻面不垂直、表面不成平面（凹面、凸面、扭曲面）。

（3）表面粗糙度误差。

（4）安装误差。

（5）最小材料层。

确定加工余量时应考虑的因素包括容易翘曲的木材，干燥质量不太好的木材，对加工精度和表面光洁度要求较高的零部件。

3. 加工余量的取值

目前，木材加工行业中采用的加工余量的经验值如下：

（1）毛料宽、厚方向的加工余量，在毛料比较平直的情况下，当毛料长度小于 500mm 时，加工余量取 3mm；当毛料长度为 500～1000mm 时，加工余量取 3～4mm；当毛料长度为 1000～1200mm 时，加工余量取 5mm；当毛料的长度超过 1200mm 时，可以根据实际长度和毛料是否平直，适当增加一些加工余量。

（2）长度方向的加工余量，一般取 5～20mm；端头带榫头的零件余量取 5～10mm；端头无榫头的零件取 10mm；用于胶拼成整拼板的毛料长度应加长 15～20mm。

（3）覆面材料的加工余量。各种覆面材料，如胶合板、纤维板、塑料贴面板等材料，在长度和宽度上的加工余量一般取 15～20mm。

二、打眼、开榫、推槽、开槽、裁口

（一）打眼

器物两部分利用凹凸相接的凸出的部分，称为榫或榫头。器物部件相连接时插入榫头的凹进部分，称为卯或榫眼。打眼是在工件上加工规定的空穴，即凿削榫眼。常用的榫眼和圆孔按其形状可分为方孔（矩形孔）、圆孔、方圆孔和沉孔等，手工主要靠凿子和手钻（包括手电钻），工厂主要用木工钻床（打眼机）加工。

1. 矩形孔的加工

由于矩形孔的长度比宽度大，故必须进行多次钻凿。在钻凿中必须使用方凿钻头刃口的全部，否则会由于受力不均而使刃口弯曲或破裂。如果凿到孔末端，剩余部分不够一凿宽度，则应先凿末端，然后来回凿毕孔内的余下部分。如果是不贯通深孔，不宜一次凿进过深，应分次凿削。第一凿的凿进速度要慢，当凿到一定深度后，应退凿待钻屑排除后凿进。如凿削透孔，不要一次凿通，应留存一部分，翻过来再凿通，以保证加工工件两面光洁。

2. 斜孔的加工

在工件上钻凿斜孔，可采用两种方法：一是将工作台倾斜成一定角度；二是不调整工作台，利用模具加工斜孔。

3. 并列孔的加工

加工双孔，可采取流水工序，两台打眼机配合进行。第一台打眼机加工第一个孔，第二台打眼机加工第二个孔，也可以在一台打眼机上加工完所有工件的第一个孔后，调整导规至相应位置，再打第二个孔。

4. 沉头孔的加工

有些家具部件采用木螺钉吊面法接合。这时要使螺钉头部沉到木材里面，同时又要使螺钉大部分穿过木材而起坚固的作用。这种孔即为沉头孔。沉头孔采用沉头钻来加工，使加工出来的孔呈圆锥形或阶梯圆柱形。

（二）开榫

开榫是指在工件端头加工规定的榫头。榫头的形式、榫接合的基本类型、榫的制作等在后面有详细介绍。

（三）推槽

推槽是指在板料上用槽刨刨削出槽沟。常用于木制品或金属制品制作过程中。常见的推槽为 V 字形长条，也有 U 形长条。它一般起装饰作用，凸显立体感，也有的起卡合作用。

（四）开槽和裁口

木制品因结构安装或密封要求，需要在相闭合的部件上开槽和裁口。家具因结构要求，常安装有嵌板、镜子和推拉门等，就需在相闭合的部件上开槽和裁口。

开槽要求的技术较高，为减少开槽困难，最好开成宽而浅的槽。手工开槽应使用槽刨，操作前，在槽刨上根据槽的宽度装上相应尺寸的刀片，槽与侧面的距离，通过调节在槽刨上的导向块来控制。加工时，将导向块紧贴加工件的侧面向前推动刨槽。

木制的门窗框横断面原本是矩形，为了保证门窗扇和门窗框的密封，在门窗框裁出一个缺口，这个缺口就是木门窗框裁口。裁口采用边刨，操作时，需左手扶料，右手推刨。

用电动工具开槽和裁口时，按切割纤维方向有顺纤维方向切削和横纤维方向切削。顺纤维方向切削时，刀头上不需要装有切断纤维的割刀。为保证要求的尺寸精度，应正确选择基准面和采用不同的刀具，并使导尺、刀具和工作台面之间保持正确的相对位置。立式木工铣床、带组合刀头的动力锯和四面刨是开槽和裁口的最好工具，只要将锯放到木料上，锯片或钻头即可将槽开好。也可用带普通锯片的动力锯，把木料锯出两条锯口，再把中间的木片除去。利用木工铣床的立刀头，装上成型刀片，也可以裁口和开槽榫，其深度可由工作台上的导板控制。四面刨加工是在侧向刀头上面安装所需规格形状的刀片，即可加工出互相接合的槽榫和裁口。

第三节　木制品结合的基本方法

一、钉接结合方法

钉接结合采用螺钉、圆钉、竹钉、木钉等。钉接结合的结合强度小，且易破坏材料，但操作简便，适于制品内部结合以及外形要求不高的地方。一般与胶料配合使用，有时只起辅助作用。

1. 螺钉结合

螺钉也称木螺丝，在木制品的结合中应用广泛。当板材拼合或木制品零部件连接时，可用明螺钉结合，有要求时可采用暗螺拼结做法。

2. 圆钉结合

钉子使用时应根据需要选择长度和大小，既把木料钉牢，又不损坏木料。使用方式有明钉、暗钉、扎钉等。

3. 木钉或竹钉结合

木钉或竹钉结合适用于板面加宽拼接及榫接的固定，拼接时，将要拼接的料摆好，画上记号，然后在侧面中点钻孔，孔径略小于钉径，孔深约为钉长的 1/2，在两结合面涂胶。

4. 螺栓结合

螺栓结合拆卸方便，一般在建筑工程木结构中用得较多。目前，很多组合、拆装、折叠家具中的木构件，也常采用螺栓结合。

二、榫接结合方法

榫接结合是由榫头和榫眼两个相互对应的单元相匹配而成。木工需要通过木构件之间榫眼孔洞与凸出物榫头相互穿插，形成一定的结构物。榫接结合的结合力强，结合灵活，故结构物牢固，并且外形美观，是木结构中最常用的结合形式。榫头的形状如图 9-4 所示。

图 9-4　榫头的形状

1—直角榫；2—燕尾榫；3—指榫；4—椭圆榫；5—圆榫；6—片榫

三、楔接结合方法

楔接结合方法在木作构件的制作中经常与其他结合方法配合使用。常见楔接结合有以下几种。

1. 镶角楔接

当两板材角接时，两板端头锯成 45°斜角，并在角部开斜角缺口，然后用另一块三角接合板进行胶合并加钉紧固。

2. 穿楔夹角接

木材穿楔夹角接的形式有两种，一种是横向穿楔，另一种是竖向穿楔，具体做法是先将两块料端头割成45°，开槽后穿楔。

3. 明燕尾楔斜接

交接两块木板端头锯成45°的斜面，隔一定距离开燕尾榫槽，再用硬木制的双燕尾榫块楔入榫槽，为使接合牢固，可带胶楔接。

4. 三角垫块楔接

将接合两块木板端锯成45°斜角，内部每隔一定距离加三角形楔块、带胶楔接，并用圆钉紧固。

5. 角木楔接

在两木料接角处装置角木楔，进行楔接合，适用于角接内部空间不影响使用时的情况。

6. 阔角楔接

阔角楔接是两木板平接的方法。先将两板端头锯成45°斜角，然后按楔的形式开槽，一般常见的楔有哑铃式、银锭式、直板式三种，操作方便。

7. 明薄片楔斜接

将两接合木板端割成45°斜角，再用钢或木制的薄楔片揳入角缝中。这种方法一般用于简单的箱类制作。

四、搭接结合方法

搭接结合制作简便、定位准，能兼顾木料各向纤维强度。

1. 十字形搭接

十字相接的两根木料，在结合相对部位各切出对称的半口，结合后加木梢紧固。十字形搭接能兼顾相交档的各向纤维强度。常用于相互交叉的樘子。

2. 丁字形搭接

一根方木上作榫槽，另一根方木上作单肩榫头，木工在加工的时候简单、方便，为增加结合强度，需带胶粘结和附加钉或木螺钉。

3. 对角搭接

对角搭接结合外表美观，制作简便，但结合强度较差，对角多数为 45°。它在家具中用得较多，如镜框、相框对角处。

4. 叉口丁字形搭接

叉口搭接与螺栓结合同时使用，能承受较大的压力。如屋架横梁与直柱的结合，受力货架的横档与直脚相接处。

5. 直角相缺搭接

制作简单，但结合强度较差，常用于一般抽屉侧板和背板的结合、普通箱体的板块垂直结合处等，常配用螺钉以加强结合部位的连接强度。

第四节　榫的制作方法

一、榫接结合的基本类型

榫接结合是木构件结合的基本方式之一，也是木工最基本的操作技能。榫头及各部位名称如图 9-5 所示。榫头形式较多，加工形式也有多种。

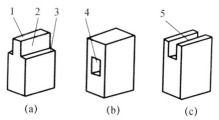

图 9-5　榫头及各部位名称

（a）榫头；（b）榫眼；（c）榫槽

1—榫端；2—榫颊；3—榫肩；4—榫眼；5—榫槽

（一）榫接结合的基本类型

1. 直榫、斜榫和燕尾榫

根据榫头的外观形状及本身角度，可分为直榫、斜榫和燕尾榫。直榫应用广泛，斜榫很少采用，燕尾榫比较牢固，榫肩的倾斜度不得大于 10°，否则易发生剪切破坏。燕尾榫常用于传统家具箱框抽屉等处的结合。

2. 矩形榫和圆榫

根据榫头与方才本身的整体性，可分为矩形榫和圆榫。矩形榫工艺简单，可提高工效。圆榫可以节省木料，且可省去开榫、割肩等工序，在两个连接工件上钻孔即可结合。圆榫主要用于板式家具的定位和结合等。

3. 明榫和暗榫

根据榫头贯通与否，可分为明榫和暗榫，明榫榫眼穿开，榫头贯通，加榫后结实、牢固，应用较广泛。暗榫不露榫头、外表较美观，但连接强度较差。

4. 单榫、双榫、多榫和半榫

根据构件端的榫头数量多少，可分为单榫、双榫、多榫和半榫。单榫榫头的两端都有肩，以防止装配后榫头扭动，木制品的榫头一般采用此类。双榫的强度比单榫高得多，又不易扭动、折断，使用于受力大的部件。多榫是指同一构件的端面有三个及三个以上的榫头，结合力特别强，适用于大构件的结合。

5. 开口榫、闭口榫和半闭口榫

根据榫槽顶面是否开口，分为开口榫、闭口榫和半闭口榫。直角开口榫接触面积大，强度高，但榫头一个侧面外露，影响美观。闭口榫结合强度较差，一般用于受力较小的部位。半闭口榫应用较广泛。

榫接结合的基本类型如图 9-6 所示。

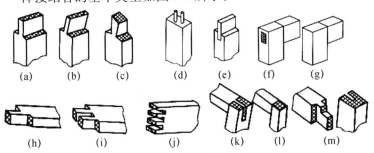

图 9-6　榫接结合的基本类型

(a) 直榫；(b) 斜榫；(c) 燕尾榫；(d) 圆榫；(e) 矩形榫；(f) 明榫；(g) 暗榫；
(h) 单榫；(i) 双榫；(j) 多榫；(k) 开口榫；(l) 闭口榫；(m) 半闭口榫

（二）榫的制作

1. 直角榫

（1）榫头的厚度视工件的断面尺寸和结合要求而定，单榫的厚度接近于方材厚度或宽度的 0.4～0.5，双榫的总厚度也接近此数值。为使榫头易于插入榫眼，常将榫端倒楞，两边或四边削成 30°的斜楞。当零件的断面超过 40mm×40mm 时，应采用双榫。

（2）榫头的宽度视工件的大小和结合部位而定。一般来说，榫头的宽度比榫眼长度大 0.5～1.0mm 时结合强度最大，硬材取 0.5mm，软材取 1mm。当榫头的宽度超过 60mm 时，应从中间锯切一部分，分成两个榫头，以提高结合强度。

（3）榫头的长度应根据榫接结合的形式而定。采用明榫结合时，榫头的长度等于榫眼零件的宽度（或厚度），当采用暗榫结合时，榫头的长度不小于榫眼零件宽度（或厚度）的 1/2，一般控制在 25～35mm 时可获得理想的结合强度。暗榫结合时，榫眼的深度应大于榫头长度 2mm。

（4）榫头、榫眼的加工角度。榫头与榫肩应垂直，也可略小，但不可大于 90°，否则会导致接缝不严。暗榫孔底可略小于孔上部尺寸 1～2mm，不可大于上部尺寸。明榫的榫眼中部可略小于加工尺寸 1～2mm，不可大于加工尺寸。

（5）榫接结合对木纹方向的要求。榫头的长度方向应顺纤维方向，横向易折断。榫眼开在纵向木纹上，开在端头易裂且结合强度小。

2. 圆榫

（1）圆榫的材料应选用密度大、无节不朽、无缺陷、纹理通直、具有中等硬度和韧性的木材，一般采用青冈栎、柞木、水曲柳、桦木等。圆榫材料应保持干燥，不用时要用塑料袋密封保存。

（2）圆榫的直径为板材厚度的 0.4～0.5 倍，目前常用的规格有如 A6、A8、A10 三种。圆榫的长度为直径的 3～4 倍。目前常用的为 32mm，不受直径的限制。

（3）圆榫结合的配合要求。垂直于板面的孔，其深度应大于圆榫长度的 0.5～1.5mm。圆榫与榫眼径向配合应采用过盈配合，过盈量为 0.1～0.2mm 时强度最高。若基材为刨花板，过大会引起刨花板内部的破坏。涂胶方式直接影响接合强度，圆榫与榫孔都涂胶时结合强度最佳。

3. 榫头加工

榫头加工是方材净料加工的主要工序，榫头的加工精度除了受加工机床本身状态及刀具调整精度影响外，还取决于工件精度和开榫时工件在机床上定基准的状况。

两端开榫头时，工件之间以及工件与基准面之间不得有锯末、刨花等杂物，而且要做到加工平稳、进料速度均匀。另外，榫头与榫眼的加工也受加工环境和湿度的影响。两者的加工时间间隔不能太长，否则会因木材的湿胀干缩而出现配合不好，影响结合强度。

二、框结合

框结合的类型较多，常见的结合形式如图 9-7 所示。

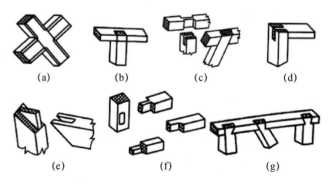

图 9-7　框结合的形式

(a) 十字形；(b) 丁字形；(c) 双肩形丁字；(d) 直角柄榫；

(e) 两面斜角；(f) 平纳接；(g) 燕尾榫丁字

1. 十字形结合

十字形结合是一种最简单的结合法，由一根方木开榫槽，另一根方木做成带楞的斜边榫肩，然后将它们一纵一横互相叠合，做成十字形相接合而成。这种结合外形美观、连接紧密，适用于互相交叉的撑子或装置"格子"类型的木件上。实际应用时，必须做到角度准确、表面平整、肩缝密贴。

2. 丁字形结合

丁字形结合是在一根方木上做榫槽，另一根方木上做单肩榫头，加工简单、方便，为增加结合强度，需带胶粘结和附加钉或木螺钉。它适宜于大型木件或建筑工程。

3. 双肩形丁字结合

双肩形丁字结合有两种接合形式，一种是中间插入，另一种是一边暗插，可根据木料厚度及结构要求选用。它适宜于大型木件或建筑工程。

4. 直角柄榫结合

直角柄榫结合多在非装饰的表面，常用钉或销做附加紧固，结合较牢靠，用于中级框的结合。

5. 两面斜角结合

两面斜角结合的双肩均做成 45°的斜肩，榫端露明。它适用于一般斜角结合，应用广泛。

6. 平纳接

平纳接的顶面不露榫，但榫头贯通。它应用于表面要求不高的各种框架角结合。

7. 燕尾榫丁字结合

燕尾榫丁字结合是由一根方木一侧做成燕尾榫槽，另一根做单肩燕尾榫头，用于框里横、竖、斜撑的结合。燕尾接法比较精细，适用于细木制品或制造家具。

三、板的榫结合

板的榫结合类型如图 9-8 所示。

1. 纳入接

纳入接是在一块板上刻榫槽，将另一块板端直接镶入榫槽内，用于箱、柜隔板的 T 字形结合。

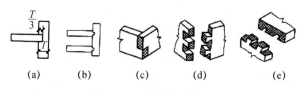

图 9-8　板的榫结合类型

（a）纳入接；（b）燕尾纳入接；（c）对开交接；（d）明燕尾交接；（e）暗燕尾交接

2. 燕尾纳入接

燕尾纳入接是在一块板上刻单肩或双肩燕尾榫槽，在另一块板端做单肩或双肩燕尾榫头，然后将它们叠接。燕尾榫头形状外大内小，与榫眼叠合后非常牢固。榫头长度为木料宽度的 $1/2\sim 2/3$，榫厚约为另一材料厚度的 $1/2$，榫根宽约为自宽的 $1/3$，榫头斜度约为榫长的 $1/5$。它用于要求整体性较高的搁板、隔板及箱柜。

3. 对开交接

对开交接是指板材不宽时，每块板端切去对应的缺口，相互交接。它用于一般简单的结合板。

4. 明燕尾交接

明燕尾交接是一块板端作燕尾榫，另一块板端作燕尾槽，互相交接，结合坚固。它用于高级箱柜的结合。

5. 暗燕尾交接

暗燕尾交接是一块板端作燕尾榫，另一块板端作不穿透的燕尾榫槽，结合后正面不露榫头。它用于箱类、抽屉面板的结合。

第五节　板面拼合

一、板面拼合的种类

用实木做大幅面的板材，要找一整张的木料很困难，需要将多块窄的实木板通过一定的拼接方法拼合成所需要宽度的板材，即拼板或板缝拼接。这样不仅可减少变形开裂，而且增加了形状稳定性，同时扩大幅面尺度和提高木材利用率。

板面拼合的种类有胶结法、裁口接法、企口接法、穿条接法、裁钉接法、销接法、暗榫接法等，如图 9-9 所示。

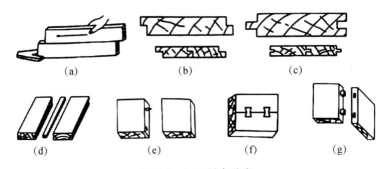

（a）　　　　　　　（b）　　　　　　　（c）

（d）　　　（e）　　　（f）　　　（g）

图 9-9　板面拼合种类

（a）胶接法；（b）裁口接法；（c）企口接法；

（d）穿条接法；（e）裁钉接法；（f）销接法；（g）暗榫接法

1. 胶结法

胶结法又称平拼法、胶粘法。两侧胶合面必须刨平、直、对严，并注意年轮方向和木纹，木材含水率应在 15％以下，用皮胶或胶粘剂将木板相邻两侧面结合。在刨平直的木板拼缝间涂上胶料，再将多块木板拼合起来，涂胶动作要快，涂完后将两板上下放置接合起来，再往复推研上板，将接合面多余的胶汁推研出来。推研三次以上，在感觉胶液稍微黏滞时便可使上板位置固定。如板面相等，可叠放一起抹胶，然后铺平结合，胶合后的木板要放置在空气流通的地点，不可近热源或太阳光直射，要静放 10～20h 后才能进行锯割或刨削。它用于门芯板、箱、柜、桌面板、隔板等的黏合，用途广泛。

2. 裁口接法

裁口接法又称搭口拼、高低缝拼或边搭接法，是将木板两侧左上右下裁口，制成高低阶形状，口槽接缝要严密，使其相互搭接在一起。裁口的深度和宽度一般为拼板厚度的 1/2，此种拼板在收缩时，因是高低缝拼合，可以掩盖住缝隙而不会有透光缝，但其耗材则要比平口缝拼合时多 8％左右。它一般应用于家具的背板、隔板，也可用于屋面板、天花板和模板等工程。

3. 企口接法

企口接法又称龙凤榫接法，是将木板两侧面制成凹凸形状的榫、槽，榫槽宽度约为板厚的 1/3，使木板互相衔接起来。为严密板缝，在榫顶和槽底间应留有 1mm 的空隙，榫边要倒棱角。它主要应用在较宽面积的地板、门板、模型板等。

4. 穿条接法

穿条接法即将相邻两板的拼接侧面刨平、对严、起槽，在槽中穿条链接相邻木板，将两相拼面裁成矩形槽或 V 形槽，加工好一字穿条或十字穿条，涂胶后再插穿条。这种拼接法应用于高级台面板、靠背板等较薄的工件上。

5. 栽钉接法

栽钉接法即将拼接木板相接两侧面刨直、刨平、对严，在相接触侧面对应位置钻出小孔，将两端尖锐的铁钉或竹钉钉入一侧木板的小孔中，上胶后对准另一木板的孔，用锤轻轻敲打木板侧面至密贴为止。这种方法可用作胶粘法的辅助结合。

6. 销接法

销接法是在相邻两块木板的平面上用硬木制成拉销，嵌入木板内，使两板结合起来，拉销的厚度不宜超过木板厚度的 1/3，如两面加拉销，位置必须错开。它用于台面或中式木板门等较厚的木板结合中。

7. 暗榫接法

暗榫接法是在木板的侧面开孔眼，以适当大小的木销作榫，并将接触侧面刨直对严，涂胶后将木销插入孔眼内，使两幅木板拼合、稳固。它用于台面板等较厚板的结合。

二、拼板缝的操作要点

在拼板缝操作时，木料必须充分干燥，刨削时双手按刨子用力要均匀平衡，刨缝时的起止线要长，在拼 2m 左右的板时，全长 2～3 刨就可将板缝刨直，使两板间的拼缝严密、齐整平滑。板面之间要配合均匀，防止凹凸不平。

拼合的时候，要根据木板的厚薄，把木板直立即直拼法，或将木板放平即平拼法，检查拼合面是否完全密接，并随时改正。木纹理的方向要一致，应能分辨出木材的表面和里面，并按形状配好接合面，画上标记。

胶料接合时，涂胶后要用木卡或金属卡在木板的两面卡住，并注意卡的位置是否适当，防止因卡过紧或不均匀使木板弯曲。

三、方材接长的方法

方材长度方向的拼接常用的有对接、斜接和指接三种方法。

1. 对接

对接是将小料方材在端面采用平面胶合的方法。对接方法的接合面是端面，由于木材端面不易加工光洁，同时在端面上涂胶后，胶液渗入管孔较多，难以获得牢固的接合强度，一般只用于细木工板的芯板和受压胶合构件的中间层。所以，木材长度方向的胶结常采用斜面接合或齿榫接合。方材的对接方法只需将小方材在圆锯机上精截后胶合，但因是木材端面接合，胶结强度很低。方材端面涂胶后对接，采用端向加压，在压力下保持 4～8h，待胶固化后进行后续加工。

2. 斜接

斜接是将小料方材端面加工成斜面后采用胶粘剂将其在长度方向胶合的方法。为了保证达到要求的接合强度，斜面接合一般采用斜面长度等于方材厚度的 8～10 倍，特殊情况也可用 15 倍。为了增加接触面积，也可采用阶梯斜面胶结合等形式。

3. 指接

指接即在两块木料端部开出互相啮合的若干指（齿）状的榫，采用胶粘剂将其在长度方向胶合的方法。齿形拼的拼板表面平整，由于胶结面加大，拼板的接合强度较高。

指形榫加工必须在指形榫开榫机或铣床上加工。为了保证小料方材的端部指形很好地接合，通常是先将方材在圆锯机上精截端头，然后进行指形榫加工。加工时要注意指形榫的左右互相配合，采用与指形榫相对应的齿辊进行涂胶后加压。指形榫接长后的胶结件应在室温下堆放 1～3d，待胶固化后进行后续加工。

第十章　木结构工程

第一节　木屋架制作与安装

一、木屋架构造

（一）木结构形式

常见的木结构形式包括框架结构、桁架结构、拱结构、悬索结构和网架结构等。

1. 框架结构

在木结构中，框架结构最为常见。框架结构中梁为受弯构件，主要承受竖向荷载，并将竖向荷载通过节点传给柱，柱承受压力。

2. 桁架结构

桁架结构是由杆件组成的一种格构式结构体系。在外力作用下，桁架的杆件内力是轴向力（拉力或压力），分布均匀受力合理。一般用于超过9m跨度的建筑，也用于桥梁。

3. 拱结构

拱结构是建筑形态与结构受力相融合的一种结构形态，拱呈曲面形状。在外力的作用下，拱内弯矩降低到最小限度，主要内力变为轴向压力，应力分布均匀，能充分利用材料强度。

4. 悬索结构

悬索结构主要是以索来跨越大空间的结构体系，只承受轴向拉力，既无弯矩也无剪力，充分发挥材料的抗拉强度。悬索结构的木建筑多用于木桥中。

5. 网架结构

网架结构是由杆件以一定规律组成的网状结构。其结构布置灵活，外观轻巧。在平面或节点外力作用下，杆件主要受力形态为轴向拉压，充分发挥材料的自身特性。同时杆件通过节点连接形成整体效应，整体受弯，是大跨建筑的理想选择。

（二）木屋架构造

木屋架有多种形式，其中以三角形屋架应用最广，下面以常见的三角形屋架来介绍木屋架的组成与构造。

1. 三角形木屋架的组成

三角形木屋架的组成杆件有上弦、下弦、斜杆、竖杆等，如图 10-1 所示，其中斜杆和竖杆统称为腹杆。

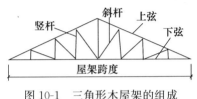

图 10-1　三角形木屋架的组成

屋架各杆件的连接处称为节点，两节点之间的空档称为节间。屋架两端的节点称为端节点，两端节点中心间的距离称为屋架跨度。木屋架的适用跨度一般为 6～15m。屋脊处的节点称为脊节点，脊节点中心到下弦轴线的距离称为屋架高度（又称矢高）。木屋架的高度一般为其跨度的 1/4～1/5。屋架下弦与其他杆件连接处称为下弦中央节点，其余各杆件联结处均称为中间节点，如图 10-2 所示。

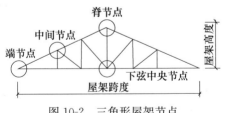

图 10-2　三角形屋架节点

2. 节点构造

1）端节点

上弦和下弦的连接处是端节点。一般采用齿连接，即在上弦端头作凸榫，在下弦端部开齿槽，凸榫紧密地挤压在齿槽内。根据弦杆受力大小，分为单齿连接和双齿连接，如图 10-3 所示。

单齿连接时承压面与上弦轴线垂直，下弦轴线通过承压面中心，上、下弦轴线与墙身轴线交会于一点上，受剪面应避开木材髓心。

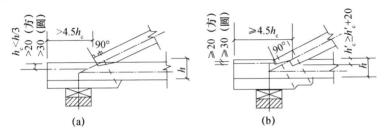

图 10-3 端节点构造

（a）单齿连接；（b）双齿连接

双齿连接时承压面与上弦轴线垂直，上弦轴线从两齿中间通过，上、下弦轴线与墙身轴线交会于一点上，受剪面应避开木材髓心。双齿连接适用跨度为 8～12m。

为了防止屋架端在使用过程中发生突然破坏，在上弦和下弦连接处还要串装保险螺栓。保险螺栓应与上弦轴线相垂直。

2）下弦中央节点

弦杆、斜杆、竖杆连接处是下弦中央节点，其构造如图 10-4 所示。下弦中央节点处五轴线必须交会于一点，斜杆轴线与斜杆和垫木的结合面垂直，钢拉杆应用两个螺母。

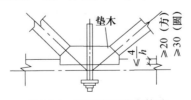

图 10-4 下弦中央节点构造

3）脊节点

三角屋架的脊节点即上弦中央节点，其构造如图 10-5 所示。

脊节点三轴线必须交会于一点，承压面紧密结合，夹板螺栓必须拧紧。

图 10-5　脊节点构造

二、木屋架放样

木屋架放样就是我们常说的放大样，是根据设计图纸将屋架的全部详细构造用 1:1 的比例画出来，便于掌握各杆件的正确尺寸和形状，用以保证加工准确。

在放大样之前，要先熟悉设计图纸，如各弦长的尺寸、节间长度、屋架的跨度、高度等，同时根据已知数值计算屋架的起拱值。

制作木屋架等承重结构时应按施工图放足尺寸大样，当结构完全对称时也可只放半个结构大样。

（一）画桁架轴线

（1）画出一条水平线定出桁架端节点。

（2）从端节点量取跨度的一半，过此点向上引一垂线即为中竖杆轴线。

（3）从两线交点向上量取下弦起拱高度，设计无要求时按跨度的 1/200 确定。该点即为下弦轴线与中竖杆轴线交点即起拱点，从该点向上量取屋架高度定出脊节点。

（4）连接脊节点与端节点即得上弦轴线。

（5）连接端节点与起拱点即得下弦轴线。

（6）从端节点开始在水平线上量取各节点间长度并作垂线即得各竖杆轴线。

（7）从竖杆轴线与下弦轴线交点连接对应的上弦轴线与竖杆轴线交点即得各斜撑轴线。

（二）画各杆件边线

1. 画原木桁架杆件边线

原木桁架各杆件的轴线为各杆件截面中心线，下弦杆的根头宜放在端节点处，上弦杆的根头宜放在端节点方向，斜撑的根头宜放在上弦节点处。画杆件边线时，先在杆件梢头处从轴线向两边量出梢头半径，再按直径递增率定出根头半径（可按每延长米直径递增 8～10mm 考虑或现场测算平均值），在根头处从轴线向两边量出根头半径，连接即得杆件边线。

2. 画方木桁架杆件边线

方木桁架下弦杆轴线为下弦端节点净截面的中线，即在齿连接中，齿最深处到下表面之间的中心线。其余各杆件为其截面中心线。方木桁架的上弦杆、竖杆、斜撑可以从轴线向两边量取杆件宽度的一半，画出杆件边线；方木桁架的下弦杆则应先计算截面净高度。从轴线向下量取截面净高度的 1/2 为下弦下边线，向上量取 1/2 截面净高度为齿深线（双齿连接时为第二齿深线），向上量取 1/2 截面净高加齿深即为下弦杆的上边线。

（三）画单齿连接的齿形线

当设计无规定时，齿连接的齿深对于方木不应小于 20mm，对于原木不应小于 30mm。

（1）画一齿深线 M，与上弦杆轴线交于 a 点，上弦杆轴线与下弦杆上边线交于 b 点，上弦杆下边线与下弦杆上边线交于 f 点，如图 10-6 所示，h_c 为齿深。

（2）过 a、b 的中点 c 作上弦杆轴线的垂线，交 M 与 d 点，交上弦杆上边线于 e 点。

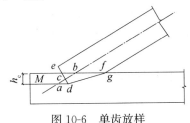

图 10-6 单齿放样

（3）连接 e、d、f 即得上弦杆齿形线。

（4）在 f 点内侧 10mm 处取一点 g，连接 d、g 即得下弦杆齿槽线。

（四）画双齿连接的端节点

（1）当设计无规定时，齿连接的齿深对于方木不应小于 20mm；对于原木不应小于 30mm，双齿连接的第二齿深 h_c 应比第一齿深至少大 20mm，但第二齿深不得大于杆件截面高度的 1/3。

（2）画出第一齿深线 M 和第二齿深线 N，如图 10-7 所示。

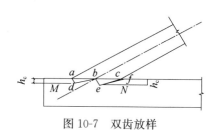

图 10-7 双齿放样

（3）上弦杆上边线、轴线、下边线分别交下弦杆上边线于 a、b、c 点。

（4）过 a 点及 b 点分别作上弦轴线的垂线，交 M 与 d 点，交 N 与 e 点。

（5）顺序连接 a、d、b、e、c 即得上弦杆齿形线。

（6）在 c 点内侧 10mm 处取一点 f，连接 e、f 即得下弦杆第二齿槽线。

（五）画下弦中央节点

有硬木垫块的中央节点画法如下：

（1）如图 10-8 所示，先在下弦杆上画出垫块嵌深线 M，以中竖杆轴线为准，向两边各量取垫块长度的 1/2，与线 M 分别交于 a、b 两点。

（2）过 a、b 点作中竖杆轴线的平行线，分别交两斜撑下边线于 c、d 两点。

（3）过 c、d 两点分别作两斜撑轴线的垂线，分别交两斜撑上边线于 e、f 点。

（4）连接 a、b、d、f、e、c 即为垫块形状。

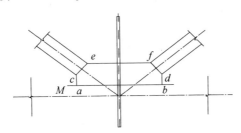

图 10-8　中央节点放样

（六）出样板

大样经复核无误后，即可出样板。

（1）样板应选用木纹平直、含水率低于 18% 且不易变形的板材制作。

（2）按各杆件的宽度分别将各种板开好，边上刨光，放在大样上。

（3）样板杆件的榫、槽、齿孔等形状和位置应准确，样板对大样的偏差宜控制在 1mm 以内。样板完成后应在大样上试装配，检查无误后在样板上弹出轴线，标明杆件名称或编号。

（4）钢拉杆不配样板，只在大样上量取实长。

（5）样板应注意保护，防止因淋雨、暴晒、碰撞等原因变形。

三、木屋架制作

（一）木屋架的选料选用

木屋架各杆件的受力性质不同，根据木材的物理力学性能，要选用不同等级的木材。上弦是受压或压弯构件，可选用Ⅲ等材或Ⅱ等材；斜杆是受压构件，可选用Ⅲ等材，下弦是受拉或抗弯构件，竖杆是受拉构件，均应选用Ⅰ等材。

（二）木屋架配料方法

（1）木结构的用料，必须符合国家对各类木材缺陷的允许程度和各类构建使用木材的等级范围等各项规定。

（2）当上、下弦材料相同时，应当把好料用于下弦。

（3）对下弦，应把好的木材放在端点；对上弦，应把材质好的一端放在下端。

（4）上弦与下弦的接头位置应错开，下弦的接头位置最好设在中部。如用原木，大头应放在端接头一端。

（5）不得将有缺陷的木材用在支座节点的榫接结合处；选夹板料时，必须选用优等材制作。

（三）制作拼装

（1）画线、下料。采用样板画线时，对原木杆件，先砍平找正后弹十字线及中心线；将以套好样板上的轴线与杆件上的轴线对准，然后按样板画出长度、齿及齿槽等。

（2）节点处的承压面必须平整、严密；榫肩应长出 5mm，以备拼装时修正。

（3）上、下弦之间在支座处（非承压面）宜留空隙 10mm，腹杆与上下弦结合处（非承压面）也留 10mm 的空隙。

（4）钻螺栓孔的钻头要直，其直径应比螺栓直径大 1mm，每钻入 50～60mm 后，需提出钻头，加以清理，眼内不留木渣；在钻孔时，先将所要结合的杆件按正确的位置叠合起来，并加以固定，然后用钻子一气钻透，以提高结合的紧密性。

（5）屋架的拼装。在平整的场地上先放好垫木，把下弦杆在垫木上放稳，然后按照起拱高度将中间垫起，两端固定，再在接头处用夹板和螺栓夹紧；下弦拼接后，即安装中柱，两边用临时支撑固定，再安装上弦杆。最后安装斜腹杆，从桁架中心依次向两端进行，然后各拉杆穿过弦杆，两头加垫板，拧上螺母。各杆件安装完毕，检查合格后，再拧紧螺帽，钉上三角木。

（6）木屋架制作允许偏差应符合国家规范要求，见表 10-1。

表 10-1 木屋架制作允许偏差

项次	项目		允许偏差
1	构件截面尺寸	方木构件高度宽度尺寸	-3
		板材厚度宽度	-2
		圆木构件梢径	-5
2	结构长度	长度不大于 15m	±10
		长度大于 15m	±15
3	屋架高度	跨度不大于 15m	±10
		跨度大于 15m	±15
4	受压或受弯构件纵向弯曲	方木构件	1/500
		圆木构件	1/200
5	弦杆节点间距		±5
6	齿连接刻槽深度		±2
7	支座节点受剪面	长度	-10
		宽度 方木	-3
		宽度 圆木	-4
8	螺栓中心间距	进孔处	±0.2d
		出孔处 垂直木纹方向	±0.5d
		出孔处 顺木纹方向	±1d
9	钉进孔处的中心间距		1d
10	屋架起拱		+20
			-10

四、木屋架安装

（一）屋架安装

屋架组装、制作完毕后，应根据设计图纸要求进行检查、记录材料质量、结构及其构件尺寸的正确程度及构件的制作质量，验收合格后方准许安装。其基本的操作流程为准备工作→放线→加固→起吊→安装→支撑固定。

1. 准备工作

墙顶上如是木垫块，可用焦油沥青涂刷其表面防腐。清除保险螺栓上的脏物，检查其位置是否准确，如有弯曲，要进行校直。将已拼好的屋架进行吊装就位。

2. 放线

在墙上测出标高，然后找平，并弹出中心线位置。

3. 加固

起吊前必须用木杆将上弦水平加固，保证其在垂直平面内的刚度，如图 10-9 所示。

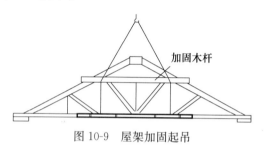

图 10-9　屋架加固起吊

4. 起吊

吊装用的一切机具、绳、钩等必须事先检查后方可使用，起吊时应由有经验的起重工指挥，当起吊离地面 300mm 后应停车进行检查，没有问题才可继续施工。屋架两头绑上缆绳以控制其晃动，起吊到安装位置上方，对准锚固螺栓，将屋架徐徐放下，使锚固螺栓穿入孔中，屋架落到垫块上。

5. 安装

第一榀屋架吊上后，立即找中、找直、找平，并用螺栓将其固定在梁上预埋的铁件上。待第二榀屋架吊上后，立即装钉上脊檩作为联系构件，并装上剪刀撑。

将选好的用于檩条的木材，进行局部找加工、找平，分类堆放。檩条与屋架交接处，需用三角托木托住固定，每个托木至少用两个 100mm 长的钉子钉牢在上弦上，托木高度不得小于檩条高度的 2/3。屋架及脊节点和其他上弦节点或其附近的檩条、支撑架节点处的檩条，应与屋架上弦用螺栓锚固。安好后的檩条，所有上表面应在同一平面上。

檩条必须按设计要求正放，要求坡面平整，同一行檩条要通直。檩条的接头必须设在屋架上弦上，并应侧向搭接，搭接长度宜不小于上弦宽度的2倍。

檩条如在屋架上弦对头相接，应先用夹板连接牢固后与上弦钉牢。承托檩条的托木，至少应用两根铁钉钉牢，托木高度应≥2/3檩条高度。

6. 支撑固定

按设计要求在屋架间设置上弦横向水平支撑、水准支撑和水平系杆，保证屋架的侧向稳定。屋架安装完毕后，应将屋架端头的锚固螺栓和螺母全部上紧。

（二）施工中的注意事项

（1）控制使用木材的含水率，减小收缩变形。

（2）样板要选用优质干燥木材制作，以防变形影响加工精度。

（3）屋架拼装时宜竖立拼装。

（4）控制螺栓的孔眼位置，保证不发生错位。

（5）严格把关，控制操作人员的工作精度，保证画线、锯割的准确性。

第二节　木构件制作与安装

根据杆件体系可分为桁架、拱和框架等三类。屋架一般为平面桁架，它承受作用于屋盖结构平面内的荷载，并把这些荷载传递至下部结构（如墙或柱子）。

一、木柱制作与安装

（一）木龙骨方柱的施工工序

基层处理→放线→安装预埋件、制作及安装木龙骨→细部处理。

（二）木龙骨方柱的施工要点

1. 基层处理

柱面要求平整、垂直，垂直误差在 10mm 以内的，可采取抹灰修整的办法解决；如误差在 10mm 以上，应在墙面与木龙骨之间加垫木块。对于突出柱面的混凝土块，要进行打凿修正。

2. 放线

柱子施工前应根据相邻柱子的位置，确定每根柱子的纵横中心线，以防止因土建施工带来的误差。

3. 安装预埋件、制作及安装木龙骨

按照施工图安装预埋件、木龙骨。

4. 细部处理

柱子的细部处理主要有阳角处理和顶面处理。阳角处的处理方法有夹板 45°角拼角和硬木线条、金属线条收边，顶面收边主要采用阴角线条处理。

（三）木龙骨方柱施工的操作方法

（1）定柱子的外围尺寸非常重要，否则装饰后的柱子尺寸不一致，又不在同一轴线上，效果会很不理想。

（2）为防止柱角被破坏，柱角不宜采用饰面板 45°拼角，而应采用硬木线条镶接或金属包边处理。

（3）为防止饰面从地面吸湿，木龙骨和饰面板不宜直接接触地面，应与地面有一定的距离，最后用踢脚线进行修饰。

（4）如龙骨内暗埋管线等，管线应尽量安置在柱子的中间部位，这样对龙骨的安装和面层施工影响较小。在柱角两边均应安装龙骨，且断面尺寸应适当加大，以便于面板的固定。

（四）木龙骨圆柱的施工工序

基层处理→制作及安装木龙骨→刷防火涂料→安装面板→细部处理。

（五）木龙骨圆柱的施工要点

1. 基层处理、放线

方法同方柱施工。

2. 制作及安装木龙骨

由于圆柱有很多是方柱改造而成的，所以一般不在柱面上安装预埋件。因圆柱的横向龙骨有一定的弧度，做起来有一定的难度，制作时通常是用 12～18mm 厚的多层夹板或细木工板来分段加工，首先在板上按所需的圆半径画出一条同心圆弧，在该圆半径上减去横向龙骨的厚度后，画出一条圆弧线，就可用电锯锯出每段的弧形横向龙骨。

纵向与横向龙骨的连接常用槽接法组装成片，具体操作是在横、纵向龙骨上分别开出半槽，两龙骨在槽口处对接，同时在槽口处用白乳胶和钉进行固定。横向龙骨之间的间距常为 300～400mm，纵向龙骨间的间距一般为 100～150m，如果间距过大，可能造成圆弧曲面不正确。固定后即可分片安装，安装时先用电锤在柱子上钻孔，然后用三角形的木模钉入孔中，再用铁钉从龙骨的侧面与三角龙骨进行固定，待稳固后就可以进行下道工序的施工。

3. 刷防火涂料

按设计要求涂刷防火涂料。

4. 安装面板

圆柱施工中要尽量减少接缝，由于木饰面板的宽度一般为1220mm，如果圆柱的外径周长超过1220mm，就必须采用两块饰面板拼接，施工时应先确定饰面板接缝的位置，量出每块饰面板的宽度，然后用白乳胶或"立时得"胶水进行固定。为了提高施工质量，应先用普通胶合板做一层底板，再用饰面板进行面层的安装。

5. 细部处理

圆柱的细部处理主要指顶面处理，方法同方柱的施工。

（六）木龙骨圆柱施工的操作方法

（1）圆柱饰面板的接缝分布很重要，必须均匀、对称分布，否则影响装饰效果。

（2）圆柱饰面板的接缝处理也非常重要，施工时应用"立时得"胶水粘结和钉子固定，并用压条临时加固。

（3）圆柱龙骨的圆弧要正确，施工前可先放样做一个模板，确定符合要求后进行批量加工。

（4）为保证接缝处面板连接牢固，接缝处的龙骨断面尺寸应适当增大，以便于面板的安装。

（5）面层饰面板施工时应满刷白乳胶或"立时得"胶水，缝口溢出的胶要及时用毛巾清理，以免影响装饰效果。

二、木桁架制作与安装

桁架根据下弦所用材料分为木桁架和钢木桁架两类。木桁架常用的是圆木或方木结构。钢木桁架为采用钢材作下弦的桁架，钢木桁架能消除木材缺陷（木节、裂缝及斜纹）对桁架受拉下弦及其连接的不利影响，提高桁架的安全可靠程度和刚度。

木桁架的制作安装流程：施工准备→测标高、弹支座轴线→安放垫木或垫块→第一榀桁架吊装就位与安装→顺序吊装桁架并与前一榀桁架连接→调整、校正、紧固锚固螺栓→质量检查、验收。

（一）测标高、弹支座轴线

检查并调整桁架支座标高，弹纵横轴线。

（二）安放垫木或垫块

按设计要求安装经防腐处理的垫木或垫块。

（三）第一榀桁架吊装就位与安装

1. 吊点确定

木桁架应根据结构形式和跨度合理确定吊点，经试吊证明结构具有足够的刚度方可开始吊装。

2. 临时加固

对刚度较差的桁架，应根据其在提升时的受力情况进行加固，一般木桁架应在桁架上部用木杆两侧加固。钢木组合桁架应在桁架上部和接近下弦处双面帮木杆加固，以增加其刚度。绑扎时应绑扎在木桁架节点处，并应用吊索兜住桁架下弦以防止桁架在提升时损坏或变形。绑扎节点的选择应符合设计要求或经验算确定。

3. 第一榀桁架吊装就位、校正、锚固与支撑

桁架就位时，应使下弦端部的锚固螺栓孔对准预埋螺栓垂直落下，校正桁架端部所画轴线与支座的轴线位置重合后，初步校正构件垂直并紧固端支座锚固螺栓，用线坠校正中竖杆至垂直位置，上紧端支座锚固螺栓的螺帽，立即用拉杆或支撑临时固定后方可摘钩。

（四）顺序吊装桁架并与前一榀桁架连接

按吊装第一榀桁架的方法使第二榀桁架就位，校正紧固后，立即安装檩条，并按设计要求将两榀桁架间的水平系杆、上弦横向支撑及垂直支撑全部安装到位，以此法顺次吊装所有桁架。

（五）调整、校正、紧固锚固螺栓

所有桁架安装完后，应对支座部位的连接处按轴线、标高进行检查、调整和校正，确认无误后，紧固死锚固螺栓。

第三节　屋面木基层制作与安装

屋面木基层是指坡屋面防水层（瓦）的基层，用以固定和承受防水材料。它由一系列木构件组成，故称木基层，包括屋面板、椽板、油毡、挂瓦条、顺水条。

一、屋面木基层构造

屋面木基层构件除了把屋面荷载传递至屋盖承重结构外，还对提高屋盖的空间刚度和保证屋盖的空间稳定发挥重要的作用。由于使用要求上的不同，木基层的构造也有所不同。我国木屋盖的防水材料多为瓦材，随着科技的发展，彩钢压型板、多彩沥青油毡瓦逐渐得到推广采用，图 10-10 为几种常用的屋面构造形式。

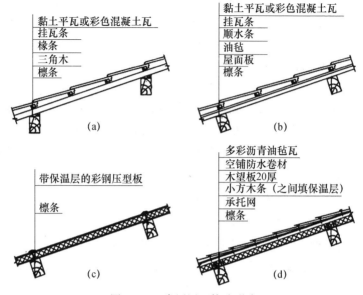

图 10-10 常用屋面构造形式

二、屋面木基层装钉

由于屋面木基层由挂瓦条、屋面板、瓦桷（瓦椽）、椽条和檩条等屋面构件组成，在设计施工时，应根据所用屋面防水材料、各地区气象条件以及房屋使用要求等不同情况确定木基层的组成形式，同时还应注意以下要求：

（1）屋面挂瓦条、顺水条施工前均需用油漆做防腐处理。

（2）顺水条规格 40mm×20mm，间距 450～600mm，用长 50mm 直径大于 4mm 的水泥钉固定于钢筋混凝土屋面板上，钉子最大间距为 450mm，排水沟两边及斜屋脊两边各钉一根顺水条。

（3）顺水条应垂直屋脊钉在屋面板上，用 $\phi10$ 膨胀螺钉锚入钢筋混凝土梁内，间距每隔一纵向木条加一个铁件部分均刷防锈漆。

（4）挂瓦条规格 30mm×40mm，当屋面坡度＞22.5°，挂瓦条间距≤345mm，以保证瓦与瓦搭接；当屋面坡度＜22.5°，挂瓦条间距≤320mm，挂瓦条用长度为 50～60mm、直径 3.1～3.4mm 的圆钢钉固定在顺水条上，挂瓦条与每根顺水条相交处都应用钉子固定，接头应在顺水条上，并要相互错开。

（5）钉檐口第一档挂瓦条时，必须拉线，防止弯曲不直。

（6）檐口第一根瓦条应较一般高出一片瓦的厚度，第一排瓦应探出檐口 50～60mm。

（7）挂瓦条不能直接钉在屋面结构层上，如赶不上顺水条挡子，在接头处加顺水条一根，接线须锯齐，斜沟及斜脊的瓦条弹出线后应先钉两边的边口。

第四节 木结构工程施工质量控制

一、木结构工程质量标准

（一）主控项目

（1）应根据木构件的受力情况，按表 10-2～表 10-4 规定的等级检查方木、板材及原木构件的木材缺陷限值。

检查数量：每检验批分别按不同受力的构件全数检查。

检查方法：用钢尺或量角器量测。

表 10-2 承重木结构方木材质标准

项次	缺陷名称	木材等级		
		Ⅰₐ	Ⅱₐ	Ⅲₐ
		受拉构件或拉弯构件	受弯构件或压弯构件	受压构件
1	腐朽	不允许	不允许	不允许
2	木节：在构件任一面任何 150mm 长度上所有木节尺寸的总和，不得大于所在面宽的	1/3（连接部位为 1/4）	2/5	1/2
3	斜纹：斜率不大于（%）	5	8	12

项次	缺陷名称	木材等级		
		Ⅰₐ	Ⅱₐ	Ⅲₐ
		受拉构件或 拉弯构件	受弯构件或 压弯构件	受压构件
4	裂缝： (1) 在连接的受剪面上 (2) 在连接部位的受剪面附近，其裂缝深度（有对面裂缝时用两者之和不得大于材宽的	不允许 1/4	不允许 1/3	不允许 不限
5	髓心	应避开受剪面	不限	不限

注：1. Ⅰₐ 等材不允许有死节，Ⅱₐ、Ⅲₐ 等材允许有死节（不包括发展中的腐朽节），对于 Ⅱₐ 等材，直径不应大于 20mm，且每延长米中不得多于 1 个；对于 Ⅲₐ 等材，直径不应大于 50mm。

2. Ⅰₐ 等材不允许有虫眼，Ⅱₐ、Ⅲₐ 等材允许有表层的虫眼。

3. 木节尺寸按垂直于构件长度方向测量。木节表现为条状时，在条状的一面不量；直径小于 10mm 的木节不计。

表 10-3　承重木结构板材材质标准

项次	缺陷名称	木材等级		
		Ⅰₐ	Ⅱₐ	Ⅲₐ
		受拉构件或 拉弯构件	受弯构件或 压弯构件	受压构件
1	腐朽	不允许	不允许	不允许
2	木节：在构件任一面任何 150mm 长度上所有木节尺寸的总，不得大于所在面宽的	1/4	1/3	2/5
3	斜纹：斜率不大于（%）	5	8	12
4	裂缝：连接部位的受剪面及其附近	不允许	不允许	不允许
5	髓心	不允许	不限	不限

表 10-4 承重木结构原木材质标准

项次	缺陷名称	木材等级		
		Ⅰa	Ⅱa	Ⅲa
		受拉构件或拉弯构件	受弯构件或压弯构件	受压构件
1	腐朽	不允许	不允许	不允许
2	木节: (1) 在构件任一面任何 150mm 长度上沿周围所有木节尺寸的总和,不得大于所测部位原来周长的 (2) 每个木节的最大尺寸,不得大于所测部位原木周长的	1/4 1/10(连接部位为 1/2)	1/3 1/6	不限 1/6
3	斜纹:斜率不大于(%)	8	12	15
4	裂缝: (1) 在连接部位的受剪面上 (2) 在连接部位的受剪面及其附近,其裂缝深度(有对面裂缝时用两者之和)不得大于圆木直径的	不允许 1/4	不允许 1/3	不允许 不限
5	髓心	应避开受剪面	不限	不限

注:1. Ⅰa、Ⅱa 等材不允许有死节,Ⅲa 等材允许有死节(不包括发展中的腐朽节),直径不应大于圆木直径的 1/5,且每 2m 长度内不得多于 1 个。

2. 木节尺寸按垂直于构件长度方向测量。直径小于 10mm 的木节不量。

方木和圆木结构是一种机具与手工操作相结合的木结构,适用于接近林区能就地取材的地区应用,批量不大但施工质量的离散性较大,因此应全数检查。

(2) 应按下列规定检查木构件的含水率:

①圆木或方木结构应不大于 25%;

②板材结构及受拉构件的连接板应不大于 18%;

③通风条件较差的木构件应不大于 20%。

检查数量:每检验批应查全部构件。

检查方法：按现行《木材物理力学试验方法　总则》（GB/T 1928）的规定测定木构件全截面的平均含水率。

木材含水率从纤维饱和点（约30％）降到平衡含水率（15％左右），外层木材收缩因内部体积未变而开裂，为防止产生影响安全的裂度，因此要求控制含水率。

（二）一般项目

（1）木桁架、木梁（含檩条）及木柱制作的允许偏差应符合表10-5的规定。

表 10-5　木桁架、木梁、木柱制作的允许偏差

项次	项目		允许偏差（mm）	检验方法
1	构件截面尺寸	方木构件高度、宽度	-3	钢尺量
		板材厚度、宽度圆木	-2	
		构件梢径	-5	
2	结构长度	长度不大于15m	±10	钢尺量桁架支座节点中心间距梁、柱全长（高）
		长度大于15m	±15	
3	桁架高度	跨度不大于15m	±10	钢尺量脊节点中心与下弦中心距离
		跨度大于15m	±15	
4	受压或压弯构件纵向弯曲	方木构件	$L/500$	拉线钢尺量
		圆木构件	$L/200$	
5	弦杆节点间距		±15	钢尺量
6	齿连接刻槽深度		±15	
7	支座节点受剪面	长度	-10	钢尺量
		宽度 方木	-3	
		宽度 圆木	-4	
8	螺栓中心间距	进孔处	$\pm0.2d$	钢尺量
		出孔处 垂直木纹方向	$\pm0.2d$ 且不大于$4B/100$	
		出孔处 顺木纹方向	$\pm1d$	

项次	项目	允许偏差 （mm）	检验方法
9	钉进孔处的中心间距	±1d	
10	桁架起拱	+20 −10	以两支座节点下弦中心线为准，拉一水平线，用钢尺量跨中下弦中心线与拉线之间的距离

注：d 为螺栓或钉的直径；L 为构件长度；B 为板件总厚度。

检查数量：检验批全数。木桁架、木梁、木柱的制作偏差应吊装前检查，以便及时更换达不到质量要求的构件或局部修正。

（2）木桁架、木梁、木柱安装的允许偏差应符合表 10-6 的规定。

表 10-6　木桁架、木梁、木柱安装的允许偏差

项次	项目	允许偏差 （mm）	检验方法
1	结构中心线的间距	+20	钢尺量
2	垂直度	H/200 且不大于 15	吊线钢尺量
3	受压或压弯构件纵向弯曲	L/300	吊（拉）线钢尺量
4	支座轴线对支承面中心位移	10	钢尺量
5	支座标高	+5	用水准仪

注：H 为木桁架、木柱的高度；L 为构件长度。

（3）屋面木骨架安装的允许偏差应符合表 10-7 的规定。

检查数量：检验批全数。

表 10-7 屋面木骨架安装的允许偏差

项次	项目		允许偏差（mm）	检验方法
1	檩条、椽条	方木截面	−2	钢尺量
		圆木梢径	−5	钢尺量，椭圆时取大小径的平均值
		间距	−10	钢尺量
		方木上表面平直	4	沿坡拉线钢尺量
		圆木上表面平直	7	
2	油毡搭接宽度		−10	钢尺量
3	挂瓦条间距		±5	
4	封山、封檐板平直	下边缘	5	拉 10m 线，不足 10m 拉通线钢尺量
		表面	8	

（4）木屋盖上弦平面横向支撑设置的完整性应按设计文件检查。

检查数量：整个横向支撑。

检查方法：按施工图检查。

首先应检查支撑设置是否完整和檩条与上弦的连接。当采用上斜杆时，应重点检查斜杆与上弦杆的螺栓连接；当采用圆钢斜杆时，应重点检查斜杆是否已用套筒张紧。对于抗震设防地区，檩条与弦必须用螺栓连接。

二、木结构工程安全技术

建筑施工现场是建筑施工人员从事生产活动的场所。建筑施工现场的情况，不仅极为复杂，而且不断变化，给安全施工带来不少困难。为了保证安全生产，必须依靠科学的安全管理，采用相应的安全技术措施。施工现场一般安全技术措施要求如下：

（1）工程开工前，必须编制施工组织设计或施工方案以及具体的安全技术措施，并进行安全技术措施交底。

（2）施工现场应建立一定的专职安全机构，进行统一管理。

凡土建、吊装、安装等几个单位在同一现场施工时，要加强领导，必要时要采取专项安全防护措施。

（3）施工现场的各种机具、设备、构件、材料、设施等要按施工平面图堆放、布置，保证施工现场整洁、文明，符合安全生产要求。

（4）施工现场应设临时栅栏、围墙，禁止非施工人员进入现场，入口处必须设有门卫以及"五牌一图"。在街道、民房附近施工时，需搭设临时的防护棚或采取其他有效的防护措施。施工用的沟、坑、陡坎要有围栏、标志灯和警告牌。

（5）施工现场的水源、电源、火源都要有专人负责。配电房不准闲人进入。设备不得乱动。废物、废水应按规定堆放、排放。

（6）保证现场平整，道路畅通。交通频繁的交叉路口，应有人员指挥。

（7）施工现场要设消防设施，备有足够的、有效的灭火器材。

（8）现场要认真执行安全值日制，值日人员应尽职尽责，监督检查现场所有人员执行安全生产规章制度。

第十一章　木门窗工程

第一节　木门窗的制作与安装

一、木门窗的构造

（一）门的构造

门由门框、门扇、亮子、玻璃及五金件等部分组成。门框又称门樘子，由边框、上框、中横框等组成。门扇由上冒头、中冒头、下冒头、边梃、门芯板等组成。五金零件包括铰链、插销、门锁、风钩、拉手等。常见门的构造如图 11-1 所示。

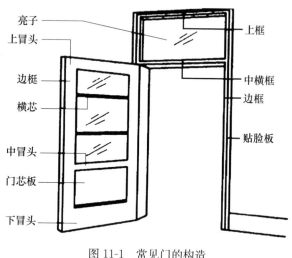

图 11-1　常见门的构造

（二）门的种类

制作门的材料有多种，常见的主要有木门、钢门和铝合金门等，按门的开启形式可分为平开门、弹簧门、折叠门、转门、卷帘门等，若按门的用料和构造可分为镶板门、夹板门、玻璃门、纱门、百叶门等。此外，还有一些特殊要求的门，如自动门、隔声门、保温门、防火门、防射线门等。

（三）窗的构造

窗由窗框、窗扇和五金零件组成。窗框为固定部分，由上冒头、下冒头、边梃、窗芯及玻璃构成，五金零件及附件包括铰链、风钩、插销、窗帘盒、窗台板、筒子板、贴脸板等，如图11-2 所示。

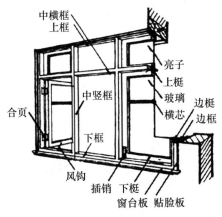

图 11-2 常见窗的构造

（四）窗的种类

窗按所用材料不同可分为木窗、钢窗、铝合金窗等，按开启方式可分为平开窗、中悬窗、上下悬窗、立式转窗、水平推拉窗、垂直推拉窗、百叶窗、隔声窗、保温窗、固定窗、防火窗、橱窗、防射线观察窗等。

二、木门窗的制作

木门窗制作工艺：放样→配料、截料→刨料→画线→打眼→开榫、拉肩→裁口、倒棱→拼装。

（一）放样

放样是根据施工图纸上设计好的木制品，按照足尺1：1将木制品构造画出来，做成样板（或样棒），样板采用松木制作，双面刨光，厚为10～25mm，宽等于门窗樘子梃的断面宽，长比门窗高度大200mm左右，经过仔细校核后才能使用。放样是配料和截料、画线的依据，在使用的过程中，注意保持其画线的清晰，不要使其弯曲或折断。

（二）配料、截料

配料是在放样的基础上进行的，因此，要计算出各部件的尺寸和数量，列出配料单，按配料单进行配料。

配料时，对原材料要进行选择，有腐朽、斜裂节疤的木料，应尽量躲开不用；不干燥的木料不能使用。精打细算，长短搭配，先配长料，后配短料；先配框料，后配扇料。门窗樘料有顺弯时，其弯度一般不超过4mm，扭弯者一律不得使用。

配料时，要合理地确定加工余量，各部件的毛料尺寸要比净料尺寸加大些，可参考的具体加大量为断面尺寸：单面刨光加大1～1.5mm，双面刨光加大2～3mm。机械加工时单面刨光加大3mm，双面刨光加大5mm。长度加工余量见表11-1。

表11-1 门窗构件长度加工余量

构件名称	加工余量
门樘立梃	按图纸规格放长7cm
门窗樘冒头	按图纸放长10cm，无走头时放长4cm
门窗樘中冒头、窗樘中竖梃	按图纸规格放长1cm
门窗扇梃	按图纸规格放长4cm
门窗扇冒头、玻璃棂子	按图纸规格放长1cm
门扇中冒头	在五根以上者，有一根可考虑做半榫
门芯板	按图纸冒头及扇梃内净距放各2cm

配料时，还要注意木材的缺陷，节疤应躲开眼和榫头的部位，防止凿劈或榫头断掉，起线部位也禁止有节疤。

在选配的木料上按毛料尺寸画出截断、锯开线，考虑到锯解木料的损耗，一般留出 2～3mm 的损耗量。锯时要注意锯线直、端面平。

（三）刨料

刨料时，宜将纹理清晰的里材作为正面，对于樘子料任选一个窄面为正面，对于门、窗框的梃及冒头可只刨三面，不刨靠墙的一面；门、窗扇的上冒头和梃也可先刨三面，靠樘子的一面待安装时根据缝的大小再进行修刨。

刨完后，应按同类型、同规格樘扇分别堆放，上、下对齐。每个正面相合，堆垛下面要垫实平整。

（四）画线

画线是根据门窗的构造要求，在各根刨好的木料上画出榫头线、打眼线等。画线前，先要弄清楚榫、眼的尺寸和形式，什么地方做样，什么地方凿眼，弄清图纸要求和样板式样，尺寸、规格必须一致，并先做样品，经审查合格后再正式画线。

门窗樘无特殊要求时，可用平肩插。樘梃宽超过 80mm 时，要画双实榫；门扇梃厚度超过 60mm 时，要画双头榫。60mm 以下画单榫。冒头料宽度大于 180mm 者，一般画上下双榫。榫眼厚度一般为料厚的 1/4～1/3。半榫眼深度一般不大于料断面的 1/4，冒头拉肩应和榫吻合。

成批画线应在画线架上进行。把门窗料叠放在架子上，将螺钉拧紧固定，然后用丁字尺一次画下来，既准确又迅速，并标识出门窗料的正面或反面。所有榫、眼注明是全眼还是半眼，透榫还是半榫。正面眼线画好后，要将眼线画到背面，并画好倒棱、裁口线，这样所有的线就画好了。要求线画得清楚、准确、齐全。

（五）打眼

打眼之前，应选择等于眼宽的凿刀，凿出的眼，顺木纹两侧要直，不得出错槎。先打全眼，后打半眼。全眼要先打背面，凿到一半时，翻转过来再打正面直到贯穿。眼的正面要留半条里线，反面不留线，但比正面略宽。这样装榫头时，可减少冲击，以免挤裂眼口四周。

成批生产时，要经常核对，检查眼的位置尺寸，以免发生误差。

（六）开榫、拉肩

开榫又称倒卯，就是按榫头线纵向锯开。拉肩就是锯掉榫头两旁的肩头，通过开榫和拉肩操作就制成了榫头。

拉肩、开榫要留半个墨线。锯出的榫头要方正、平直，榫眼处完整无损，没有被拉肩操作面锯伤。半榫的长度应比半眼的深度小 2～3mm。锯成的榫要求方、正，不能伤榫根。楔头倒棱，以防装楔头时将眼背面顶裂。

（七）裁口、倒棱

裁口即刨去框的一个方形角部分，供装玻璃用。用裁口刨子或用歪嘴子刨。快刨到要刨的部分时，用单线刨子刨，去掉木屑，刨到为止。裁好的口要求方正平直，不能有戗槎起毛、凹凸不平的现象。倒棱也称为倒八字，即沿框刨去一个三角形部分。倒棱要平直、板实，不能过线。裁口也可用电锯切割，需留 1mm 再用单线刨子刨到需要位置为止。

（八）拼装

拼装前对部件进行检查，要求部件方正、平直，线脚整齐分明，表面光滑，尺寸规格、式样符合设计要求，并用细刨将遗留墨线刨光。

门窗框的组装，是把一根边梃装好，再装上另一边的梃；用锤轻轻敲打拼合，敲打时要垫木块，防止打坏榫头或留下敲打的痕迹。待整个拼好归方以后，再将所有榫头敲实，锯断露出的榫头。应先将楔头蘸抹上胶再用锤轻轻敲打拼合。

门窗扇的组装方法与门窗框基本相同。但木扇有门芯板，须先把门芯板按尺寸裁好，一般门芯板应比扇边上量得的尺寸小 3～5mm，门芯板的四边去棱，刨光并清理干净。然后，先把一根门梃平放，将冒头逐个装入，门芯板嵌入冒头与门梃的凹槽内，再将另一根门梃的眼对准榫装入，并用锤垫木块敲紧。

门窗框、扇组装好后，为使其成为一个结实的整体，必须在眼中加木楔，将榫在眼中挤紧。木楔长度为榫头的2/3，宽度比眼宽窄1/2。楔子头用扁铲顺木纹铲尖，加楔时应先检查门窗框、扇的方正，掌握其歪扭情况，以便在加楔时调整、纠正。

一般每个榫头内必须加两个楔子。加楔时，用凿子或斧子把榫头凿出一道缝，将楔子两面抹上胶插进缝内。敲打楔子要先轻后重，逐步镦入，不要用力太猛。当楔子已打不动、眼已扎紧饱满时，就不要再敲，以免将木料龟裂。在加楔的过程中，对框、扇要随时用角尺或尺杆卡窜角找方正，并校正框、扇的不平处，加楔时注意纠正。

组装好的门窗、扇用细刨刨平，先刨光面。双扇门窗要配好对，对缝的裁口刨好。安装前，门窗框靠墙的一面，均要刷一道防腐剂，以增强防腐能力。

为了防止在运输过程中门窗框变形，在门框下端钉上拉杆，拉杆下皮正好是锯口。大的门窗框，在中贯档与梃间要钉八字撑杆，外面四个角也要钉八字撑杆。

门窗框组装、净面后，应按房间编号，按规格分别码放整齐，堆垛下面要垫木块。不准在露天堆放，要用油布盖好，以防止日晒雨淋。门窗框进场后应尽快刷一道底油，防止风裂和污染。

三、木门窗的安装

（一）门窗框的安装

（1）主体结构完工后，复查洞口标高、尺寸及木砖位置。

（2）将门窗框用木楔临时固定在门窗洞口内相应位置。

（3）用吊线坠校正框的正、侧面垂直度，用水平尺校正框冒头的水平度。

（4）用砸扁钉帽的钉子钉牢在木砖上。钉帽要冲入木框内1～2mm，每块木砖要钉两处。

（5）高档硬木门框应用钻打孔，将木螺钉拧固并拧进木框5mm，用同等木补孔。

（二）门窗扇的安装

（1）量出棱口净尺寸，考虑留缝宽度。确定门窗扇的高、宽尺寸，先画出中间缝处的中线，再画出边线，并保证梃宽一致。四边画线。

（2）若门窗扇高、宽尺寸过大，则刨去多余部分。修刨时应先锯余头再修刨。门窗扇为双扇时，应先做打叠高低缝，并以开启方向的右扇压左扇。

（3）若门窗扇高、宽尺寸过小，可在下边或装合页一边用胶和钉子绑钉刨光的木条。钉帽砸扁，钉入木条内 1～2mm。然后锯掉余头刨平。

（4）平开扇的底边，中悬扇的上下边，上悬扇的下边，下悬扇的上边等与框接触且容易发生摩擦的边，应刨成 1mm 斜面。

（5）试装门窗扇时，应先用木楔塞在门窗扇的下边，然后检查缝隙，并注意窗楞和玻璃芯子平直对齐。合格后画出合页的位置线，剔槽装合页。

（三）木门窗五金配件的安装

（1）所有小五金必须用木螺钉固定安装，严禁用钉子代替。使用木螺钉时，先用手锤钉入全长的 1/3，接着用螺丝刀拧入。当木门窗为硬木时，先钻孔径为木螺钉直径 0.9 的孔，孔深为木螺钉全长的 2/3，然后拧入木螺钉。

（2）铰链距门窗扇上下两端的距离为扇高的 1/10，且避开上下冒头。安好后必须灵活。

（3）门锁距地面高 0.9～1.05m，应错开中冒头和边梃的掉头。

（4）门窗拉手应位于门窗扇中线以下，窗拉手距地面 1.5～1.6mm。

（5）窗风钩应装在窗框下冒头与窗扇下冒头夹角处，使窗开启后成 90° 角，并使上下各层窗扇开启后整齐划一。

（6）门插销位于门拉手下边。装窗插销时应先固定插销底板，再关窗打插销压痕，凿孔，打入插销。

（7）门扇开启后易碰墙的门，为固定门扇，应安装门吸。

（8）小五金应安装齐全，位置适宜，固定可靠。

第二节 复杂门窗制作

一、木质推拉门窗制作安装要点

（一）木质推拉门制作

推拉门制作工艺、做工与其他门大致相同，轨道要隐藏在门套内，玻璃两边要用定做的实木小线条夹住，地面定位器要牢固，位置要合理。

（1）推拉门套由门框、筒子板、贴脸线组成，门套主要承受整个木门的质量。注意门套导轨槽预留宽度，在下料时应计算好槽内宽度，单导轨槽内宽度为 50～60mm，双导轨槽内宽度 100～120mm。

（2）推拉门扇的制作，依据施工图及门套预留的净宽开料、压门。应计算好门扇与门扇的搭接宽度。框内靠玻璃收口线条应平直，与门扇面板一致，光滑平整，缝隙严密。门面板颜色与门套保持一致。木质推拉门节点可参考相关标准图集。

（二）木质推拉窗制作

推拉窗主要由窗框和窗扇两部分组成，此外还有滑轮、导轨等。

（1）水平推拉窗。由窗扇在上下轨道上左右滑行来开启和关闭推拉窗。水平推拉窗构造上可分为上滑式和下滑式两种，窗扇沿水平方向移动。一般在窗扇上下边装有导轨，开启时两扇或多扇重叠。

（2）推拉窗。在窗扇左右两侧边装上导轨，由窗扇在左右轨道上下滑行来开启和关闭。木质推拉窗节点可参考木门窗相关标准图集。

（三）木质推拉门窗安装要点

1. 门窗套安装

（1）洞口处安装门窗套的墙面部位须做整平处理，清除墙面表层的污垢，露出水泥砂浆层。轻钢龙骨墙体应在洞口附加一层夹板。

（2）按测量清单上的洞口尺寸及包装标签上标注的尺寸，复核无误后将组装好的门窗套轻推入洞口内，用木楔调整门窗套与墙体洞口间隙，将门窗套固定塞紧。

（3）用木龙骨横支撑杆将门窗套立梃撑紧。为防止冒头下垂，在冒头和横支撑杆之间加一立支撑杆。用水平尺、线垂等工具进行正、侧两面吊线，校正门窗套水平度和垂直度并测量门窗套对角线，使其符合安装规范。

（4）将胶罐（胶枪）喷胶嘴由门窗套与墙体之间缝隙插入，距立梃边缘 25～30mm 处自下而上间断注入膨胀胶，在门套两侧肩部交角及合页、锁位置处注胶量要充足并能充分发泡。

（5）8h 后，膨胀胶充分发泡和固化，方可拆卸全部工装。

2. 门扇安装

按门套匹配尺寸规格复核门扇尺寸，明确开启方向、锁孔位置，分清上下梃及带百叶门的百叶内外方向，安装门扇时，木螺钉要拧紧卧平，调整门扇使其不能翘曲、走扇、回弹。门扇与门套配合间隙要符合安装规定。

3. 窗扇安装

按照推拉窗套配合尺寸及包装标签上注明的产品尺寸复核推拉窗外形尺寸，将窗扇试装入窗套内，确定下滑轨、下滑轮安装部位。安装推拉窗时，要求推拉窗扇与窗套之间的配合间隙必须符合安装规定。

4. 推拉木门窗安装注意事项

（1）推拉木门窗的上、下轨道或上、下框板必须保持水平，在洞口全长范围内高差不大于 2mm；侧框板必须用铅垂，全高垂直误差不大于 2mm。

（2）上、下轨道或轨槽的中心线必须铅垂对准，同在一个铅垂面内，以避免推拉门窗滑动时，上、下轨道拧劲。

（3）悬挂式推拉木门窗的上梁承受整个门（窗）扇的质量，必须安装牢固，上梁厚度不小于 5cm，每 20cm 的距离至少有一个点与洞口基底牢固连接。

（4）如果门窗扇左、右两边不用铅垂，可通过调节悬挂螺栓或轮盒将门窗扇找直。

（5）安装完毕后随即用木方保护侧框板及门扇边角。

二、双扇弹簧门制作安装要点

（一）工艺流程

（1）固定部分安装：裁割玻璃→固定底托→安装玻璃板→注胶封口。

（2）活动玻璃门扇安装：画线→确定门窗高度→固定门窗上下横档→门窗固定→安装拉手。

（二）操作工艺

1. 固定部分安装

（1）裁割玻璃。厚玻璃的安装尺寸，应从安装位置的底部、中部和顶部进行测量，选择最小尺寸为玻璃板宽度的切割尺寸。如果在上、中、下测得的尺寸一致，其玻璃宽度的裁割应比实测尺寸小 3～5mm。玻璃板的高度方向裁割，应小于实测尺寸的 3～5mm。玻璃板裁割后，应将其四周做倒角处理，倒角宽度为 2mm，如若在现场自行倒角，应手握细砂轮块做缓慢细磨操作，防止崩边崩角。

（2）固定底托。不锈钢（或铜）饰面的木底托，可用木楔加钉的方法固定于地面，然后用万能胶将不锈钢饰面板粘卡在木方上。如果是采用铝合金方管，可用铝角将其固定在框柱上，或用木螺钉固定于地面埋入的木楔上。

（3）安装玻璃板。用玻璃吸盘将玻璃板吸紧，然后进行玻璃就位。先把玻璃板上边插入门框底部的限位槽内，然后将其下边安放于木底托上的不锈钢包面对口缝内。在底托上固定玻璃板的方法：在底托木方上钉木条板，距玻璃板面 4mm 左右；然后在木板条上涂刷万能胶，将饰面不锈钢板片粘卡在木方上。

（4）注胶封口。玻璃门固定部分的玻璃板就位以后，即在顶部限位槽处和底部的底托固定处，以及玻璃板与框柱的对缝处等各缝隙处，均注胶密封。首先将玻璃胶开封后装入打胶枪内，即用胶枪的后压杆端头板顶住玻璃胶罐的底部；然后一手托住胶枪身，另一手握着注胶压柄不断松压循环地操作压柄，将玻璃胶注于需要封口的缝隙端。由需要注胶的缝隙端头开始，顺缝隙匀速移动，使玻璃胶在缝隙处形成一条均匀的直线。最后用塑料片刮去多余的玻璃胶，用刀片擦净胶迹。

门上固定部分的玻璃板需要对接时，其对接缝应有 3～5mm 的宽度，玻璃板边都要进行倒角处理。当玻璃块留缝定位并安装稳固后，即将玻璃胶注入其对接的缝隙，用塑料片在玻璃板对缝的两面把胶刮平，用刀片擦净胶料残迹。

2. 活动玻璃门扇安装

（1）画线。在玻璃门扇的上下金属横档内画线，按线固定转动销的销孔板和地弹簧的转动轴连接板。具体操作可参照地弹簧产品安装说明。

（2）确定门扇高度。玻璃门扇的高度尺寸，在裁割玻璃板时应注意包括插入上下横档的安装部分。一般情况下，玻璃高度尺寸应小于测量尺寸 5mm 加左右，以便于安装时进行定位调节。把上、下横档（多采用镜面不锈钢成型材料）分别装在厚玻璃门扇上下两端，并进行门扇高度的测量。如果门扇高度不足，即其上下边距门横框及地面的缝隙超过规定值，可在上下横档内加垫胶合板条进行调节。如果门扇高度超过安装尺寸，只能由专业玻璃工将门扇多余部分裁去。

（3）固定上下横档。门扇高度确定后，即可固定上下横档，在玻璃板与金属横档内的两侧空隙处，由两边同时插入小木条，轻敲稳实，然后在小木条、门扇玻璃及横档之间形成的缝隙中注入玻璃胶。

（4）固定门扇。进行门扇定位安装，先将门框横梁上的定位销本身的调节螺钉调出横梁平面 1～2mm，再将玻璃门扇竖起来，把门扇下横档内的转动销连接件的孔位对准地弹簧的转动销轴，并转动门扇将孔位套入销轴上。然后把门扇转动 90°，使之与门框横梁成直角，把门扇上横档中的转动连接件的孔对准门框横梁上的定位销，将定位销插入孔内 15mm 左右，调动定位销上的调节螺钉。

（5）安装拉手。拉手连接部分插入孔洞时不能很紧，应有松动。拉手组装时，其根部与玻璃贴紧后，拧紧固定螺钉。

三、旋转门的安装

（一）放线、画线、抄水平

（1）划分施工场地区域，将配件存放区、组装区等按工作要求分开，以保护成品和半成品。

（2）确定洞口的尺寸及垂直度是否与图纸相符。

（3）确定地平面是否满足安装要求，用红外水平仪测量地面的水平度（或其他水平监测设备），并确定门的中心点。

（4）对于两翼门，需严格检测立柱及固定弧壁处的水平度，安装立柱处的地面最低点与最高点的水平度差应小于 2mm，超过 2mm 时，地面未经处理不得施工。

（5）检测地板或石材的强度，如有空鼓现象或地板与底层不能牢固粘结，禁止安装。

（6）在具备合格的施工条件下，放线及画线。画线要求画出转门的中心点、立柱的安装孔中心点、立柱的平面投影，画线的工作完成后，复核每个点的位置及尺寸，确保正确无误。

（二）开立柱安装孔

（1）确定开孔的位置，并画好中心点。

（2）立柱地脚的开孔需用 A12 的石材开孔器开孔。

（3）检查开孔位置尺寸，有偏差的应修复，位置误差控制在 ±1mm 以内。

（4）将立柱地脚植入安装孔中。

（三）安装立柱、固定下弧夹、外轨

（1）将立柱安装在固定好的立柱地脚上。

（2）检查立柱上需要提前布置的电缆。

（3）安装下弧夹，将下弧夹和立柱连接好，并用螺栓紧固。

（4）检查外轨上的连接块是否齐备，将华盖包饰板压贴在外轨上面。

（5）将外轨抬至立柱上，并立即固定（每端不少于两条螺栓），三段都到位后检查外轨位置是否准确。

（6）安装外轨的过程中，要采取措施避免将立柱上引出的电缆导线压伤。

（四）调整外轨连接缝隙、水平度并修整接缝

（1）将外轨和立柱用螺栓固定。

（2）调整外轨接缝处的连接块，使其紧固后将接缝处连接紧密并保证轨道竖向接缝平整。

（3）用水平仪检查轨道面的水平度，其最高点与最低点的高度差应控制在 3mm 以内，检查的点数为 12 点，分别为立柱处及立柱之间的中点。

（4）轨道与立柱的连接螺栓要牢固，无高低不平的现象，应避免轮子在滚动过程中与之相撞。

（5）立柱与华盖处的保护膜不得压在竖向接缝内。

（6）外轨安装完成后，要检查立柱的垂直度，垂直度差值不得超过 2mm。

（五）安装内轨

（1）将主从动轮装在内轨上并确定主从动轮位置是否在孔中心。

（2）将紧固钢弧板、内轨辐条的 T 形螺栓提前装到内轨槽内。

（3）安装内轨密封毛条，检查密封毛条是否满槽与错位。

（4）检查内轨上主从动轮的状况、位置，确定是否在孔的中心。

（5）将内轨安装到外轨上。

（6）用两端连接板和钢弧板将内轨拼接，并安装 H 梁，用固定螺栓紧固。

（7）检查内轨底面的水平度，最高点与最低点的差值应不大于 3mm。

（8）检查内轨上的接缝，接缝间隙应不大于 3mm，平面度目视无明显错位。

（六）安装 H 梁、外轨辐条、内轨辐条、调心

（1）在内轨安装完成并检测合格后调整 H 梁弧板，弧板的中心线应位于内轨的直径上，以保证平滑门安装后在旋转门的中心线上滑动。

（2）检查 H 梁的外观垂直度、扭曲度，确认合格后进行安装。

（3）安装定位轴承座，使轴承座的中心在内轨的中心上，误差应小于 1mm。

（4）安装内轨辐条支撑板，安装内轨调节辐条，调节内轨的直径应不大于 3mm。

（5）调整内轨与外轨的缝隙，用 15mm 厚的木块沿周边调节，垫块数目不少于 12 件，在圆周上均匀分布。

（6）安装外轨辐条，调节外轨直径，调整后最大直径与最小直径应不大于 3mm。

（7）检查主动轮与从动轮轴线的同心度，确保主从动轮以切向运动，检查时主动轮与从动轮的轴心拉线相交。

（七）安装平滑门机电梁

（1）安装平滑门的悬臂。

（2）安装平滑门的铝轨，对于必须提前安装的配件（变压器安装板、驱动电动机安装板、平滑门轨道连接板）应在本环节安装。

（3）平滑门铝轨中间必须使用刚性连接板。

（4）用线垂检查平滑门的中心是否在旋转门的中心上。

（八）安装固定曲壁玻璃、旋转弧扇

（1）在外轨玻璃槽贴上缓冲胶带，在下弧夹玻璃槽内垫上缓冲垫块，准备好安装旋转弧扇和外弧玻璃的工具及垫块。

（2）检测旋转弧扇的弦长，确认是否在运输过程中有变形产生，如有变形，请在后续安装过程中调整。

（3）将弧扇安装到内轨上，调整弧扇在圆周上的位置，确保

与平滑门机电梁的位置。

（4）检查弧扇安装后的垂直度与立柱、下夹间的缝隙，垂直度与间隙有偏差的要调整合格。

（5）固定曲壁玻璃。

（九）调整立柱垂直度、外弧玻璃间隙、安装外弧玻璃胶条

（1）安装外弧玻璃胶条时应注意胶条的长度比玻璃缝隙稍长（约1mm），胶条接缝处连接美观，接好后用胶液黏合。

（2）调整外弧玻璃间隙时，应在玻璃间隙的上下两点贴海绵胶带，防止玻璃在调节过程中相互撞击而破损。

（3）调节玻璃缝隙，并安装接缝胶条。

（4）安装外侧密封胶条，为保证胶条密封的牢固性，在局部应填充结构胶。

（5）胶条安装完成后，立柱与玻璃、外轨、下夹成为一个稳定的支撑体，重新检测立柱的垂直度，有误差的要调整。

（十）安装展台支架、展台固定扇、活动扇

（1）将展台弧扇安装在内轨上，并用圆弧门扇横柱上的自制吊块连接。

（2）将上支架与旋转扇上弧夹连接，调整支架位置，保证支架与展台活动扇、平滑门活动扇、平滑门轨道三者间的位置关系。

（3）连接上支架与H梁上的吊拉连接块，将上支架面调整水平。

（4）将下支架与旋转弧扇下弧夹连接，调整下支架与展台活动扇、平滑门活动扇、平滑门轨道、上支架间距等相关结构的位置关系。

（5）将下支架面调整水平，测量上下支架的位置关系，检测垂直度、对角线、扭曲度等误差是否符合要求。

（6）观察支架安装后旋转弧扇的位置变化，在下支架垫平的情况下，旋转弧扇的任何位置变动和变形应在规定值以内。

（7）按上述步骤安装另一侧展台。

（8）安装完成后按要求检测两侧展台支架间的位置关系，并调至规定要求。

（9）检测展台活动扇和固定扇门框的尺寸，对角线误差应小于 2mm，高度与宽度误差应小于 2mm，有误差的要调整。

（十一）安装天花托圈与天花横梁

（1）安装天花托圈连接板。

（2）安装天花托圈。

（3）安装天花横梁，并调整天花横梁与展台活动扇上框的位置关系。

（十二）安装平滑门系统

（1）安装平滑门机电系统配件。

（2）按平滑门检测要求检查平滑门。

（3）挂平滑门并调整平滑门。

（十三）装顶板、展台顶板、展台地板、照明灯

（1）在内轨面上沿轨道边均匀地贴上 2mm 厚海绵胶。

（2）将顶板安装到华盖上，调整顶板的缝隙。

（3）安装顶板夹扣并紧固，防止夹扣松脱产生噪声。

（4）安装展台顶板与底板，安装顶板时，在胶没牢固前要吊拉，防止顶板脱落摔伤或损坏其他部件。

（5）安装照明灯并按规定布线。

（十四）安装下弧夹扣板、立柱内侧扣板

（1）下夹弧形内外板在包饰粘结前要预弯，弧度与下夹的弧度一致，以避免起拱或翘曲。

（2）立柱内侧包板要求规则地贴附在立柱上，长度合适，不得翘曲变形。

四、百叶窗制作安装

（一）百叶窗制作安装要点

1. 梃子画线

先画出百叶眼宽度方向的中线，这是一条与梃子纵向成 45° 的把线。百叶眼的中线画好后，再画一条与梃子边平行距离为

12～15mm 的长线,这根线与每根眼子中心线的交点就是孔心。这根线的定法是以孔的半径加上孔周到梃子边应有的宽度,一般一个百叶眼只钻两个孔就可以了,如图 11-3 所示。

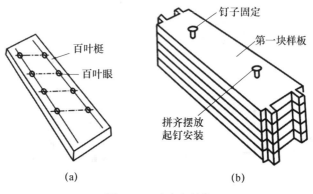

图 11-3　百叶窗制作

(a) 百叶梃;(b) 百叶板

2. 钻孔

把画好墨线的百叶梃子用铣子在每个孔心位置铣个小弹坑。铣了弹坑之后,钻孔一般不会偏心。当百叶厚度为 10mm 时,采用 A10 或 A12 的钻头,孔深一般在 15～20mm 之间。

3. 制作百叶板

由于百叶眼已被两个孔代替,所以百叶板的做法也必须符合孔的要求,就是在百叶板两端分别做出与孔对应的两个榫,以便装牢百叶板。制作时,先画出一块百叶板的样子,定出板的宽窄、长短和榫的大小位置,一般榫宽与板厚一致,榫头是个正方形。把刨压好的百叶板按要求的长短、宽窄截好后,用钉子把数块百叶板拼齐整后钉好,按样板锯榫、拉肩、凿夹,即成为可供安装的百叶板。

4. 安装百叶板

要注意榫长应略小于孔深,中间凿去部分应略比肩低,才能避免不严实的情况。另外,榫是方的,孔是圆的,不要把榫棱打去,可以直接把方榫打到孔里去,这样嵌进去的百叶板就不会松动了。制作时，采用手电钻、手摇钻或台钻均可。

（二）六边形硬百叶窗制作与安装

六边形硬百叶窗，窗框的内角为 120°，窗框间采取制角地接，百叶板与窗框嵌槽加榫结合，百叶板与窗平面的倾斜角一般为 45°；百叶板之间留有一定的空隙，且上面百叶板的下端与下面百叶板的上端有适当的重叠遮盖。常见的硬百叶窗有平顶和尖顶两种。

（1）正六边形的画法：正六边形的边长与正六边形外接圆的半径相等。首先以正六边形的边长 r 为半径作圆。然后作圆直径 AD。分别以 A、D 为圆心，以 r 为半径作弧交圆于 B、F、C、E 点。连接 AB、BC、CD、DE、EF、FA，即得正六边形 $ABCDEF$。

（2）操作工艺顺序：放样→求百叶板与料框的交角→计算百叶→拼装。

第三节　木门窗工程质量标准与安全技术

一、木门窗工程质量标准

（一）主控项目

（1）通过观察、检查材料进场验收记录和复验报告等方法，检验木门窗的木材品种、材质等级、规格、尺寸、框扇的线型及人造甲板的甲醛含量符合设计要求。

（2）木门窗应采用烘干的木材，含水率应符合现行《建筑木门、木窗》（JG/T 122）的规定。

（3）木门窗的防火、防腐、防虫处理应符合设计要求。

（4）木门窗的结合处和安装配件处不得有木节或已填补的木节。木门窗如有允许限值以内的死结及直径较大的虫眼，应用同一材质的木塞加胶填补。对于清漆制品，木塞的木纹和色泽应与制品一致。

（5）门窗框和厚度大于 60mm 的门窗应用双榫连接。榫槽应采用胶料严密嵌合，并应用胶楔加紧。

（6）胶合板门、纤维板门和模压门不得脱胶。胶合板不得刨透表层单板，不得有戗槎。制作胶合板门、纤维板门时，边框和横楞应在同一平面上，面层、边框及横楞应加压胶结。横楞和上、下冒头应各钻两个以上的透气孔，透气孔应通畅。

（7）木门窗的品种、类型、规格、开启方向、安装位置及连接方式应符合设计要求。

（8）门窗框的安装必须牢固。预埋木砖的防腐处理、木门窗框固定的数量、位置及固定方法应符合设计要求。

（9）木门窗扇必须安装牢固，并应开关灵活，关闭严密，无倒翘。

（10）木门窗配件的型号、规格、数量应符合设计要求，安装应牢固，位置应正确，功能应满足使用要求。

（二）一般项目

（1）木门窗表面应洁净，不得有刨痕、锤印。

（2）门窗的割角、拼缝应严密平整。门窗框、扇裁口应顺直，刨面应平整。

（3）木门窗上槽、孔应边缘整齐，无毛刺。

（4）木门窗与墙体缝隙的填嵌材料应符合设计要求，填嵌应饱满。寒冷地区外门窗（或门窗框）与砌体间的空隙应填充保温材料。

（5）木门窗制作的允许偏差和检验方法应符合表 11-2 的规定。

表 11-2　木门窗制作的允许偏差和检验方法

项次	项目	构件名称	允许偏差（mm）		检验方法
			普通	高级	
1	翘曲	框	3	2	将框、扇平放在检查平台上，用塞尺检查
		扇	2	2	
2	对角线长度差	框、扇	3	2	用钢尺检查，框量裁口里角，扇量外角
3	表面平整度	扇	2	2	用 1m 靠和塞尺检查

续表

项次	项目	构件名称	允许偏差（mm）普通	允许偏差（mm）高级	检验方法
4	高度、宽度	框	0；－2	0；－1	用钢尺检查，框量裁口里角，扇量外角
		扇	＋2；0	＋1；0	
5	裁口、线条结合处高低差	框、扇	1	0.5	用钢直尺和塞尺检查
6	相邻棂子两端间距	扇	2	1	用钢直尺检查

（6）木门窗安装的留缝限值、允许偏差和检验方法应符合表 11-3 的规定。

表 11-3 木门窗安装的留缝限值、允许偏差和检验方法

项次	项目		留缝限值（mm）普通	留缝限值（mm）高级	允许偏差（mm）普通	允许偏差（mm）高级	检查方法
1	门窗槽口对角线长度差		—	—	3	2	用钢尺检查
2	门窗框的正、侧面垂直度		—	—	2	1	用1m垂直检测尺检查
3	框与扇、扇与扇接缝高低差		—	—	2	1	用钢直尺和塞尺检查
4	门窗扇对口缝		1～2.5	1.5～2	—	—	用塞尺检查
5	工业厂房双扇大门对口缝		2～5	—	—	—	
6	门窗扇与上框间留缝		1～2	1～1.5	—	—	
7	门窗扇与侧框间留缝		1～2.5	1～1.5	—	—	
8	窗扇与下框间留缝		2～3	2～2.5	—	—	
9	门扇与下框间留缝		3～5	3～4	—	—	
10	双层门窗内外框间距		—	—	4	3	用钢尺检查
11	无下框时门扇与地面间留缝	外门	4～7	5～6	—	—	用塞尺检查
		内门	5～8	6～7	—	—	
		卫生间门	8～12	8～10	—	—	
		厂房大门	10～20	—	—	—	

二、木门窗工程安全技术

（1）安装门窗用的梯子必须结实牢固，不应缺档，不应放置过陡，梯子与地面夹角以 60°～70°为宜。严禁两人同时站在一个梯子上作业。高凳不能占其端头，防止跌落。

（2）严禁穿拖鞋、高跟鞋、带钉易滑鞋或光脚进入施工现场，进入现场必须戴安全帽。

（3）材料要堆放平稳。工具要随手放入工具袋内，上下传递物件、工具时不得抛掷。

（4）电器工具应安装触电保护器，以确保安全。

（5）应经常检查锤把是否松动，手电钻等电器工具是否有漏电现象，发现异常立即修理，坚决不能勉强使用。

第十二章　模板工程

第一节　模板的种类和配置

一、模板作用及要求

（一）模板的作用

模板虽然是辅助性结构，但在混凝土施工中的作用至关重要。在水利工程中，模板工程的造价，占钢筋混凝土结构物造价的 15%～30%，占钢筋混凝土造价的 5%～15%，制作与安装模板的劳动力用量约占混凝土工程总用量的 28%～45%。对结构复杂的工程，立模与绑扎钢筋所占的时间，比混凝土浇筑的时间长得多，因此模板的设计与组装工艺是混凝土施工中不容忽视的一个重要环节。

（二）模板的要求

为保证混凝土结构或构件在浇筑过程中保持正确的形状、准确的尺寸和相对位置，在硬化过程中进行有效的防护和养护，对于模板系统必须符合下列基本要求。

（1）保证土木工程结构和构件各部位形状、尺寸和相互位置准确，满足设计要求。

（2）具有足够的强度、刚度和稳定性，能可靠地承受新浇筑混凝土的自重、侧压力以及施工过程中所产生的荷载，保证不出现严重变形、倾覆或失去稳定。以确保施工质量和施工安全。

（3）模板系统的组成要尽量构造简单、装拆方便，并便于钢筋的绑扎与安装、混凝土的浇筑及养护等工艺要求。

（4）模板接缝应当严密，不得出现漏浆现象。

（5）合理选材，用料经济，能够多次周转使用，降低工程造价。

近年来，越来越多的工程要求建筑物的表面浇筑成清水混凝土，或对混凝土表面有更高的要求。因此，对所用模板提出了更高、更新的要求：一是要求模板的面板具有一定的硬度和耐摩擦、耐冲击、耐酸碱、耐水及耐热等性能；二是要求模板板面面积大、质量较轻、表面平整，能够浇筑成表面平整光洁的清水混凝土，以达到装饰混凝土表面的设计要求。

二、模板分类

模板工程是混凝土结构构件成型的一个十分重要的组成部分，模板工程是为满足各类混凝土结构工程成型要求的模板面板及其支撑体系（支架）的总称。虽然模板工程是钢筋混凝土结构工程的一个分项工程，但也是一个工序复杂、内容广泛的系统工程，包括设计、选材、选型、制作、支模、浇筑监控、拆除模板等全部施工过程。

（一）按材料性质不同分类

工程实践证明在混凝土浇筑成型的施工过程中，很多材料都可以作为模板材料。按材料不同可分为木模板、钢模板、木胶合板模板、竹胶合板模板、塑料模板、玻璃钢模板、铝合金模板等。

1. 木模板

其可锯、可钻、制作方便、拼装随意、尤其适于外形复杂或异型的混凝土构件，耐低温，有利于冬期施工，浇筑物件表面光滑美观，不污染混凝土表面，可省去墙面二次抹灰工艺，缩短装修工期，提高了工程质量和工程进度。但木模板周转次数少，易变形。另外在施工现场，要加强木模板的用料管理，严格按照木模板拼装图下料组装，如果管理不到位，工人对木模板的使用不当，也会造成木模板材料浪费，增加工程成本。

2. 钢模板

一般做成定型模板，用连接件拼装成各种形状和尺寸，适用于多种结构形式，在工程施工中广泛应用。钢模板周转次数多，但一次投资量大，在使用过程中应该特别注意保管和维护，防止生锈，以延长钢模板的使用寿命。

3.木胶合板模板

木胶合板模板通常由 5、7、9、11 等奇数层单板（薄木板）经热压固化而胶合成型，相邻纹理方向相互垂直，表面常覆有树脂面层，具有强度高、板幅大、自重轻、锯截方便、不翘曲、接缝少、不开裂等优点，在施工中用量较大。

4.竹胶合板模板

竹胶合板模板简称竹胶板，由若干层竹编与两表层木单板经热压而成，比木胶合板模板强度更高，表层经树脂涂层处理后可作为清水混凝土模板。

5.塑料模板、玻璃钢模板、铝合金模板

塑料模板、玻璃钢模板、铝合金模板具有质量轻、刚度大、拼装方便、周转率高的特点，目前已经逐步在施工现场使用。

（二）按结构类型不同分类

按混凝土结构类型不同，模板可分为基础模板、柱子模板、梁模板、楼板模板、楼梯模板、电梯井模板、墙体模板、壳体模板、烟囱模板、桥梁模板、河道模板和护壁模板等。

（三）按形状不同分类

按形状不同，模板可以分为平模（平面模板）、圆柱形模板、筒状模板、拱形模板、弧形模板、曲面模板、异型模板等。

（四）按组装方式不同分类

按组装方式不同，模板可分为整体式模板（大模板）、组装整体式模板（用板件在地面拼装好、整体吊装的模板）、组装式模板（模板规格较小、用人工或简单机具直接安装的模板，如组合小钢模板）、现配式模板（用面板和骨架材料直接剪裁配置的模板）和整体装拆式模板（如铰链模板）等。

（五）按施工方法不同分类

按施工方法不同，模板可分为现场装拆式模板、固定式模板、移动式模板。

297

1. 现场装拆式模板

按照设计要求的结构形状、尺寸及空间位置在施工现场组装，当混凝土达到拆除模板强度后即拆除模板，这种模板多用定型模板和工具支撑。

2. 固定式模板

固定式模板指一般常用的模板和支撑安装完毕后位置不变动，待所浇筑的混凝土达到规定强度标准值后，方可拆除的模板。各种胎模（土胎模、砖胎模、混凝土胎模）即属固定式模板。

3. 移动式模板

随着混凝土的浇筑，模板可沿垂直方向或水平方向移动，直至混凝土结构或构件成型，这是一种最节省材料的模板。如烟囱、水塔、墙柱混凝土浇筑时采用的滑升模板、提升模板和简壳浇筑混凝土时采用的水平移动式模板等。

近年来，施工技术不断完善，建筑施工过程中采用大模板、滑升模板、爬升模板等先进的施工工艺，以整间大模板代替普通模板进行混凝土墙板结构施工，不仅节约了模板材料，还大大提高了工程质量和施工机械化程度。

三、模板构造

模板工程是混凝土结构工程的重要组成部分，特别是在现浇钢筋混凝土结构工程施工中占主导作用，不仅决定施工方法和施工机械的选择，而且直接影响混凝土结构的质量、工期和造价。

模板系统主要包括面板、支撑体系和连接配件三个部分。它是保证混凝土在浇筑过程中保持正确形状和尺寸的模型，也是混凝土在硬化过程中进行防护和养护的工具。

（一）面板

模板系统的面板是构成模板并与混凝土接触的板材，是直接接触新浇混凝土的承力板，其质量如何直接关系到混凝土结构的形状和尺寸。我国建筑工程施工人员习惯将"面板"材料称为"模板"，实际上"面板"仅是模板的一个组成部分，是用于模板设计及受力分析的。

（二）支撑体系

模板系统的支撑体系即模板的支架，是指在模板面板本身构造之外的，包括水平支撑结构，如龙骨、桁架、小梁等，以及垂直支撑结构，如立柱、格构柱等，用于保持模板系统要求的形状、尺寸，同时起到分布、承受、传递模板系统荷载作用的杆件和支架体系，是支撑面板、混凝土和施工荷载的临时结构，保证建筑模板结构牢固地组合，做到不变形、不被破坏。

（三）连接配件

模板系统中所用的连接配件，是将面板与支撑结构连接成整体的重要配件，是确保混凝土结构形状、尺寸和顺利浇筑不可缺少的零件。模板连接配件的种类和规格很多，如螺栓、螺杆、接头连接件、螺母等。

四、模板配板设计

（一）设计原则

实用性原则：模板要保证构件形状尺寸和相互位置正确，且结构简单，支拆方便，表面平整，接缝严密不漏浆等。

安全性原则：有足够的强度，刚度和稳定性，保证施工中不变形、不破坏、不倒塌。

经济性原则：在确保工期与质量安全的前提下，尽量减少一次性投入，增加模板周转，减少支拆用工，实现文明施工。

（二）木模板及其支撑的设计

木模板及其支撑的设计应符合现行《木结构设计标准》（GB 50005）的规定，其中受压立杆除满足计算需要外，其梢径不得小于 60mm。

（三）钢模板及其支撑的设计

钢模板及其支撑的设计应符合现行《钢结构设计标准》（GB 50017）的规定，其截面塑性发展系数取 1.0。

（1）组合钢模板配板时应力求钢模板数量最少，应尽量采用规格最大的钢模板，以使木板镶补量最低，其他规格的钢模板只作为拼凑尺寸之用，以减少模板拼缝。

（2）构造上无特殊要求的转角，可以不用阳角模板而用连接角模代替。

（3）进行配板时一般应将钢模板的长边沿着结构长向和柱子的高度方向排列。

（4）钢模板的长向接缝应错开布置，以增加模板的整体刚度和平整度。

第二节　模板安装

一、模板安装的一般程序和要求

木模板因其制作、装卸方便和适应性强，目前仍在建筑施工中大量使用。

配制模板前应首先熟悉图纸，把较为复杂的混凝土结构分解成形体简单的构件。模板配制、组装时都应满足以下几点要求：

（1）木模板及支撑系统不得选用脆性、弯曲或受潮容易变形的木材及板材。

（2）侧模板的厚度一般为 25～30mm；梁底模板的厚度一般为 30～40mm。

（3）拼制模板的木板宽度：不宜大于 150mm；梁和拱的底板如采用整块木板，宽度不限。

（4）直接接触混凝土的木模板表面应刨光，涂刷隔离层，模板拼接处应刨平直，拼缝严密，防止漏浆。

（5）钉子长度应为木板厚度的 1.5～2.5 倍，每块木板与木楞（木方子）相叠处至少有 2 个钉子。第二块板的钉子要转向第一块模板方向斜钉，使拼缝严密。

（6）配制好的模板应在反面标明构件名称、编号，并说明规格，分别堆放保管，以免运入现场后错用。

二、基础模板

钢筋混凝土基础有独立基础和条形基础两种。不同的基础形式其安装方法有所不同。

（一）独立基础模板安装

1. 矩形基础模板安装

矩形基础模板由四块模板拼成的边模和四周支撑体系组成，如图 12-1 所示。

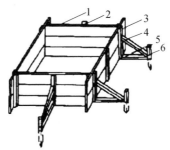

图 12-1　矩形基础模板

1—侧板；2、3—木楞（木方子）；4—斜撑；5—水平撑；6—木桩

筏板基础的四周可用此方案支模。

矩形基础模板的安装程序如下：

（1）校验基础垫层标高，弹出基础的纵横中心线和边线。

（2）立拼四块侧板。先将同一基础、同宽度、两端平齐的侧板按线放好并临时固定，再将另一对侧板从两边靠上用钉临时牵住，校直校方侧板后将四块侧板钉牢。

（3）钉四周水平撑、斜撑和木桩，将模板位置和形状固定，在四块侧板内表面弹出基础上表面标高线。

2. 阶梯形基础模板安装

阶梯形基础模板由上下两层矩形模板、两阶模板连接定位的桥杠和固定木组成，如图 12-2 所示。

阶梯形基础模板的安装如下：

（1）安装下层矩形基础模板。

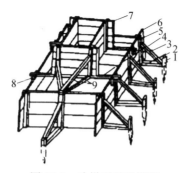

图 12-2　阶梯形基础模板

1—木桩；2—水平撑；3—斜撑；4—桥杠；5—木楞；6—下阶侧板；

7—上阶侧板；8—桥杠固定木；9—阶模板撑固件

（2）在工作台或平地上将上面基础模板校方校直后钉牢。

（3）其中一对侧板的最下面一块板作为桥杠，它的长度应大于下阶模板的宽度。

（4）把上阶基础模板整体抬到下层基础模板上，校正位置后用四根方木分别将桥杠四端同下阶模板侧板固定在一起。

（5）在上下阶模板之间加钉水平撑和斜撑，使上下阶基础模板组合成一个整体。

3. 杯形基础模板安装

杯形基础模板由上下两阶模板、杯芯及连接固定杆组成，如图 12-3 所示。

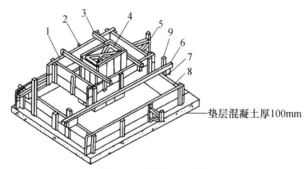

垫层混凝土厚100mm

图 12-3　杯形基础模板

1—上阶侧板；2—木楞；3、6—桥杠；4—杯芯模板；5—上阶模板撑固件；

7—托木；8—下阶模板侧板；9—桥杠固定木

杯形基础模板安装如下：

（1）上、下阶模板的安装与阶梯形基础模板基本相同。

（2）应预先根据图纸做好杯芯模板，为便于抽出，杯芯侧板做成竖向，并稍有一定锥度。根据杯孔深度，在杯芯外面平行地钉两根桥杠，桥杠应与杯芯中心线垂直。

将杯芯模板放在杯口位置，两根桥杠搁在上阶模板侧板上，校准位置后用四根短方木将桥杠两端与上阶模板侧板固定。

（二）条形基础模板安装

条形基础又称带形基础，它分为矩形条形基础和带地梁条形基础两种。因此支模方法分为矩形条形基础模板和带地梁条形基础模板两种。

1. 矩形条形基础模板安装

矩形条形基础模板由两侧侧板和支撑件组成。矩形条形基础的安装程序如下：

（1）清理基础平面，弹条形基础中心线和边线。

（2）用定型模板按基础边线放一侧侧板，并临时固定。

（3）找准标高，用垂直垫木和水平撑将侧板逐段固定，水平支撑间距为 500～800mm。

（4）放置钢筋后立另一侧侧板。

（5）校正后用木桩、水平撑和斜撑逐段固定。

（6）在侧板内侧弹出条形基础上表面标高线，钉搭头木将两侧板间距离固定，搭头木厚 3mm，宽 40mm，长度大于基础宽度 200mm。

2. 带地梁条形基础模板安装

带地梁条形基础模板，下层基础部分由两侧侧板和支撑件组成；上层地梁部分由侧板、桥杠、斜撑和吊木组成。

带地梁条形基础模板的安装程序如下：

（1）下层条形基础部分的模板安装同矩形条形基础模板。

（2）将地梁侧板分段在平台或地面上同桥杠固定在一起。装钉方法是，先在桥杠上根据梁宽和侧板厚度画线，沿线在桥杠上钉挂吊木上端，使吊木基本垂直于桥，侧板上边紧贴桥杠钉在桥杠的吊木上。

（3）吊木间距按设计尺寸，将一段段钉好的地梁模板放入基槽内，桥杠两端放在铺有垫板的基槽上，并垫上木楔，以便调整侧板的标高。

（4）调整好地梁的边线和标高，再将侧板与桥杠用斜撑固定。将垫板同基槽固定，桥杠同木楔和垫板固定在一起，防止地梁模板侧板错位。

（5）各段地梁模板对接后用木条封闭，防止漏浆。

三、柱、墙模板

（一）柱模板

矩形柱模板由四面侧板、柱箍、支撑组成。构造做法有两种：一种是两叠板为长条板用木档纵向拼制，另两面用短板横向逐块钉上，两头要伸出纵板边，以便拆除，每隔2m左右留一个浇筑洞口，待混凝土浇至其下口时再钉上。柱模板底部开有清扫洞口，柱底部一般设方盘用于固定。竖向侧板一般厚25mm，横向侧板厚25～30mm。另一种是柱子四周侧模都采用竖向侧板，如图12-4所示。

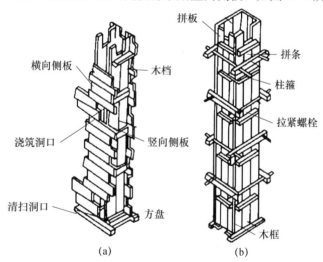

图 12-4　矩形柱模板

（a）两面竖向两面横向侧板；（b）四面横向侧板

柱顶与梁交接处要留出缺口，缺口尺寸即为梁的高及宽（梁高以扣除平板厚度计算），并在缺口两侧及口底钉上衬口档，如图 12-5 所示，衬口档离缺口边的距离即为梁侧板及底板厚度。

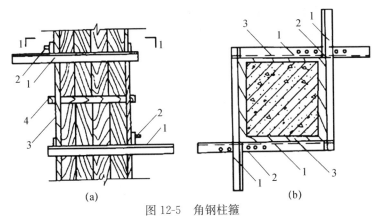

图 12-5　角钢柱箍

（a）正视图；（b）1—1 剖面图

1—L60×4；2—直径为 12mm 弯角螺栓；3—木模；4—拼条

为承受混凝土侧压力，侧板外要设柱箍，柱箍的间距与混凝土侧压力大小、拼接厚度有关，一般不超过 1000mm，由于侧压力上小下大，因而柱箍下部较密，设柱箍时，横向板外面要设竖向木档。柱箍可采用木制、钢木制或钢制，如图 12-4～图 12-6 所示。

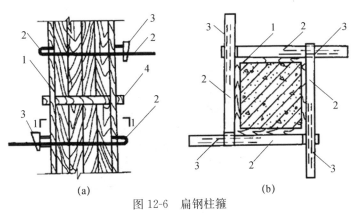

图 12-6　扁钢柱箍

（a）正视图；（b）1—1 剖面图

1—木模；2—60×5 扁钢；3—钢板楔；4—拼条

在安装柱模板前，应先绑扎好钢筋。测出标高标在钢筋上，同时在已浇筑的基础面（或楼面）上弹出柱轴线及边线；同一柱列应先弹两端柱轴线及边线。然后拉通线弹出中间部分柱的轴线及边线。按照边线先把底部方盘固定好，然后对准边线安装柱模板，并用临时斜撑固定，然后由顶部用线坠校正，使其垂直。为了保证柱模的稳定，柱模之间要用水平撑、剪刀撑等相互拉结固定。

（二）墙模板

墙模板主要有侧板、立板、横档、斜撑等组成，如图12-7所示。

侧板采用长条板横拼，预先与立档钉成大块板，高度一般不超过1.2m。横档钉在立档外侧，从底部始每隔1～1.5m一道。在横档与木桩之间支斜撑和水平撑，如木桩间距大于斜撑间距，应沿木桩设通长的落地横档，斜撑与水平撑紧顶在落地横档上。当坑壁较近时，可在坑壁上立垫木，在横档与垫木之间用平撑支撑。

墙模板安装时，根据边线先立一侧模板，临时用支撑撑住，用线坠校正模板的垂直度，然后钉横档，再用斜撑和平撑固定。大块侧模组拼时，上下竖向拼缝要互相错开，先立两端，后立中间部分。待钢筋绑扎后，按同样方法安装另一侧模板。

为了保证墙体的厚度正确，在两侧模板之间可用小方木撑头（小方木长度等于墙厚）。防水混凝土墙要加有止水板的撑头。小方木要随浇筑混凝土逐个取出。

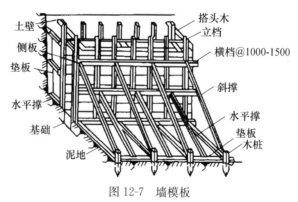

图12-7 墙模板

为了防止浇筑混凝土的墙身鼓胀，可用 8～10 号铁丝或直径为 12～16mm 螺栓拉结两侧模板，间距不大于 1m。螺栓要纵横排列，并在混凝土凝结前经常转动，以便在凝结后取出；或者在螺栓外面套塑料管，拆模时只将螺栓取出即可。如墙板不高，厚度不大，亦可在两侧模板上钉上搭头木。

四、楼面模板

（一）梁模板

梁模板主要由底板、侧板、夹木、托木、梁箍和支撑等组成。底板一般用厚 40～50mm 长条板，侧板用厚 25mm 的长条板，加木档拼制，或用整块板。在梁底板下每隔一定间距（一般为 800～1200mm）用顶撑（琵琶撑）支设。夹木设在梁模两侧下方。将梁侧板与底板夹紧并钉牢在顶撑上。次梁模板还应根据支设楼板模板的搁栅的标高，在两侧板外面钉上托木（横档）。在主梁与次梁交接处应在主梁侧板上留缺口，并钉上衬口档，次梁的侧板和底板钉在衬口档上，如图 12-8 所示。

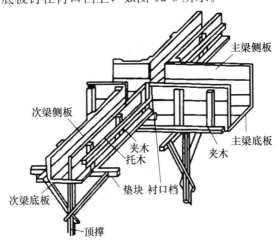

图 12-8　梁模板

对于支撑梁模的顶撑，其立柱一般为 100mm×100mm 的方木或直径 120mm 的原木，帽木用断面 50mm×50mm～100mm×

100mm 的方木，长度根据梁高确定，斜撑用断面 50mm×75mm 的方木。顶撑亦可用钢制的，如图 12-9 所示。

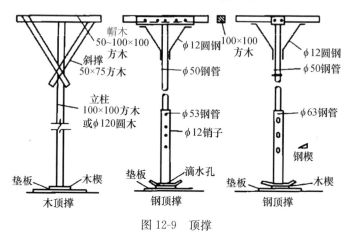

图 12-9 顶撑

为了确保梁模板支设的坚实，应在夯实的地面上立柱底垫厚不小于 40mm、宽度不小于 200mm 的通长垫木，用木楔调整标高。

当梁的高度较大时，应在侧板外面另加斜撑，如图 12-10 所示。

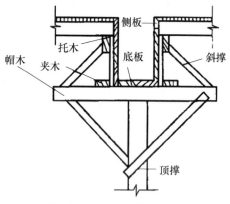

图 12-10 有斜撑的梁模板

斜撑上端钉在托木上，下端钉在帽木上。独立梁的侧板上口用搭头木相互卡住。

当梁高在 700mm 以上时，常用铁丝穿过横档对拉，或用螺栓将两侧模板拉紧。防止模板下口向外爆裂及中部鼓胀。

梁模板的安装顺序如下：

（1）沿梁模板下方地面上铺垫板，在柱模缺口处钉衬口木档，把底板搁置在衬口木档上。

（2）立起靠近柱或墙的顶撑，再将梁的长度等分，立中间部分顶撑，顶撑底下打入木楔。

（3）把侧模板放上，两头钉在衬口档上，在侧板底外侧钉夹木等。

（4）有主次梁模板时，要待主梁模板安装并校正后才能进行次梁模板安装。梁模板安装后要拉中线，并复核各梁中心位置是否对正。

（5）底模板安装后应检查并调整标高。

（6）各顶撑之间要设水平撑或剪力撑，以保持顶撑的稳固。

（二）板模板

板模板一般用厚 20～25mm 的木板拼成，或采用定型木模块，铺在搁栅上。搁栅两头支撑在托木上，搁栅一般用断面 50mm×100mm 的方木，间距为 400～500mm。当搁栅跨度较大时，应在搁栅中间立牵杠撑，并设通长的牵杠，以减小搁栅的跨度。牵杠撑要求和木顶撑一样。板模板应垂直于搁栅方向铺钉。定型模块的规格尺寸要符合搁栅的间距，或适当调整搁栅间距来适应定型模块的规格，如图 12-11 所示。

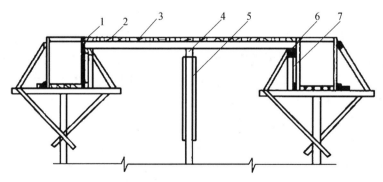

图 12-11　板模板

1—梁模侧板；2—模板底板；3—搁栅；4、6—牵杆；5—牵杆撑；7—托木

板模板的安装程序如下：

（1）在梁模板的侧板上钉上牵杠，使牵杠上表面处于水平面内，并符合标高要求。在牵杠下面立托木，使牵杠受力经托木传至梁模下的木顶撑上。

（2）将搁栅均匀分布垂直于牵杠，放在梁模侧的牵杠上。

（3）在搁栅下按设计间距顶立中间牵杠。牵杠由牵杠撑顶撑，牵杠撑下垫上垫板，以木楔调整搁栅高度，使搁栅上平面处于同一水平面内。

（4）搁栅高度调好后，将搁栅与牵杠，牵杠撑与牵杠及垫板木楔用钉固定牢固。在牵杠撑之间以及牵杠撑与梁模木顶撑间，以水平撑和剪刀撑相互牵搭牢固。

（5）在搁栅上，垂直于搁栅平铺板模底板。底板边缝应平直拼严，板两端及接头处钉钉子，中间尽量少钉钉子，以便于拆模。相邻两块底板接头应错开，板接头应在搁栅上。

（6）放置预埋件和预留洞模板。

（7）模板装完后，清扫干净，以利下道工序顺利进行。

五、楼梯模板

现浇混凝土楼梯有梁式和板式两种结构形式，其支模方法基本相同。楼梯模板是由底模、搁栅、牵杠、牵杠撑、外帮板、踏步侧板、反三角木等组成，如图 12-12 所示。

下阶楼梯底板下的搁栅，下端固定在梯基模板侧板的托木上，上端固定在休息平台梁模板侧板的托木上，中部由牵杠和牵杠撑支顶；上阶楼梯模板底板下的搁栅端放在楼层平台梁模板侧板的托木上，下端固定在休息平台梁模板侧板的托木上，中间以牵杠和牵杠撑顶撑。外帮板立在底板上，以夹木和斜撑固定。外帮板内侧钉有固定踏步侧板的木档。

反三角木由若干块三角木块连续钉在方木上制成。三角木的直角边长等于踏步的高和宽，每一梯段至少要配一块反三角木。反三角木靠墙放立，两端分别固定在梯基模板和平台梁模板侧板上。

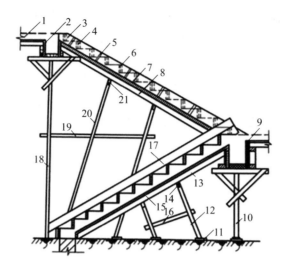

图 12-12　楼梯模板

1—楼面平台模板；2—楼面平台梁模板；3—外帮侧板；4—木档；
5—外帮板木档；6—踏步侧板；7、15—楼梯底板；8、13—搁栅；
10、18—木顶撑；9—休息平台梁及平台板模板；11—垫板；
12、20—牵杠撑；14、21—牵杠；16、19—拉撑；17—反三角木

踏步侧板一端钉在外帮板的木档上，另一端钉在反三角木的直角边上。楼梯模板的安装程序如下：

1）先砌墙后浇楼梯时楼梯模板的安装

（1）立平台梁、平台板的模板及梯基侧板。在平台梁和梯基侧板上钉托木，将搁栅支于托木上，搁栅的间距为 400～500mm，断面为 50mm×100mm。搁栅下立牵扛及牵杠撑。牵杠断面为 50mm×150mm，牵杠撑间距为 1～1.2m，其下通常要垫板。牵杠应与搁栅垂直，牵杠撑之间应用拉杆相互拉结。

（2）在搁栅上铺梯段底板，底板厚为 25～30mm，底板纵向应与搁栅垂直。在底板上画梯段宽度线，依线立外帮板，外帮板可用夹木或斜撑固定。

（3）在靠墙的一面立反三角木，反三角木的两端与平台梁和梯基的侧板钉牢。

（4）在反三角木与外帮板之间逐块钉踏步侧板，踏步侧板一头钉在外帮板的木档上。另一头钉在反三角木的侧面上。如果梯段较宽，应在梯段中间再加设反三角木。

2）先浇楼梯后砌墙时楼梯模板的安装

当先浇楼梯后砌墙时，则梯段两侧都应设外帮板，梯段中间加设反三角木，其他与先砌墙体做法相同。

六、阳台、挑檐、圈梁、雨篷、预制构件模板

（一）阳台模板

阳台一般为悬臂梁板结构，它由挑梁和平板组成，具体由搁栅、牵杠、牵杠撑、底板、侧板、桥杠、吊木、斜撑等部分组成，如图 12-13 所示。

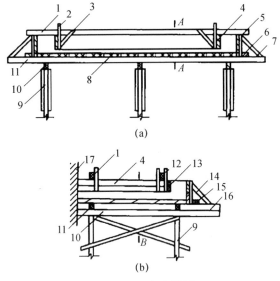

图 12-13 阳台模板

（a）正视图；（b）A—A 剖面图

1—桥杠；2、12—吊木；3、7、14—斜撑；4、13—内侧板；

5—外侧板；6、15—夹木；8—底板；9—牵杠撑；

10—牵杠；11—搁栅；16—垫木；17—墙

挑梁阳台模板的搁栅沿墙的方向平行放置在垂直于墙的牵杠上。牵杠由牵杠撑支顶，牵杠撑之间以水平撑和剪刀撑相互牵牢。底板平铺在搁栅上，板缝挤紧钉牢。阳台挑梁模板的外侧板以夹木和斜撑固定在搁栅上。阳台外沿侧板以夹于牵杠的外端。阳台挑梁模板的内侧板以桥杠、吊木和斜撑固定桥杠，钉在挑梁模板外侧板上。阳台外沿内侧板以吊木固定在桥杠上。

挑梁阳台模板的安装程序如下：

（1）在垂直于外墙的方向安装牵杠，以牵杠撑支顶，并用水平撑和剪刀撑牵搭支稳。

（2）在牵杠上沿外墙方向布置固定搁栅。以木楔调整牵杠高度，使搁栅上表面处于同一水平面内。

（3）垂直于搁栅铺阳台模板底板，板缝挤严，用圆钉固定在搁栅上。

（4）装钉阳台左右外侧板，使侧板紧夹底板，以夹木斜撑固定在搁栅上。

（5）将桥杠木担在左右外侧板上，以吊木和斜撑将左右挑梁模板内侧板吊牢。

（6）用吊木将阳台外沿内侧模板吊钉在桥杠上，并用钉将其与挑梁左右内筒板固定。

（7）在牵杠外端加钉同搁栅断面一样的垫木，在垫木上用夹木和斜撑将阳台外沿外侧板固定。

（二）挑檐模板

挑檐是同屋顶圈梁连成一体的，因此挑檐模板是同圈梁模板一起进行安装的，它由托木、牵杠、搁栅、模板底板、侧板、桥杠、斜撑等部件组成，如图12-14所示。

托木穿入挑檐下一皮砖的预留墙洞内，以木楔固定，用斜撑撑平后作为圈梁和挑檐模板的支撑体。圈梁模板以夹木和斜撑固定。内侧板高于外侧板。在托木上垂直地放两根牵杠，牵杠以木楔调平后固定。在牵杠上布置固定底板及搁栅，在搁栅上钉挑檐模板底板。挑檐的外侧板垂直放立在底板上并以夹木和斜撑固

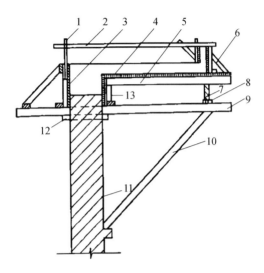

图 12-14 挑檐楼板

1—撑木；2—桥杠；3—侧板；4—模板底板；5—搁栅；

6、10—斜撑；7、13—牵杠；8—木楔；9—托木；

11—墙壁；12—窗台线

定；挑檐外沿内侧板，以桥杠和吊木吊立。桥杠以撑木固定在圈梁模板的内侧板上，另一端固定在挑檐的外侧板上。

挑檐模板的安装程序如下：

（1）在预留墙洞内穿入托木，以斜撑撑平后，用木楔固定在墙上。托木间距为 1000mm。

（2）立圈梁模板，并用夹木和斜撑固定。

（3）在毛木上固定牵杠，牵杠以木楔调平。

（4）搁栅垂直地钉于牵杠上。在搁栅上钉挑檐模板底板。

（5）立挑檐模板外侧板，并以斜撑夹木固定。

（6）在圈梁模板内侧板上钉撑木。桥杠一端钉在挑檐模板外侧板上，另一侧钉在撑木上。

（7）在桥杠上钉吊木并以斜撑撑垂直，在吊木上固定挑檐外沿内侧模板。

（三）圈梁模板

圈梁模板由侧板、夹木、斜撑、搭头木横担等部件组装而成，如图 12-15 所示。

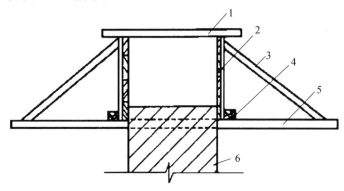

图 12-15　圈梁模板

1—搭头木；2—侧板；3—斜撑；4—夹木；5—横担；6—砖墙

圈梁的质量主要由墙体支撑，侧板只承受混凝土浇捣时的侧向压力。侧板的支撑和固定靠穿入墙体预留洞内的横担、夹木和斜撑来实现。为防止浇捣混凝土时侧板被胀开，侧板上口以搭头木或顶棍予以限制。

圈梁模板的安装程序如下：

（1）将 50～100mm 截面的木横担穿入梁底一皮砖处的预留洞中，两端露出墙体的长度一致，找平后用木楔将其与墙体固定。

（2）立侧板。侧板下边担在横担上，内侧面紧贴墙壁，调直后用夹木和斜撑将其固定。斜撑上端钉在侧板的木档上，下端钉在横担上。

（3）每隔 1000mm 左右在圈梁模板上口钉一根搭头木或顶棍，以防止模板上口被胀开。

（4）在侧板内侧面弹出圈梁上表面高度控制线。

（5）在圈梁的交接处做好模板的搭接。

（四）雨篷模板

雨篷包括过梁和雨篷板两部分。模板的构造和安装方法与梁模板有些相似。雨篷模板由过梁底模板和过梁内侧模板、木顶撑、牵杠、牵杠撑、搁栅、雨篷底板、雨篷侧板、搭头木等部分组成，如图12-16所示。

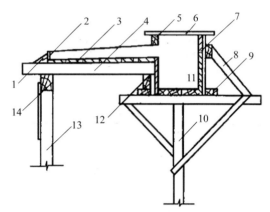

图 12-16　雨篷模板

1—三角木；2—雨篷侧板；3—雨篷底板；4—搁栅；5—木条；
6—搭头木；7—过梁内侧模板；8—斜撑；9—夹木；10—木顶撑；
11—过梁底模板；12、14—牵杠；13—牵杠撑

过梁模板以木顶撑、夹木和斜撑支撑固定。过梁的外侧模板上端以搭头木将木条固定。在过梁外侧板旁钉牵杠木，外侧牵杠以牵杠撑支顶，并用水平撑和剪刀撑互相牵牢，在牵杠上布置固定搁栅，搁栅垂直于梁。在搁栅上钉铺雨篷模板底板，雨篷侧板立在底板上以三角木固定。

雨篷模板的安装程序如下：

（1）立过梁模板下的木顶撑，并按以前介绍过的方法固定梁的模板。

（2）在梁模内侧板上钉搭头木，搭头木另一端钉木条，用以将梁端突出部分成型，木条两端钉于雨篷侧板上。

（3）在梁模外侧板装钉牵杠，另一牵杠用牵杠撑顶撑。用水平撑和剪刀撑将牵杠撑相互搭连。

（4）在牵杠上布置固定搁栅。使搁栅上表面处于同一水平面。

（5）在搁栅上平铺雨篷模板底板，板缝挤严后用钉固定。

（6）在底板上用三角木固定雨篷侧板。

（五）预制构件模板

1. 一般预制构件模板的操作工艺顺序

场地平整→铺设底板→立侧模→绑扎钢筋→浇筑混凝土→拆除模板。

2. 预制构件模板的操作工艺要点

（1）场地平整：按施工图的要求在预制构件的位置上进行场地夯实整平；多孔板也可在加工厂的长线台座上支模。

（2）铺设底板：在平整的场地上放垫木或设砖墩，拉通线进行找平。底板可铺设在垫木上，如无底板，用细石混凝土或水泥石灰膏砂浆找平。

（3）立侧模：有底模时，侧模高度可比柱厚大 50～60mm 以上，侧模的上口与柱的厚度平齐；无底模时，应在侧模板里弹出构件的厚度线。采用重叠法浇筑混凝土时，上几层支模应使侧板和端板上口与构件厚度一致，下部可以夹住下层构件。也可采用侧板为叠层总和高度方法制作模板。侧模的斜撑支在垫木上，或用对销螺栓进行加固，侧板与端板要保证为直角。加工厂在长线台座上支多孔板模板时，端板上留孔要与多孔板上的孔洞对应，其直径要大 1～2mm。芯管应用钢管。长线台座上必须刷好隔离剂。

（4）绑扎钢筋：在钢筋未放入构件模内时，要设置各类预埋件，不得遗漏，并保证位置正确与模板（或钢筋）连接牢固。预制构件内如设有芯模，应同时与钢筋放入构件模内固定。

（5）浇筑混凝土：当叠层支模时（一般不超过三层），下一层混凝土强度达到30%以上时，刷上隔离剂，才可以进行上层混凝土的浇筑，其他要求均同柱梁模板。

（6）拆除模板：混凝土浇筑后达到不掉棱角的强度时，就可拆除其侧板及端板；底板架空在砖墩之间时，混凝土强度达到50%以上时方可拆除底板。

第三节　模板拆除

一、侧模板的拆除

现浇结构的模板及支架拆除时的混凝土强度，应符合设计要求，当设计无要求时，侧模应在混凝土强度能保证其表面及棱角不因拆除而受损坏时拆除。具体时间参考表 12-1。

表 12-1　拆除侧模时间（参考）

水泥品种	混凝土强度等级	混凝土的平均硬化温度（℃）					
		5	10	15	20	25	30
		混凝土强度达到 2.5MPa 所需天数（d）					
普通硅酸盐水泥	C10	5	4	3	2	1.5	1
	C15	4.5	3	2.5	2	1.5	1
	≥C20	3	2.5	2	1.5	1.0	1
矿渣及火山灰质硅酸盐水泥	C10	8	6	4.5	3.5	2.5	2
	C15	6	4.5	3.5	2.5	2	1.5

二、底模板的拆除

底模板应在与混凝土结构同条件养护的试件达到表 12-2 规定的强度标准值时，方可拆除。达到规定强度标准值所需时间可参考表 12-3。

表 12-2　现浇结构拆模时所需混凝土强度

项次	结构类型	结构跨度（m）	达到设计混凝土强度标准值的百分率（%）
1	板	≤2	≥50
		>2，≤8	≥75
		>8	≥100
2	梁	≤8	≥75
		>8	≥100
3	悬臂构件	—	≥100

表 12-3　拆除底模板的时间（参考） d

水泥的强度等级及品种	混凝土达到设计强度标准值的百分率（%）	硬化时昼夜平均温度（℃）					
		5	10	15	20	25	30
42.5 普通硅酸盐水泥	50	10	7	6	5	4	3
	75	20	14	11	8	7	6
	100	50	40	30	18	20	18
32.5 矿渣或火山灰质硅酸盐水泥	50	18	12	10	8	7	6
	75	32	25	17	14	12	10
	100	60	50	40	18	24	20
42.5 矿渣或火山灰质硅酸盐水泥	50	16	11	9	8	7	6
	75	30	20	15	13	12	10
	100	60	50	40	28	24	20

三、拆模操作要点

（1）拆模一般顺序是先支后拆，后支先拆，先拆除侧模板部分，后拆除底模板部分。

（2）重大复杂模板的拆除，事前应制定拆模方案。

（3）肋形楼板应先拆柱模板，再拆楼板底模板、梁侧模板，最后拆梁底模板。

（4）侧模板的拆除应按自上而下的顺序进行。跨度较大的梁底支柱拆除，应从跨中开始分别拆向两端。

（5）多层楼板模板支架的拆除，当上层楼板正在浇筑混凝土时，下一层楼板的模板支架不得拆除，再下一层楼板模板的支架仅可拆除一部分。跨度等于及大于 4m 的梁下均应保留支架，其间距不得大于 3m。

（6）工具式支模的梁模板、楼板模板的拆除，应先拆卡具、横楞、侧模，再松动木楔或可调螺杆，使支柱、桁架等平稳下降，逐级抽出底模和横档木，最后拆除桁架、支柱和托具。

（7）拆模时要避免模板受到损坏，拆下的模板应及时加以清理、修理，按种类及尺寸分别堆放、保管。组合钢模板若背面油漆脱落，应补刷防锈漆，配件也要涂油防锈。

四、拆模的注意事项

（1）模板拆除必须在混凝土达到规定强度后才能进行，已拆除模板及其支架的结构，应在混凝土强度达到设计强度标准值后，才允许承受全部使用荷载，当承受施工荷载产生的效应比使用荷载更为不利时，必须经过核算，加设临时支撑。

（2）拆除模板时要遵守安全操作规程，做好个人防护。

（3）拆模时不能硬撬、硬砸、用力过猛；不能采取大面积同时撬落和拉倒的方法，应分段从一端退拆，边拆边清理。

（4）拆模时不能站在正在拆除的模板上方或模板下方。拆模区域应有专人看守，禁止通行。

（5）拆下的模板应采用有效方法搬运到指定的堆场整齐堆放，禁止向下投掷。有钉子的模板，要使钉尖朝下，以免扎脚。

第四节　复杂结构模板

一、大模板

大模板是进行现浇剪力墙结构施工的一种工具式模板，一般配以相应的起重吊装机械，通过合理的施工组织安排，以机械化施工方式在现场浇筑混凝土竖向（主要是墙、壁）结构构件。其特点：以建筑物的开间、进深、层高为标准化的基础，以大模板为主要手段，以现浇混凝土墙体为主导工序，组织进行有节奏的均衡施工。为此，也要求建筑和结构设计能做到标准化，以使模板能周转通用。

大模板由板面结构、支撑系统和操作平台以及附件组成。

（一）面板材料

板面是直接与混凝土接触的部分，要求表面平整，加工精密，有一定刚度，能多次重复使用。可作面板的材料很多，有钢板、木（竹）胶合板以及化学合成材料面板等，常用的为前两种。

1. 整块钢面板

一般用4～6mm（以6mm为宜）钢板拼焊而成。这种面板具有良好的强度和刚度，能承受较大的混凝土侧压力及其他施工荷载，重复利用率高，一般周转次数在200次以上。另外，由于钢板面平整光洁，耐磨性好，易于清理，这些均有利于提高混凝土表面的质量。其缺点是耗钢量大，质量大（40kg/m²），易生锈，不保温，损坏后不易修复。

2. 组合式钢模板组拼成面板

这种面板主要采用55型组合钢模板组拼，虽然亦具有一定的强度和刚度，耐磨及自重较整块钢板面轻（35kg/m²），能做到一模多用等优点，但拼缝较多，整体性差，周转使用次数不如整块钢面板多，在墙面质量要求不严的情况下可以采用。采用中型组合钢模板拼制而成的大模板，拼缝较少。

3. 胶合板面板

（1）木胶合板：模板用木胶合板属于具有耐候、耐水的Ⅰ类胶合板，其胶粘剂为酚醛树脂胶，主要用柳安木、桦木，马尾松、落叶松、云南松等树种加工而成，通常由5、7层单板经热压固化而胶合成型。相邻层纹理方向相互垂直，通常最外层表板的纹理方向和胶合板板面的长向平行，因此整张胶合板的长向为强方向，短向为弱方向，使用时必须加以注意。木胶合板的厚度为12mm、15mm、18mm和21mm。

（2）竹胶合板：是以竹片互相垂直编织成单板，并以多层放置经胶粘热压而成的芯板，表面再覆以木单板而成。其具有较高的强度和刚度、耐磨、耐腐蚀性能并且阻燃性好、吸水率低。其厚度一般有9mm、12mm和15mm几种。

（二）构造类型

1. 内墙模板

模板的尺寸一般相当于每面墙的大小，这种模板由于无拼接接缝，浇筑的墙面平整。内墙模板有以下几种：

（1）整体式大模板：又称平模，是将大模板的面板、骨架、支撑系统和操作平台组拼焊成一体。这种大模板由于是按建筑物的开间、进深尺寸加工制造的，通用性差，并需用小角模解决纵、横墙角部位模板的拼接处理，仅适用于大面积标准住宅的施工。

（2）组合式大模板：组合式大模板是目前最常用的一种模板形式。它通过固定于大模板板面的角模，可以把纵横墙的模板组装在一起，用以同时浇筑纵横墙的混凝土，并可适应不同开间、进深尺寸的需要。

（3）拆装式大模板：其板面与骨架以及骨架中各钢杆件之间的连接全部采用螺栓组装，这样比组合式大模板便于拆改，也可减少因焊接而变形的问题。

2. 外墙模板

全现浇剪力墙混凝土结构的外墙模板结构与组合式大模板基本相同，但有所区别。除其宽度要按外墙开间设计外，还要解决以下几个问题：

（1）门窗洞口的设置：这个问题的习惯做法是将门窗洞口部位的骨架取掉，按门窗洞口尺寸，在模板骨架工作一边框，并与模板焊接为一体。门窗洞口的开洞，宜在内侧大模板上进行，以便于捣固混凝土时进行观察。

另一种做法：在外墙内侧大模板上，将门窗洞口部位的板面取掉，同样做一个型钢边框，并采取以下两种方法支设门、窗洞口模板。

目前最新的做法：大模板板面不再开门窗洞口，门洞和窄窗采用假洞口框固定在大模板上，装拆方便。

（2）外墙采用装饰混凝土时，要选用适当的衬模：装饰混凝土是利用混凝土浇筑时的塑性，依靠衬模形成有花饰线条和纹理质感的装饰图案，是一种新的饰面技术。它的成本低、耐久性好，能把结构与装修结合起来施工。

（3）保证外墙上下层不错台、不漏浆和相邻模板平顺。

（4）外墙大角的处理：外墙大角处相邻的大模板，应在边框上钻连接销孔，将 1 根 80mm×80mm 的角模固定在一侧大模板上。两侧模板安装后，用 U 形卡与另一侧模板连接固定。

（5）外墙外侧大模板的支设：一般采用外支安装平台方法。安装平台由三角挂架、平台板、安全护身栏和安全网所组成。它是安放外墙大模板、进行施工操作和安全防护的重要设施。在有阳台的地方，外墙大模板安装在阳台上。

3. 电梯井模板

用于高层建筑的电梯井模板，其井壁外围模板可以采用大模板，内侧模板可采用筒形模板（筒形提模）。

（1）组合式提模：组合式提模由模板、门架和底盘平台组成。模板可以做成单块平模；也可以将四面模板固定在支撑架上。整体安装模板时，将支撑架外撑，模板就位；拆除模板时，吊装支撑架，模板收缩移位，即可将模板随支架同时拆除。

（2）组合式铰接筒形模：组合式铰接筒形模的面板由钢框胶合板模板或组合式钢模板拼装而成，在每个大角用钢板铰链拼成三角铰，并用铰链与模板板面连成一体，通过脱模器使模板启合，达到支拆模板的目的。

4. 模板配件

模板配件主要包括穿墙螺栓、上口铁卡子、楼梯间支模平台等。

（1）穿墙螺栓：用以连接固定两侧的大模板，承受混凝土的侧压力，保证墙体的厚度。一般采用 ϕ30mm 的 45 号圆钢制成。一端制成丝扣，长 10cm，用以调节墙体厚度。丝扣外面应罩以钢套管，防止落入水泥浆，影响使用。另一端采用钢销和键槽固定。

（2）上口铁卡子：主要用于固定模板上部。模板上部要焊上卡子支座，施工时将上口铁卡子安入支座内固定。铁卡子应多刻几道槽，以适应不同厚度的墙体。

（3）楼梯间支模平台：由于楼梯段两端的休息平台标高相差约半层，为了解决大模板的支设问题，可采用楼梯间支模平台，使大模板的一端支设在楼层平台板上，另一端则放置在楼梯间支模平台上。楼梯间支模平台的高度视两端休息平台的高度确定。

（三）大模板配制

1. 按建筑平面确定模板型号

根据建筑平面和轴线尺寸，凡外形尺寸和节点构造相同的模板均可列为同一型号。当节点相同、外形尺寸变化不大时，则以常用的开间尺寸为基准模板，另配模板条。

2. 按施工流水段确定模板数量

为了便于大模板周转使用，常温情况下一般以一天完成一个流水段为宜。所以，必须根据一个施工流水段轴线的多少来配置大模板。同时还必须考虑特殊部位的模板配置问题，如电梯间墙体、全现浇工程中山墙和伸缩缝部位的模板数量。

3. 根据房间的开间、进深、层高确定模板的外形尺寸

（1）模板高度：与层高和模板厚度有关，一般可以通过下式确定：

$$H = h - h_1 - C_1 \tag{12-1}$$

式中 H——模板高度（mm）；

h——楼层高度（mm）；

h_1——楼板厚度（mm）；

C_1——余量，考虑到模板找平层砂浆厚度及模板安装不平等因素而采用的一个常数，通常取 20~30mm。

（2）横墙模板长度：横墙模板长度与进深轴线、墙体厚度以及模板的搭接方法有关，按下式计算：

$$L = L_1 - L_2 - L_3 - C_2 \tag{12-2}$$

式中 L——内横墙模板长度（mm）；

L_1——进深轴线尺寸（mm）；

L_2——外墙轴线至外墙内表面的尺寸（mm）；

L_3——内墙轴线至墙面的尺寸（mm）；

C_2——为拆模方便，外端设置一角模，其宽度通常取 50mm。

（3）纵墙模板长度：纵墙模板长度与开间轴线尺寸、墙体厚

度、横墙模板厚度有关，按下式确定：

$$B=b_1-b_2-b_3-C_3 \qquad (12\text{-}3)$$

式中　B——纵墙模板长度（mm）；

　　　b_1——开间轴线尺寸（mm）；

　　　b_2——内横墙厚度（mm）（端部纵横墙模板设计时，此尺寸为内横墙厚度的 1/2 加外轴线到内墙皮的尺寸）；

　　　b_3——横墙模板厚度×2（mm）：

　　　C_3——模板搭接余量（为使模板能适应不同的墙体厚度，故取一个常数，通常取 20mm）。

（四）大模板安装与拆除

1. 施工流水段划分的原则

流水段的划分，要根据建筑物的平面、工程量、工期要求和机具设备条件综合考虑。一般应注意以下几点：

（1）尽量使各流水段的工程量大致相等，模板的型号、数量基本一致，劳动力配备相对稳定，以利于组织均衡施工。

（2）要使各流水段的吊装次数大致相等，以便充分发挥垂直起重设备的能力。

（3）采取有效的技术组织措施，做到每天完成一个流水段的支、拆模工序，使大模板得到充分利用。

2. 内墙大模板安装和拆除

（1）大模板运到现场后，要清点数量，核对型号，清除表面锈蚀和焊渣，板面拼缝处要用环氧树脂腻子嵌缝。背面涂刷防锈漆，并用醒目字体注明编号，以便安装时对号入座。

大模板的三角挂架、平台、护身栏以及背面的工具箱，必须经全部检查合格后，方可组装就位。对模板的自稳角要进行调试，检测地脚螺栓是否灵便。

（2）大模板安装前，应将安装处的楼面清理干净。为防止模板缝隙偏大导致漏浆，一般可在模板下部抹找平层砂浆，待砂浆凝固后安装模板；或在墙体部位用专用模具，先浇筑高 5～10cm 的混凝土导墙，然后安装模板。

（3）安装模板时，应按顺序吊装就位。先安装横墙一侧的模板，靠吊垂直后，放入穿墙螺栓和塑料套管，然后安装另一侧的模板，并经靠吊垂直后才能旋紧穿墙螺栓。横墙模板安装完毕后，安装纵墙模板。墙体的厚度主要靠塑料套管和导墙来控制。因此，塑料套管的长度必须和墙体厚度一致。

（4）靠吊模板的垂直度，可采用2m长双"十"字靠尺检查。如板面不垂直或横向不水平，必须通过支撑架地脚螺栓或模板下部地脚螺栓进行调整。

大模板的横向必须水平，不平时可用模板下部的地脚螺栓调平。

（5）大模板安装后，如底部仍有空隙，应用水泥纸袋或木条塞紧，以防漏浆。但不可将其塞入墙体内，以免影响墙体的断面尺寸。

（6）楼梯间墙体模板的安装，可采用楼梯间支模平台方法。为了解决好上下墙体接槎处不漏浆的问题，可采用以下两种方法：把圈梁模板与墙体大模板连接为一体，同时施工，或者直接用20号或16号槽钢与大模板连接固定，槽钢外侧用扁钢固定。楼梯间墙模板支设，要注意直接引测轴线，以保证放线精度。

（7）大模板连接固定圈梁模板后，与后支架高低不一致。为保证安全，可在地脚螺栓下部嵌100mm高垫木，以保持大模板的稳定，防止倾倒伤人。

3. 外墙大模板安装和拆除

（1）施工时要弹好模板的安装位置线，保证模板就位准确。安装外墙大模板时，要注意上下楼层和相邻模板的平整度和垂直度。要利用外墙大模板的硬塑料条压紧下层外墙，防止漏浆，并用倒链和钢丝绳将外墙大模板与内墙拉接固定，严防振捣混凝土时模板发生位移。

（2）为了保证外墙面上、下层平整一致，还可以采用"导墙"的做法。即将外墙大模板加高（视现浇楼板厚度而定），使下层的墙体作为上层大模板的导墙，在导墙与大模板之间，用泡沫条填塞，防止漏浆，可以做到上下层墙体平整一致，

（3）外墙后施工时，在内横墙端部要留好连接钢筋，做好堵头模板的连接固定。

二、液压滑升模板

液压滑升模板简称滑模施工，是以液压千斤顶为提升机具，在液压作用下，带动模板沿着混凝土表面向上滑动来成型的钢筋混凝土结构施工方法。

（一）操作工艺顺序

准备工作→安装提升架→安装内外围圈→绑扎钢筋→安装支承杆→安装模板→安装操作平台→安装提升系统→安装安全设施→浇筑混凝土并提升模板→模板拆除。

（二）操作工艺要点

（1）准备工作。组装前做好地坪或铺设好组装平台，标出结构轴线，墙、柱、梁的边线，各种模板的位置线和标高等，认真核对各部件规格和数量，并检查其质量。

（2）安装提升架。如带有辐射梁或辐射桁架的操作平台，应同时安装辐射梁或辐射桁架及其环梁。

（3）安装内外围圈。安装时调整倾斜度。

（4）绑扎钢筋。绑扎竖向钢筋和提升架横梁以下的水平钢筋，安设预埋件及预留孔洞胎模，胎模厚度应比模板上口尺寸小10mm，并与结构钢筋固定牢固。

（5）安装模板。模板高度宜取 900～1200mm，宽度宜取 150～500mm；模板必须四角方正，板面平整，无卷边、翘曲、孔洞及毛刺等；拼缝紧密、装拆方便；宜先安装角模后安装其他模板。

（6）安装操作平台。安装操作平台桁架、支撑和平台铺板；安装外操作平台的支架、铺板和安全栏杆等。

（7）安装提升系统。安装液压提升系统，垂直运输系统及水、电、通信、信号、精度控制和观测装置，并分别进行编号、检查和试验。

（8）安装安全设施。安装内外吊脚手架及挂安全网，当在地面或组装台上组装滑模装置时，应待模板滑至适当高度后，安装内外吊脚手架。

（9）模板滑升。模板滑升速度必须与浇筑混凝土速度同步，速度取决于混凝土初凝速度（混凝土分层厚度一般以 200mm 左右为宜）。滑升过快，混凝土强度不足，出模后易引起坍落；滑升过慢，混凝土与模板粘结，会出现混凝土被拉裂。在滑升过程中对整个模板系统要进行水平偏差和垂直偏差的观测和控制。

（10）模板拆除。在拆除滑升模板时，上下应有良好的通信联络设施和特定信号，应有专人负责，统一指挥，确保安全。

（三）滑模装置制作的允许偏差

滑模装置各种构件的制作应符合有关的钢结构制作规定，其允许偏差应符合表 12-4 的规定。除支承杆及接触混凝土的模板表面外，构件表面均应刷除锈涂料。

表 12-4 滑模装置组装的允许偏差

内容		允许偏差（mm）
模板结构轴线与相应结构轴线位置		3
围圈位置偏差	水平方向	3
	垂直方向	3
提升架的垂直偏差	平面内	3
	平面外	2
安放千斤顶的提升架横梁相对标高偏差		5
考虑倾斜后模板尺寸的偏差	上口	−1
	下口	+2
千斤顶安装位置的偏差	提升架平面内	5
	提升架平面外	5
圆模直径、方模边长的偏差		−2，+3
相邻两块模板平面平整偏差		1.5

（四）滑模装置的组装

1. 模板的组装应符合的规定

（1）安装好的模板应上口小、下口大，单面倾斜度宜为模板高度的 0.1%～0.3%；对带坡度的筒体结构如烟囱等，其模板倾斜度应根据结构坡度情况适当调整。

（2）模板上口以下 2/3 模板高度处的净间距应与结构设计截面等宽。

（3）圆形连续变截面结构的收分模板必须沿圆周对称布置，每对模板的收分方向应相反，收分模板的搭接处不得漏浆。

2. 模板的倾斜度可采用的两种方法

（1）改变围圈间距法。在制作和组装围圈时，使下围圈的内外围圈之间的距离大于上围圈的内外围圈之间的距离。这样，当模板安装后，即可得到要求的倾斜度。

（2）改变模板厚度法。制作模板时，将模板背后的上横带角钢立边向下，使上围圈支顶在上横带角钢立边上。下横带的角钢立边向上，使下围圈支顶在横带的立肋上，此时，模板的上下围圈处即形成一个横带角钢立边厚度的倾斜度。当倾斜度需要变化或角钢立边厚度不能满足要求时，可在围圈与模板的横带之间加设一定厚度的垫板或钢片。采用这种方法时，每侧的上下围圈仍保持垂直。木模板的倾斜度也可通过在横带与围圈之间加垫板或钢片形成。模板组装时，其倾斜度的检查可采用倾斜度样板。

（3）组装质量要求。滑模装置组装完毕后，必须按表 12-4 所列各项质量标准进行认真检查，发现问题后应立即纠正，并做好记录。

（五）承杆设置

对采用平头对接、榫接或螺纹接头的非工具式支承杆，当千斤顶通过接头部位后，应及时对接头进行焊接加固。用于筒壁结构施工的非工具式支承杆，当通过千斤顶后，应与横向钢筋点焊连接，焊点间距不宜大于 500mm。点焊时严禁损伤受力钢筋。当发生支承杆失稳、被千斤顶带起或弯曲等情况时，应立即进行加固处理。工具式支承杆可在滑模施工结束后一次拔出，也可在中途停歇时分批拔出。拔出的工具式支承杆应经检查合格后才能使用。

（六）滑模装置拆除条件

（1）模板系统及千斤顶和外挑架、外吊架的拆除，宜采用按轴线分段整体拆除的方法。总的原则是先拆外墙（柱）模板（提升架、外挑架、外吊架一同整体拆下）；后拆内墙（柱）模板。采用此种方法时，模板吊点必须找好，钢丝绳垂直线应接近模板段重心，钢丝绳绷紧时，其拉力接近并稍小于模板段总重。

（2）条件不允许时，模板必须高空解体散拆。高空作业危险性较大，除在操作层下方设置卧式安全网防护，危险作业人员除系好安全带外，必须编制好详细、可行的施工方案。一般情况下，模板系统解体前，拆除提升系统及操作平台系统的方法与分段整体拆除相同。

高空解体散拆模板必须掌握的原则：在模板解体散拆的过程中，必须保证模板系统的总体稳定和局部稳定，防止模板系统整体或局部倾倒塌落。因此，在制订方案、技术交底和实施过程中，务必有专人统一组织指挥。

（3）滑模装置拆除中的技术安全措施。高层建筑滑模装置的拆除一般应做好下述几项工作：

①根据操作平台的结构特点，制定其拆除方案和拆除顺序。

②认真核实所吊运件的质量和起重机在不同起吊半径内的起重能力。

③在施工区域内画出安全警戒区，其范围应视建筑物高度及周围具体情况而定；警戒区边缘应设置明显的安全标志，并配备警戒人员。

（4）建立可靠的通信指挥系统。

（5）拆除外围设备时必须系好安全带，并有专人监护。

（6）使用氧气和乙炔设备应有安全防火措施。

（7）施工期间应密切注意气候变化情况，及时采取预防措施。

（8）拆除工作一般不宜在夜间进行。

三、导轨式液压爬升模板

爬升模板（爬模）是一种适用于现浇钢筋混凝土竖直或倾斜结构施工的模板工艺，如墙体、桥梁、塔柱等，可分为"有架爬模"即模板爬架子、架子爬模板和"无架爬模"即模板爬模板两种。

爬升模板是综合大模板与滑动模板工艺和特点的一种模板工艺，具有大模板和滑动模板共同的优点，尤其适用于超高层建筑施工。

它与滑动模板一样，在结构施工阶段依附在建筑竖向结构上，随着结构施工而逐层上升，这样模板可以不占用施工场地，也不用其他垂直运输设备。另外，它装有操作脚手架，施工时有可靠的安全围护，故可不必搭设外脚手架，特别适用于在较狭小的场地上建造多层或高层建筑。

它与大模板一样，是逐层分块安装的，故其垂直度和平整度易于调整和控制，可避免施工误差的积累，也不会出现墙面被拉裂的现象。但是，爬升模板的配制量要大于大模板，原因是其施工工艺无法实行分段流水施工，因此模板的周转率低。

（一）工艺原理

导轨式液压爬升模板仍属模板与爬架互爬体系，其最大特点是爬架在结构施工期间就可以插入装修装饰作业，即爬模爬架联体上升完成结构施工、分体下降进行装修装饰作业。

（二）构造与组成

爬模主要由附着装置、导轨与升降爬箱、架体系统、模板系统或作业平台系统、吊篮设备系统、阶坐装置、安全防护系统、液压升降设备与控制系统等组成。

1. 架体系统

新型升降模板的架体，在竖向主要由上承力架和下承力架组成；其横向主要由水平梁架及相应的架管等组成。

1）上承力架

上承力架是爬模爬架在竖向的主承力框架，由呈三角形结构框架（用于带模板爬升的装备中）或长方形框架（用于不带模板爬升的装备中）与附墙调节支腿以及上爬升箱轴座等部件组成。在承力架的两侧组焊有供连接水平梁架用的耳板，在支腿部位设计有供导轨升降用和防止架体倾覆用导向式开口式夹板。

2）下承力架

下承力架是爬架在竖向的次承力框架，它通过销轴悬挂在主承力架的下端。如同上承力架一样，在其两侧设有供连接水平梁架用的耳板。当下承力架与相应的水平梁架等组装好之后吊挂在主承力架的下端，简称吊篮挂架。

3）水平梁架

在新型升降模架的横向，位于相邻竖向承力架之间的内外两边分别设有桁架式水平梁架，通过钢管扣件连接在一起，并在相应的位置铺设有腿手板。根据承力架的高度和使用要求可设有多道水平梁架，水平梁架又称横向架体梁架。

2. 模板系统或作业平台系统

坐落在三脚支承架上面的模板系统由新设计的无背楞大模板和相应的模板支承装置、高度调节装置、垂直调节装置以及模板水平移动小车等组成。对于不带模板爬升的爬模爬架，在主承力架上面安装由竖向梁架、横向水平梁架等组成的作业平台系统。

3. 吊篮设备系统

吊篮设备系统是爬架的下架体作为吊篮挂架使用时在主承力架下部安装的吊篮设备及相应的控制系统，主要包括吊篮提升机、滑轮、钢丝绳、安全锁等。

4. 附着装置

既是新型升降模架附着在建筑工程或构筑工程结构上的承力支座，又是新型升降模架升降时的导向装置和防倾覆装置。当附着的建筑结构厚度较小时，在建筑结构内使用预埋钢套管；当附着的结构厚度较大时，在混凝土结构内预埋套件和使用相应的部件。

5. 导轨与升降爬箱

升降用的导轨为 H 型钢，其长度大于两个标准楼层或相邻两个楼层的高度，H型钢顶部的内侧面上组焊有带有斜面的钩座，H型钢外侧面上组焊有爬升箱升降用的支承块（踏步块）和导向块，支承块或导向块相互之间的距离与行程匹配。升降用的爬升箱分为上爬升箱和下爬升箱，主要由箱体、凸轮摆块（承力块）、导向轮以及定位锁、连接销轴等部件组成。

6. 防坠装置

按照附着式升降脚手架的有关规定与要求，新型升降模架的防坠装置是采用预应力锚夹具技术设计的，主要由配套的锚座、锁座、钢绞线及护管组成。防坠装置上端为固定端，安装在提升导轨上端部；锁紧端固定在主承力架主梁端部，在主承力架相对于提升导轨下降时，弹簧推动夹片卡紧钢绞线，使主承力架相对于提升导轨停止下坠，提升导轨上分别有上下两个挡块与上下两个附着支座锁紧，可保证提升导轨与墙面连接可靠，确保安全。

7. 液压升降设备与控制系统

新型升降模架升降用的动力设备，主要由液压油缸与相应的泵站组成。安装在上下爬升箱之间的液压油缸为可拆卸的便携式油缸，油缸设有双向液压锁，液压泵站可以是便携式泵站也可以是集中式泵站。升降用的控制系统有两种：一种是手动控制系统，另一种是由可编程控制器组成的自动控制系统。

8. 安全防护系统

按照高空安全操作与作业要求，在架体相应的作业平台部位设置有坚固耐用的钢脚手板或木脚手板，并设置了相应的护栏、护杆、防护板和安全网等安全防护装置。

（三）技术特征

与现有的爬模、爬架相比，升降模架具有以下主要的技术特性：

（1）组合分体式架体系统，构思新颖、构造简单、受力明确、功能较多。

（2）具有附着、导向和防倾覆的多功能附着装置。附着装置是直接与工程结构连接并承受和传递新型升降模架的全套设备自重及施工荷载和风荷载的附着固定装置，同时又是导轨及架体升降时的导向装置和防倾覆装置。

（3）坚固耐用的导向升降装置和自动爬升的互爬技术。

（4）灵活适用的大模板与升降模架一体化技术。在带模板自动爬升的新型升降模架中，为了能够适应各种模板的放置与使用要求，在随移动台车水平移动并具有模板高度调节和垂直度调节功能的模板竖向支撑架上，专门设置了模板附加支撑架，以便于各种类型的全钢大模板和各种类型的拼装式钢、木、竹模板均能适应。

（5）机电液一体化技术，简单适用的手动同步控制和现代自动控制技术，能使爬模爬架平稳升降。

（6）有设备配套的吊篮功能。根据工程进度与需要在架体上安装吊篮提升机、安全锁、钢丝绳和电控系统，使下架体与主承力架分离，由下架体作为吊篮架进行外装修装饰施工，下架体作为吊篮架施工时，可以将每个吊篮架连成一体，实现多电动机同步控制升降。

（7）多道完备的安全装置与安全措施。为确保升降模架在升降过程中的安全，采用了安全可靠的 H 型钢导轨与带有凸轮摆块爬升箱的新型升降机构。为防止液压油缸油管的破裂，在液压油缸上设置了液压安全锁。为确保万无一失，又专门设置了防坠落装置。

第五节　模板工程质量标准与安全技术

一、模板工程质量标准

（一）分项验收规定

1. 检验批验收内容

混凝土结构子分部工程可划分为模板、钢筋、预应力、混凝土、现浇结构和装配式结构等分项工程。模板分项工程可根据与施工方式一致且便于控制施工质量的原则，按工作班、楼层、结构缝或施工段划分为若干检验批。

检验批的质量验收内容如下：

（1）实物检查：对原材料、构配件和器具等产品的进场复验，应按进场的批次和产品的抽样检验方案执行；按规范规定采用计数检验的项目，应按抽查总点数的合格点率进行检查。

（2）资料检查：包括原材料、构配件和器具等产品合格证（中文质量合格证明文件、规格、型号及性能检测报告等）及进场复验报告、施工过程中重要工序的自检和交接验收记录、抽样检验报告、见证检测报告、隐蔽工程验收报告记录等。

2. 验收程序

检验批及分项工程应由监理工程师（建设单位项目技术负责人）组织施工单位项目专业质量（技术）负责人等进行验收。

3. 工程质量不符合要求的处理

当混凝土结构施工质量不符合要求时，应按下列规定进行处理：

（1）经返工、返修或更换构件、部件的检验批，应重新进行验收。

（2）经有资质的检测单位检测鉴定达到设计要求的检验批，应予以验收。

（3）经有资质的检测单位检测鉴定达不到设计要求，但经原设计单位核算确认仍可满足结构安全和使用功能的检验批，可予以验收。

（4）经返修或加固处理能够满足结构安全使用要求的分项工程，可根据技术处理方案和协商文件进行验收。

（5）通过返修或加固处理仍不能满足安全使用要求的分项工程，严禁验收。

（二）模板工程应注意的质量问题

1. 砖混结构模板应注意的质量问题

（1）构造柱处外墙砖挤鼓变形：支模板时应在外墙面采取加固措施。

（2）混凝土圈梁模板外胀：由于安装时圈梁模板支撑没有卡

紧，支撑安装不牢固，模板上口的拉杆损坏或没有钉牢固，造成侧面模板向外鼓胀的缺陷。所以在安装混凝土圈梁模板时，须设专人负责该项工作，在浇筑混凝土中随时检查和修理模板。

（3）混凝土流坠：由于模板板缝过大，没有用纤维板、木板条等将其贴牢；外墙圈梁没有先支模板后浇筑圈梁混凝土，而是先用砖代替模板再浇筑混凝土，使得水泥浆顺砖缝流坠。所以对于模板缝隙和施工顺序，要求必须严格按施工规范进行。

（4）模板出现下沉：由于采用悬吊模板时固定模板用的铅丝没有拧紧吊牢，采用钢木支撑时，支撑下面的垫木没有钉牢，造成模板下沉出现。对此缺陷，要求必须重新进行固定。

2. 框架结构定型组合钢模板应注意的质量问题

（1）柱模板容易产生的问题：截面尺寸不准，混凝土保护层过大，柱身本身出现扭曲。

防治办法：柱模板安装前必须按施工图准确弹位置线，校正钢筋的位置，底部做成小方盘模板，以保证底部尺寸位置的准确。根据柱子截面尺寸及高度，设计好柱箍尺寸及间距，柱四角做好支撑及拉杆。

（2）梁板模板容易产生的问题：梁身不平直，梁底面不平，梁侧面向外鼓出，梁的上口尺寸偏大，板的中部出现下挠。

防治办法：梁板模板应通过设计计算确定龙骨、支柱的尺寸及间距，这样模板支撑系统有足够强度及刚度，防止浇混凝土时出现模板变形。模板支柱的底部应支在坚实的地面上，通常垫脚手板以防止支柱下沉，梁板模板还应按设计要求起拱，防止挠度过大。梁板模板上口应有拉杆锁紧，防止上口变形。

（3）墙模板容易产生的问题：墙体混凝土厚薄不一，截面尺寸不准确，模板拼接不严，缝隙过大造成跑浆。

防治办法：模板应根据墙体高度和厚度，通过设计计算确定出纵、横龙骨的尺寸和间距，墙体模板的支撑方法——角模的形式来解决。模板上口应设置拉结，防止上口尺寸偏大。

3. 现浇剪力墙结构大模板应注意的质量问题

（1）墙身超厚：由于墙身放线时误差过大，模板就位调整不认真，穿墙螺栓没有全部穿齐、拧紧而造成。因此模板验收时要认真复核。

（2）墙体上口过大：这是由于支模时上口卡具没有按设计要求尺寸卡紧，不牢，门窗模板内支撑不足或失效。因此模板验收时要认真检查。

（3）混凝土墙体表面粘连：由于模板清理不好，涂刷隔离剂不匀，拆模过早造成。因此支模前要将模板清理干净并均匀涂刷隔离剂，严禁过早拆模。

（4）角模与大模板缝隙过大跑浆：这是由于模板拼装时缝隙过大，连接固定措施不牢靠，因此应加强检查，及时处理。

（5）角模入墙过深：这是由于支模时角模与大模板连接凹入过多或不牢固而造成。解决的办法是应改进角模支模方法。

（6）门窗洞口混凝土变形：由于门窗洞口模板的组装及与大模板的固定不牢固而造成。因此必须认真进行洞口模板设计，能够保证尺寸，便于装拆。

二、模板验收的一般规定

1. 基本规定

（1）模板及其支架应根据工程结构形式、荷载大小、地基土类别、施工设备和材料供应等条件进行设计。模板及其支架应具有足够的承载能力、刚度和稳定性，能可靠地承受浇筑混凝土的质量、侧压力以及施工荷载。

（2）在浇筑混凝土之前，应对模板工程进行验收。

模板安装和浇筑混凝土时，应对模板及其支架进行观察和维护。发生异常情况时，应按施工技术方案及时进行处理。

（3）模板及其支架拆除的顺序及安全措施应按施工技术方案执行。

2. 模板加工

（1）加工制作模板所用的各种材料与焊条，以及模板的几何尺寸必须符合设计要求。

（2）各部位焊接牢固，焊缝尺寸符合设计要求，不得有漏焊、夹渣、咬肉、开焊等现象。

（3）毛刺、焊渣要清理干净，防锈漆涂刷均匀。

（4）模板制作允许偏差，应符合表12-5的规定。

表 12-5　模板制作允许偏差

项次	项目名称	允许偏差（mm）	检查方法
1	板面平整	3	用2m靠尺塞尺检查
2	模板高度	+3，-5	用钢尺检查
3	模板宽度	+0，-1	用钢尺检查
4	对角线长	±5	对角拉线用直尺检查
5	模板边平直	3	拉线用直尺检查
6	模板翘曲	$L/1000$	放在平台上，对角拉线用直尺检查
7	孔眼位置	±2	用钢尺检查

注：L 为模板对角线长度。

3. 模板安装

1）主控项目

（1）安装现浇结构的上层模板及其支架时，下层楼板应具有承受上层荷载的承载能力，否则需加设支架；上、下层支架的立柱应对准，并铺设垫板。检查数量：全数检查。检验方法：对照模板设计文件和施工技术方案观察。

（2）在涂刷模板隔离剂时，不得弄脏钢筋和混凝土接槎处。检查数量：全数检查。检验方法：观察。

2）一般项目

（1）模板安装应满足下列要求：

①模板的接缝不应漏浆；在浇筑混凝土前，木模板应浇水湿润，但模板内不应有积水。

②模板与混凝土的接触面应清理干净并涂刷隔离剂，但不得采用影响结构性能或妨碍装饰工程施工的隔离剂。

③浇筑混凝土前，模板内的杂物应清理干净。

④对清水混凝土工程及装饰混凝土工程，应使用能达到设计效果的模板。

检查数量：全数检查。检验方法：观察。

（2）模板的地坪、胎模等应平整光洁，不得产生影响构件质量的下沉、裂缝、起砂或起鼓。检查数量：全数检查。检验方法：观察。

（3）对跨度不小于 4m 的现浇钢筋混凝土梁、板，其模板应按设计要求起拱；当设计无具体要求时，起拱高度宜为跨度的 1/1000～3/1000。

检查数量：在同一检验批内，对梁，应抽查构件数量的 10%，且不少于 3 件；对板，应按有代表性的自然间抽查 10%，且不少于 3 间；对大空间结构，板可按纵、横轴线划分检查面，抽查 10%，且不少于 3 面。检验方法：水准仪或拉线、钢尺检查。

（4）固定在模板上的预埋件、预留孔和预留洞均不得遗漏，且应安装牢固，其偏差应符合表 12-6 的规定。

表 12-6　预埋件和预留孔洞的允许偏差

项目		允许偏差（mm）
预埋钢板中心线位置		3
预埋管、预留孔中心线位置		3
插筋	中心线位置	5
	外露长度	+10，0
预埋螺栓	中心线位置	2
	外露长度	+10，0
预留洞	中心线位置	10
	尺寸	+10，0

注：检查中心线位置时，应沿纵、横两个方向量测，并取其中的较大值。

检查数量：在同一检验批内，对梁、柱和独立基础，应抽查构件数量的 10%，且不少于 3 件；对墙和板，应按有代表性的自然间抽查 10%，且不少于 3 间；对大空间结构，墙可按相邻轴线间高度 5m 左右划分检查面，板可按纵、横轴线划分检查面，抽查 10%，且均不少于 3 面。检验方法：钢尺检查。

（5）现浇结构模板安装的允许偏差应符合表 12-7 的规定。

检查数量：在同一检验批内，对梁、柱和独立基础，应抽查构件数量的 10％，且不少于 3 件；对墙和板，应按有代表性的自然间抽查 10％，且不少于 3 间；对大空间结构，墙可按相邻轴线间高度 5m 左右划分检查面，板可按纵、横轴线划分检查面，抽查 10％，且均不少于 3 面。

表 12-7 现浇结构模板安装的允许偏差及检验方法

项目		允许偏差（mm）	检验方法
轴线位置		5	钢尺检查
底模上表面标高		±5	水准仪或拉线、钢尺检查
截面内部尺寸	基础	±10	钢尺检查
	柱、墙、梁	+4，−5	钢尺检查
层高垂直度	不大于 5m	6	经纬仪或吊线、钢尺检查
	大于 5m	8	经纬仪或吊线、钢尺检查
相邻两板表面高低差		2	钢尺检查
表面平整度		5	2m 靠尺和塞尺检查

注：检查轴线位置时，应沿纵、横两个方向量测，并取其中的较大值。

（6）预制构件模板安装的允许偏差应符合表 12-8 的规定。

检查数量：首次使用及大修后的模板应全数检查；使用中的模板应定期检查，并根据使用情况不定期抽查。表中 L 为构件长度（mm）。

表 12-8 预制构件模板安装的允许偏差及检验方法

项目		允许偏差（mm）	检验方法
长度	板、梁	±5	钢尺量两角边，取其中较大值
	薄腹梁、桁架	±10	
	柱	0，−10	
	墙板	0，−5	
宽度	板、墙板	0，−5	钢尺量一端及中部，取其中较大值
	梁、薄腹梁、桁架、柱	+2，−5	

续表

项目		允许偏差（mm）	检验方法
高（厚）度	板	+2，−3	钢尺量一端及中部，取其中较大值
	墙板	0，−5	
	梁、薄腹板、桁架、柱	+2，−5	
侧向弯曲	梁、板、柱	$L/1000$ 且≤15	拉线、钢尺量最大弯曲处
	墙板、薄腹梁、桁架	$L/1500$ 且≤15	
	板的表面平整度	3	2m靠尺和塞尺检查
	相邻两板表面高低差	1	钢尺检查
对角线差	板	7	钢尺量两个对角线
	墙板	5	
翘曲	板、墙板	$L/1500$	调平尺在两端量测
设计起拱	薄腹梁、桁架、梁	±3	拉线、钢尺量跨中

4．模板拆除

1）主控项目

（1）底模及其支架拆除时的混凝土强度应符合设计要求；当设计无具体要求时，混凝土强度应符合表12-9的规定。

检查数量：全数检查。检验方法：检查同条件养护试件强度试验报告。

表 12-9　底模拆除时的混凝土强度要求

构件类型	构件跨度（m）	达到设计的混凝土立方体抗压强度标准值的百分率（%）
板	≤2	≥50
	>2，≤8	≥75
	>8	≥100
梁、拱、壳	≤8	≥75
	>8	≥100
悬臂构件	—	≥100

（2）对后张法预应力混凝土结构构件，侧模宜在预应力张拉前拆除；底模支架的拆除应按施工技术方案执行，当无具体要求时，不应在结构构件建立预应力前拆除。

检查数量：全数检查。检验方法：观察。

（3）后浇带模板的拆除和支顶应按施工技术方案执行。

检查数量：全数检查。检验方法：观察。

2）一般项目

（1）侧模拆除时的混凝土强度应能保证其表面及棱角不受损伤。检查数量：全数检查。检验方法：观察。

（2）模板拆除时，不应对楼层形成冲击荷载。拆除的模板和支架宜分散堆放并及时清运。检查数量：全数检查。检验方法：观察。

三、模板工程安全技术

（一）施工安全管理规定

（1）从事模板作业的人员，应经安全技术培训。从事高处作业人员，应定期体检，不符合要求的不得从事高处作业。

（2）安装和拆除模板时，操作人员应佩戴安全帽、系安全带、穿防滑鞋。安全帽和安全带应定期检查，不合格的严禁使用。

（3）模板及配件进场应有出厂合格证或检验报告，安装前应对所用部件（立柱、楞梁、吊环、扣件等）进行认真检查，不符合要求的不得使用。

（4）模板工程应编制施工设计和安全技术措施，并应严格按施工设计与安全技术措施的规定进行施工。搭设高度 5m 及以上，或搭设跨度 10m 及以上，或施工总荷载 10kN/m² 及以上，或集中线荷载 15kN/m 及以上，或高度大于支撑水平投影宽度且相对独立无连系构件的混凝土模板支撑工程，要编写专项施工方案。施工现场混凝土构件模板支撑高度超过 8m，或搭设跨度超过 18m，或施工总荷载大于 15kN/m²，或集中线荷载大于 20kN/m 的模板支撑系统除应编写专项施工方案外还应组织专家论证。在安装、拆除作业前，工程技术人员应以书面形式向作业班组进行施工操作的安全技术交底，作业班组应按照专项方案和书面交底进行施工。

（5）施工过程中的立柱底部土基应回填夯实，垫木应满足设计要求，底座位置应正确，顶托螺杆伸出长度应符合规定，立杆的规格尺寸和垂直度应符合要求，不得出现偏心荷载，扫地杆、水平拉杆、剪刀撑等的设置应符合规定，固定应可靠，安全网和各种安全设施应符合要求。

（6）在高处安装和拆除模板时，周围应设安全网或搭脚手架，并应加设防护栏杆。在临街面及交通要道地区，尚应设警示牌，派专人看管。

（7）作业时，模板和配件不得随意堆放，模板应放平放稳，严防滑落。脚手架或操作平台上临时堆放的模板不宜超过 3 层，连接件应放在箱盒或工具袋中，不得散放在脚手板上。脚手架或操作平台上的施工总荷载不得超过其设计值。

（8）对负荷面积大和高 4m 以上的支架立柱采用扣件式门式钢管脚手架时，除应有合格证外，对所用扣件应采用扭矩扳手进行抽检，达到合格后方可承力使用。

（9）多人共同操作或扛抬组合钢模板时，必须密切配合、协调一致、互相呼应。

（10）施工用的临时照明和行灯的电压不得超过 36V；当为满堂模板、钢支架及特别潮湿的环境时，不得超过 12V。照明行灯及机电设备的移动线路应采用绝缘橡胶套电缆线。

（11）有关避雷、防触电和架空输电线路的安全距离应符合现行《施工现场临时用电安全技术规范》（JGJ 46）的有关规定。施工用的临时照明和动力线应采用绝缘线和绝缘电缆线，且不得直接固定在钢模板上。夜间施工时，应有足够的照明，并应制定夜间施工的安全措施。施工用临时照明和机电设备线严禁非电工乱拉乱接。同时，还应经常检查线路的完好情况，严防绝缘破损，漏电伤人。

（12）模板安装高度在 2m 及以上时，应符合现行《建筑施工高处作业安全技术规范》（JGJ 80）的有关规定。

（13）安装模板时，上下应有人接应，随装随运，严禁抛掷，且不得将模板支搭在门窗框上，也不得将脚手板支搭在模板上，并严禁将模板与上料井架及有车辆运行的脚手架或操作平台支成一体。

（14）支模过程中如遇中途停歇，应将已就位模板或支架连接稳固，不得浮搁或悬空。拆模中途停歇时，应将已松扣或已拆松的模板、支架等拆下运走，防止构件坠落或作业人员扶空坠落伤人。

（15）作业人员严禁攀登模板、斜撑杆、拉条或绳索等，不得在高处的墙顶、独立梁或在其模板上行走。

（16）模板施工中应设专人负责安全检查，发现问题应报告有关人员处理。当遇险情时，应立即停工、采取应急措施；待修复或排除险情后，方可继续施工。

（17）寒冷地区冬季施工用钢模板时，不宜采用电热法加热混凝土，否则应采取防触电措施。

（18）在大风地区或大风季节施工时，模板应有抗风的临时加固措施。

（19）当钢模板高度超过 15m 时，应安设避雷设施，避雷设施接地电阻不得大于 4Ω。

（20）当遇大雨、大雾、沙尘、大雪或 6 级以上大风等恶劣天气时，应停止露天高处作业。5 级及以上风力时，应停止高空吊运作业。当雨、雪停止后，应及时清除模板和地面上的积水及冰雪。

（21）使用后的木模板应拔除铁钉，分类进库，堆放整齐。若为露天堆放，顶面应遮防雨篷布。

（二）木模板、胶合板模板施工安全技术措施

（1）模板上架设的电线和使用的电动工具，应采用 36V 的低压电源或采取其他有效的安全措施。

（2）登高作业时，各种配件应放在工具箱或工具袋中，严禁

放在模板或脚手架上，各种工具应系挂在操作人员身上，或放在工具袋内，不得掉落。

（3）高处建筑施工时，应有防雷击措施。

（4）高空作业人员严禁攀登组合钢模板或脚手架等上下，也不得在高空的墙顶、独立梁及其模板等上面行走。

（5）模板的预留孔洞、电梯井口等处，应加盖或设置防护栏，必要时应在洞口设置安全网。

（6）模板安装必须按模板的施工方案设计进行，严禁任意变动设计。

（7）装拆楼板模板时，上下应有人接应，随拆随运转，并应把活动部件固定牢靠，严禁堆放在脚手架上和抛掷。

（8）装拆楼板模板时，必须采用稳固的登高工具，高度超过2.0m时，必须搭设脚手架。装拆施工时，除操作人员外，下面不得站人，高空作业时，操作人员应系上安全带。

（9）安装墙、柱模板时，应随时支撑固定，防止倾覆。

（10）模板安装作业过程中若需中途休息或因故暂停作业，须将模板、支撑及木楞等固定牢靠。

（11）预拼装模板的安装，应边就位、边校正、边安设连接件，并加设临时支撑。

（12）预拼装模板垂直运输时，应采取两个以上的吊点，水平吊装应采取四个吊点，吊点应分析受力，合理布置。

（13）预拼装模板应整体拆除，拆除时，先挂好吊索，然后拆除支撑及拼接两片模板的配件，待模板离开结构表面后起吊。

（14）拆除承重模板时，必要时应先设临时支撑，防止突然整块塌落。

（15）拆除模板要用长撬杠，严禁操作人员站在正拆除的模板上。拆模时，临时脚手架必须牢固，不得用拆下的模板作脚手架。

（16）拆模必须一次性拆清，不得留有无撑模板。已经拆除的模板、拉杆、支撑等都应及时运走或者堆放整齐，防止钉子扎脚或者人员因扶空、踏空而坠落。

（17）拆除板、梁、柱、墙模板时要注意：

①在拆除 2m 以上模板时，要搭脚手架或操作平台，脚手板铺严，并设防护栏杆。

②严禁在同一垂直面上操作。

③拆除时要逐块拆卸，不得成片松动和撬落、拉倒。

④拆除梁阳台楼层板的底模时，要设临时支撑，防止大片模板坠落。

⑤严禁站在悬臂结构、阳台上面敲拆底模。

（18）拆模间歇时，要将已活动的模板、拉杆、支撑等固定牢，严防突然掉落伤人。

（19）模板的拆除工作应设专人指挥。作业区应设围栏，其内不得有其他工种作业，并应设专人负责监护。拆下的模板、零配件严禁抛掷。

（20）多人同时操作时，应明确分工、统一信号或行动，应具有足够的操作面，人员应站在安全处。

（21）遇 6 级或 6 级以上大风时，应暂停室外的高处作业。下雨、雪、霜后应先清扫施工现场，方可进行工作。

（三）大模板施工安全技术措施

（1）大模板的存放应满足自稳角的要求，并进行面对面的堆放，长期堆放时，应用杉篙通过吊环把各块大模板连在一起。没有支架或自稳角不足的大模板，要存放在专用的插放架上，不得靠在其他物体上，防止滑移倾倒。

（2）在楼层上放置大模板时，必须采用可靠的防倾倒措施，防止碰撞造成坠落。遇有大风天气，应将大模板与建筑物固定。

（3）拼装式大模板进行组装时，场地要坚实平整，骨架要组装牢固，然后由下而上逐块组装。组装一块立即用连接螺栓固定一块，防止滑脱。整块模板组装以后，应转运至专用堆放场地放置。

（4）大模板上必须有操作平台、上人梯道、防护栏杆等附属设施，如有损坏，应及时修补。

（5）大模板放置时，下面不得压有电线和气焊（割）管线。采用电热法养护混凝土时，必须将模板串联并与避雷网接通，防止漏电。

（6）模板安装和拆除时，指挥、挂钩和安装人员应经常检查吊环。起吊时应用卡环和安全起吊钩，不得斜牵起吊。指挥和操作人员必须站在安全可靠的地方，严禁操作人员随模板起落。

（7）起吊大模板前，应将吊装机械位置调整适当，稳起稳落，就位准确，严禁大幅度摆动。

（8）在大模板上固定衬模时，必须将模板卧放在支架上，下部留出可供操作的空间。

（9）有平台的大模板起吊时，平台上禁止存放任何物体。里外角膜和临时摘、挂的板面与大模板必须连接牢固，防止脱开和断裂、坠落。

（10）外板内浇工程大模板安装就位后，应及时用穿墙螺栓将模板连成整体，并用花篮螺栓与外墙板固定，以防倾斜。

（11）全现浇大模板工程安装外侧大模板时，必须确保三脚架、平台板的安装牢固，及时绑好护身栏和安全网。大模板安装后，应立即拧紧穿墙螺栓。安装三脚挂架和外侧大模板的操作人员必须系好安全带。

（12）大模板安装就位后，要采取防止触电的保护措施，将大模板加以串联，并同避雷网接通，防止触电伤人。

（13）大模板安装时，应先内后外对号就位。单面模板就位后，用钢筋三角支架插入板面螺栓眼中支撑牢固。双面模板就位后，用拉杆和螺栓固定。未就位固定前不得摘钩。

（14）安装或拆除大模板时，操作人员和指挥必须站在安全可靠的地方，防止意外伤人。

（15）分开浇筑纵、横混凝土墙时，可在两道横墙的模板平台上搭设临时走道或其他安全措施。禁止操作人员在外墙上行走。

（16）拆模后起吊模板时，应检查所有穿墙螺栓和连接是否全部拆除，再确认无遗漏、模板与墙体完全脱离后，方准起吊。待起吊高度超过障碍物后，方准转臂行车。

（17）在楼层或地面临时堆放的大模板，都应面对面放置，中间留出 60cm 宽的人行道，以便清理和涂刷隔离剂。

（18）在电梯间进行模板施工作业，必须逐层搭好安全防护平台，并检查平台支腿伸入墙内的尺寸是否符合安全规定。拆除平台时，先挂好吊钩，操作人员退到安全地带后，方可起吊。

（19）筒形模可用拖车整车运输，也可拆成平模用拖车重叠放置运输。平板重叠放置时，垫木必须上下对齐，绑扎牢固。

（20）采用自升式提模时，应经常检查倒链是否挂牢，立柱支架及筒形模托架是否伸入墙内。拆模时要待支架及托架分别离开墙体后起吊提升。

（四）滑模与爬模安全技术措施

1. 滑模

（1）滑模施工现场的地面和操作平台上均应分别设置配电装置，配电装置内须设置漏电保护器，操作平台下的照明系统采用 36V 低压照明，平台上严禁乱拉电线，施工中停止作业 1h 以上时，应切断操作平台上的电源。

（2）滑模平台上应设置足够数量的灭火器，施工用水管可代替消防用水管使用。操作平台上严禁抽烟，防止电气火灾或其他火灾。

（3）操作平台周围应设置围栏及安全网，在内外吊架的外侧及底部以及操作平台底部均设置安全保护网。操作平台上的施工人员应身体健康，能适应高处作业环境。

（4）操作人员要经过培训才能上岗，指定专人统一指挥，班前工长须进行全面、有针对性的安全交底。使所有参加施工的人员明确滑模施工的技术要求、质量标准和安全注意事项。

（5）滑模装置的拆除应在白天进行，要严格按拆除方法和拆除顺序进行。

（6）滑模平台上的荷载不得集中堆放，应分开（均匀分布），一次吊运钢筋数量不得超过平台上的允许承载能力，应分布均匀。

（7）遇到雷、雨、雾、雪、风速 8m/s 以上的天气时，必须停止施工。停工前做好防滑措施，操作平台上人员撤离，应对设备、机具等进行整理、固定并做好防护，全部人员撤离后立即切断通向操作平台的供电电源。

2. 爬模

（1）爬模施工中所有的设备必须按照施工组织设计要求配置。施工中要统一指挥，并要设置警戒区与通信设施，并做好原始记录。

（2）穿墙螺栓与建筑结构的紧固，是保证爬升模板安全的重要条件。一般每爬升一次应全面检查一次，用扭力扳手测其扭矩，保证符合 40～50N·m 要求。

（3）爬模的特点是爬升时分块进行，爬升完毕固定后又连成整体。因此在爬升前必须拆尽相互间的连接件，使爬升时各单元能独立爬升。爬升完毕应及时安装好连接件，保证爬升模板固定后的整体性。

（4）大模板爬升或支架爬升时，拆除穿墙螺栓的工作都是在脚手架上或爬架上进行的，因此必须设置围护设施。拆下的穿墙螺栓要及时放入专用箱，严禁随手乱放。

（5）爬升中吊点的位置和固定爬升设备的位置不得随意变动。固定必须安全可靠，操作方便。

（6）在安装、爬升和拆除过程中，不得进行交叉作业，且每一单元不得任意中断作业。不允许爬升模板在不安全状态下过夜。

（7）作业中出现障碍时应立即查清原因，在排除障碍后方可继续作业。

（8）脚手架上不应堆放材料、垃圾。

（9）倒链的链轮盘、倒卡和链条等，如有扭曲或变形，应停止使用。操作时不准站在倒链正下方。

（10）不同组合和不同功能的爬升模板，其安全要求也不相同，因此应分别制定安全措施。

第十三章　室内装修工程

第一节　室内吊顶工程

吊顶是指室内顶棚的装修，它具有保温、隔热、隔声、吸声和美观的功能，是现代室内装饰的重要部分之一。吊顶能美化室内环境，营造丰富多彩的室内空间艺术形象，增强室内的装饰效果。

一、室内吊顶分类与要求

（一）室内吊顶分类

吊顶装饰按龙骨材质不同可分为木龙骨吊顶、轻钢龙骨吊顶、铝合金龙骨吊顶等。吊顶装饰按龙骨是否外露可分为暗龙骨吊顶和明龙骨吊顶。吊顶装饰按面层材料可分为胶合板吊顶、石膏板吊顶、铝合金板吊顶、玻璃吊顶、塑料吊顶等。吊顶装饰按面板形状分为方形板吊顶、条形板吊顶、格栅式吊顶、挂片吊顶。

（二）室内吊顶要求

吊顶顶棚一般由吊筋、龙骨、罩面板和配套连接件组成。对于不同类型的顶棚，虽然施工方法有所不同，但都必须遵守安全、牢固、经济、实用、美观的原则，满足以下要求：

（1）吊筋必须有足够的强度、承载力，吊筋与顶棚结构层要连接牢固。

（2）龙骨必须平直，断面尺寸合理；吊筋与龙骨连接必须安全且可调节。

（3）罩面板必须错缝连接，接缝高差不得大于验收规范要求。面板应平整，满足一定刚度要求，不得超过规定的挠度和变形。

（4）吊筋及龙骨必须符合国家防火规范的有关要求。吊顶装饰工程的施工必须在顶棚水、电、暖通等分项工程全部验收合格以后方可进行，同时顶棚中的重型灯具、电风扇、进出风口等，均不得与顶棚龙骨直接连接，而必须单独与结构层固定。

二、木龙骨吊顶施工

木龙骨吊顶，历史悠久，施工方便、灵活，取材容易，造型不受限制，因此在一些小型装饰工程中应用广泛。木龙骨顶棚也存在不耐久、易虫蛀、易变形、不防火、施工工效低等缺点。传统木龙骨罩面板顶棚的组成如图 13-1 所示。

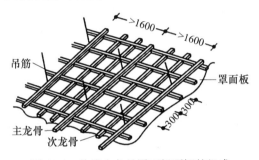

图 13-1　传统木龙骨罩面板顶棚的组成

（一）施工准备

1. 施工作业条件

（1）室内湿作业必须完工，顶棚内的所有暗埋电气布线、空调、消防报警、给排水及通风管道系统等已安装完毕并调试合格。

（2）屋面防水施工和主体结构施工完毕且通过验收，门窗安装、室内楼地面粗装饰完成。

（3）现浇或预制楼板中预留好吊筋，间距符合设计要求；四周墙内吊顶位置预留好防腐木砖，标高、间距符合要求。

（4）现场搭设好脚手架，高度应合适。

2. 材料准备

（1）木料：木龙骨、吊杆（吊筋）、配件的数量、品种、规格符合设计要求。木龙骨材料应为烘干、无扭曲、无结疤的红白松树种，尽量少用硬杂木。木龙骨规格按设计要求，如设计无明确规定，可参照以下断面尺寸：主龙骨规格为 50mm×70mm 或 50mm×100mm，次龙骨规格为 50mm×50mm 或 40mm×60mm，吊筋规格为 50mm×50mm 或 50mm×40mm。

（2）罩面板材及压条：按设计选用，一般选择优质木胶合板，严格材质及规格标准。

（3）其他材料：圆钉、射钉、膨胀螺栓、胶粘剂、木材防腐剂和 8 号镀锌铁丝等。

3. 主要机具

机械：小电锯、小台刨、手电钻。

手动工具：木刨、线刨、锯、锤、螺丝刀、钢丝钳、卷尺、水平尺、线坠、墨线盒等。

（二）木龙骨吊顶施工工艺流程

木龙骨吊顶的龙骨组成形式有主次木龙骨吊顶和无主次木龙骨吊顶之分。主次龙骨吊顶可上人；无主次龙骨吊顶一般不上人，龙骨承受的荷载主要为罩面板的质量及自重。由于地面拼装龙骨方便，因此无主次龙骨施工工效高。

1. 主次龙骨吊顶施工工艺流程

放线→下料→钉沿墙龙骨→确定吊点吊筋位置→安装主龙骨→调平→安装次龙骨→调平→刷防火防腐涂料→钉罩面板→节点细部处理。

2. 无主次龙骨吊顶施工工艺流程

放线→下料→钉沿墙龙骨→确定吊点吊筋位置→地面拼接龙骨→分片吊装龙骨→调平→刷防火防腐涂料→钉罩面板→节点细部处理。

（三）木龙骨吊顶施工操作要点

1. 放线

放线时应根据设计要求结合实际情况弹出标高线、吊顶造型位置线、吊点定位线、大中型灯具吊点等，同时沿墙四周弹出主次龙骨的分档线。

大型装饰工程的标高线由于地面面积大，如果以室内地面为基准线则误差大，一般以室内墙面的＋500mm线为标准。如果室内墙面＋500mm线已经被抹掉，则可以室内公共部位（如电梯门套上口等）某一点为基准线，向上引测即可得到标高。

2. 下料和拼装

（1）龙骨一般选用红白松，材质较疏松、易加工，其含水率应小于12％，以防开料后风干变形。

（2）主次龙骨的断面尺寸必须符合设计要求或满足前述的尺寸规格。主龙骨单面刨光，次龙骨两面刨光。龙骨的下料长度略小于墙面间距离、大于沿墙龙骨的净尺寸，便于钉接。

（3）无主次龙骨下料时，所有龙骨的断面尺寸均为30mm×30mm，两边刨光。将下好料的龙骨在平整地面放平，然后在龙骨上画出分格间距线（一般为300mm），调节好锯片的深度（一般为15mm），开出凹槽，槽宽与龙骨宽相同。注意开槽时不得吃料过深，否则影响龙骨强度。

（4）无主次龙骨，开槽后即可在地面分片拼装，按凹槽对凹槽的方法用铁钉蘸白乳胶固定，组合成木龙骨框架。拼好的龙骨架尺寸偏差应符合要求，如果吊顶是圆形或弧形等特殊造型，还要将龙骨专门放样制作。为方便吊装和控制变形，一般单片最大尺寸不超过10m²。龙骨的接长可采用帮接或45°坡口斜接。

3. 钉沿墙龙骨

沿吊顶标高线用电锤钻孔钉入木楔，然后钉一圈沿墙龙骨，沿墙龙骨的尺寸一般与次龙骨尺寸相同，注意沿墙龙骨底部与设计标高线间应有饰面层材料的厚度。

4. 吊点和吊筋施工

现场吊筋位置应根据施工图方案确定。对于平顶式顶棚，无主次龙骨的吊点以1个/m²为宜；有主次龙骨吊顶，主龙骨吊点沿主龙骨平行方向每隔1～1.5m设1个，若经常上人，应适当加密吊点。对于吊顶有造型，如叠级吊顶，则应在叠级交接处增设吊点。吊点和吊筋固定形式较多。常见的吊点固定方式有以下三种：

（1）打膨胀螺栓固定。楼板顶面弹好吊点位置，用电锤钻孔，孔径和深度依螺栓规格而定，常用的膨胀螺栓规格有M8、

M12 和 M16。

（2）射钉固定。用射钉直接将角钢固定在楼板顶面。射钉直径不得小于 5mm。

（3）预埋件固定。楼板底面预埋铁板、钢筋，吊筋通过绑扎、焊接固定于预埋件上。

吊筋可采用 50mm×40mm 木方、直径 6～12mm 钢筋、30mm×3mm 角钢、50mm×5mm 扁钢等连接龙骨和吊点。

5. 安装（吊装）龙骨

1）主次龙骨安装

主龙骨与次龙骨的连接面应单面刨光刨平，两端分别伸到两侧墙中或与沿墙龙骨固定；次龙骨的安装应等主龙骨安装调平合格后进行，其间距一般为 300mm，要求与主龙骨和罩面板连接面的两边刨光，用钉斜向钉入主龙骨。次龙骨安装时，要保证次龙骨的接头在同一个水平面上，高低误差不得大于 0.5mm。

2）无主次龙骨吊装

无主次龙骨地面拼装好后，用绳索整体或分片吊升至安装高度与沿墙龙骨固定。高度低于 3m 的吊顶骨架可用高度定位杆作临时支撑。高度超过 3m 的吊顶骨架用铅丝在吊点临时固定。

6. 调平

在两端墙面上沿每根主龙骨方向拉通线，根据主龙骨跨度 L 的（3～5）/1000 起拱，一般为房间宽度的 1/200。然后固定吊筋。固定时先固定吊筋与顶棚吊点，然后固定与主龙骨的连接件。施工过程中要确保吊筋上下连接牢固，检查其是否稳固，如发生松动，应及时调整。吊筋下端不应冒出次龙骨底面，否则影响罩面板的安装。

7. 涂刷防火防腐涂料

木龙骨应按施工规定涂刷或喷涂防火和防腐涂料。

8. 钉罩面板

罩面板安装前应预排。面板钉装有离缝式和无缝式。无缝式预排方案有两种：整板居中、分隔板居两侧；或整板铺钉大面、分隔板布置于边缘。铺钉时注意：

（1）面板上开有空调冷暖风口、排气口、灯具口等，可预先画出开口轮廓尺寸，待面板铺钉完成后开口。

（2）铺钉面板应从中间向四周展开，用电动、气动射钉枪或16～18mm扁头圆钉钉接，钉头沉入面板，确保分缝线条顺直、钉接牢固。

（3）节点细部处理。顶棚常涉及的节点细部有叠级处理、暗装窗帘盒、暗装灯盘（槽）及收边压条装饰线等。要求连接可靠、线条通顺明晰、外观平整。

（四）木龙骨吊顶质量通病及防治

1. 骨架不平整、接缝有高差

产生原因：木龙骨没有按要求起拱、调平或连接点固定松动；龙骨下料尺寸不准确；龙骨木材不干燥，开料后变形挠曲；吊杆吊筋间距过大。防治措施：主龙骨要沿房间跨度方向按规定比例起拱固定；次龙骨要两面刨光；下料截面应准确；选材质量特别是含水率应符合要求。

2. 压条、板块拼缝装钉不直，分格不均、不方正

产生原因：弹线找方有误差；龙骨间距不均；板块下料尺寸不准；铺钉面板前未弹线控制。防治措施：龙骨分档和板块下料应保证精确；板块不得损坏棱角，四周应修去毛边，使板边光滑、顺直；铺钉板块前应弹中心控制线，预排拼板，符合要求后沿墨线铺钉。

3. 面板翘曲、开裂

产生原因：钉接不牢、钉距过大或离板边太近；面板质量较差；面板尺寸大于龙骨间距。防治措施：面板下料应符合龙骨间距要求，并要将边口打磨光滑、顺直；采用钉接时应用16～18mm的扁头圆钉；钉距一般为100～180mm，距边缘的距离为10～15mm，且钉帽应进入板面1～2mm；选用优质胶合板。

三、轻钢龙骨吊顶和铝合金龙骨吊顶施工

轻钢龙骨是用镀锌钢带轧制或用薄钢板剪截轧制再镀锌而成

的。它具有自重轻、刚度大、防火与抗震性能好、施工快捷、装配化程度高等优点，现已是广泛应用的顶棚装饰结构。轻钢龙骨顶棚由吊筋、主龙骨、次龙骨、横撑龙骨及各种吊、挂件组成。

铝合金龙骨吊顶的特点是轻质高强，属于轻型吊顶。龙骨型材表面经阳极氧化或氟碳喷涂处理后，表面光泽美观，有较强的抗腐、耐酸碱性能，防火性好，安装方便。铝合金龙骨顶棚由龙骨、吊筋及面板组成。铝合金龙骨由主次龙骨和边龙骨构成，主次龙骨的形式为 T 形，边龙骨的形式为 L 形。

（一）轻钢龙骨吊顶的分类

轻钢龙骨吊顶的分类较多：按承载能力不同可分为上人龙骨和不上人龙骨；按型材断面形式不同可分为 U 形、C 形、T 形、L 形龙骨；按龙骨是否外露可分为暗龙骨吊顶和明龙骨吊顶；按照饰面材料不同包括轻钢龙骨纸面石膏板整体面层类吊顶、矿棉吸声板面层类吊顶、玻璃纤维吸声板吊顶、金属板及金属网吊顶、柔性（软膜）吊顶五个吊顶系统。如图 13-2 为 U 形上人轻钢龙骨吊顶。

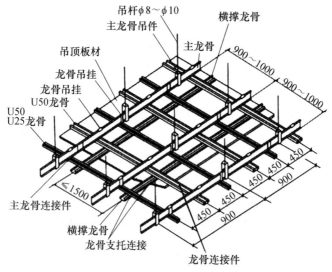

图 13-2 U 形上人轻钢龙骨

（二）轻钢龙骨构造做法

轻钢龙骨石膏板吊顶、矿棉吸声板吊顶，均有单层和双层龙骨两种做法。单层龙骨为龙骨直接吊挂于室内顶部的结构，不设承载龙骨，比较简单、经济。轻钢龙骨纸面石膏板双层龙骨吊顶，设有承载龙骨（主龙骨），在主龙骨下挂覆面龙骨（次龙骨）。矿棉吸声板双层龙骨吊顶，上层是承载龙骨（大龙骨），下层吊挂 T 形主龙骨，这种双层龙骨吊顶整体性较好、不易变形。金属板吊顶，一般可不设承载龙骨，通过吊杆将龙骨直接吊装在室内顶部结构上，如加设承载龙骨整体性能更好。

（三）轻钢龙骨吊顶施工工艺流程

弹线→固定吊挂杆件→安装边龙骨→安装主龙骨→安装次龙骨→安装罩面板。

（四）轻钢龙骨吊顶施工操作要点

1. 弹线

用水准仪在房间内每个墙（柱）角上测出水平点（若墙体较长，中间也应适当测几个点），弹出水准线（水准线距地面一般为 500mm），从水准线量至吊顶设计高度加上 12mm（一层石膏板的厚度），用粉线沿墙（柱）弹出水准线，即为吊顶次龙骨的下皮。同时，按吊顶平面图在混凝土顶板弹出主龙骨的位置。主龙骨应从吊顶中心向两边分，最大间距为 1000mm，并标出吊杆的固定点，吊杆的固定点间距 900~1000mm，如遇到梁和管道固定点大于设计和规范要求的，应增加吊杆的固定点。

2. 固定吊挂杆件

通常情况下，固定吊挂杆件采用膨胀螺栓固定吊挂杆件，不上人的吊顶，其吊杆长度小于 1000mm，可采用 ϕ6mm 吊杆；若大于 1000mm，则应采用 ϕ8mm 吊杆，还要设置反向支撑。吊挂杆件应通直并有足够的承载能力。当预埋的杆件需要接长时，必须搭接焊牢，焊缝要均匀饱满。吊杆距主龙骨端部不得超过 300mm，否则应增加吊杆。吊顶灯具、风口及检修口等应设附加吊杆。

3. 安装边龙骨

在安装边龙骨时应按设计要求弹线，其沿墙上的水平龙骨线把 L 形镀锌轻钢条用自攻螺钉固定在预埋木砖上，而其和混凝土墙（柱）可用射钉固定，间距不可大于吊顶次龙骨的间距。

4. 安装主龙骨

主龙骨间距一般在 900～1000mm，应吊挂于吊杆上，主龙骨宜平行房间长向安装，同时应起拱，起拱高度为房间跨度的 1/200～1/300。主龙骨的悬臂段不应大于 300mm，否则应增加吊杆。主龙骨的接长应对接，相邻龙骨的对接接头要相互错开。如有大的造型吊顶，造型部分应用角钢或扁钢焊接成框架，并应与楼板连接牢固。吊顶如设检修走道，应另设附加吊挂系统。主龙骨挂好后应基本调平。

5. 安装次龙骨

次龙骨应紧贴主龙骨安装。次龙骨间距 300～600mm，并同时符合饰面材料的模数要求。用 T 形镀锌铁片连接件把次龙骨固定在主龙骨上时，次龙骨的两端应搭在 L 形边龙骨的水平冀缘上。墙上应预先标出次龙骨中心线的位置，以便安装罩面板时找到次龙骨的位置。当用自攻螺钉安装板材时，板材接缝处必须安装在宽度不小于 40mm 的次龙骨上。次龙骨不得搭接，在通风、水电等洞口周围应设附加龙骨，附加龙骨的连接用拉铆钉铆固。吊顶灯具、风口及检修口等应设附加吊杆和补强龙骨。

6. 安装罩面板

1）纸面石膏板安装

石膏板的长边应沿纵向次龙骨铺设；自攻螺钉与纸面石膏板边的距离，用面纸包封的板边以 10～15mm 为宜，切割的板边以 15～20mm 为宜。其饰面板应在自由状态下固定，避免"弯棱"、"凸鼓"的现象出现。安装双层石膏板时，面层板与基层板的接缝应错开，不得在一根龙骨上；石膏板的接缝，应按设计要求进行板缝处理。纸面石膏板与龙骨固定，应从一块板的中间向板的四边进行固定，不得多点同时作业。螺钉头宜略埋入板面，但不得损坏纸面，钉眼应做防锈处理并用腻子抹平，拌制石膏腻子时，必须用清洁水和清洁容器。

2）纤维水泥加压板安装

龙骨间距、螺钉与板边的距离，钉间距等应满足设计要求和有关产品的要求；纤维水泥加压板与龙骨固定时，所用手电钻钻头的直径应比选用的螺钉直径小 0.5～1.0mm；固定后，钉帽应做防锈处理，并用油性腻子嵌平；用密封膏、石膏腻子或掺界面剂胶的水泥砂浆嵌涂板缝并刮平，硬化后用砂纸磨光，板缝宽度应小于 50mm；板材的开孔和切割，应按产品的有关要求进行。

3）防潮板安装

三聚氰胺防潮板应在自由状态下固定，防止出现"弯棱"、"凸鼓"的现象；防潮板的长边（包封边）应沿纵向次龙骨铺设；自攻螺钉与防潮板板边的距离以 10～15mm 为宜，切割的板边以 15～20mm 为宜；固定次龙骨的间距，一般不应大于 600mm，在南方潮湿地区，钉距以 150～170mm 为宜，螺钉应与板面垂直，已弯曲、变形的螺钉应剔除；面层板接缝应错开，不得在一根龙骨上；防潮板的接缝处理同石膏板；防潮板与龙骨固定时，应从一块板的中间向板的四边进行固定，不得多点同时作业；螺钉头宜略埋入板面，钉眼应做防锈处理并用石膏腻子抹平。

饰面板上的灯具、烟感器、喷淋头、风口算子等设备的位置应合理、美观，与饰面的交接应吻合、严密，并做好检修口的预留。使用材料应与母体相同，安装时应严格控制整体性、刚度和承载力。

第二节 轻质隔墙工程

轻质隔墙亦称隔断墙，主要起分隔室内空间和装饰的作用，为非承重墙。轻质隔墙按其构造和材料可分为骨架隔墙、板材隔墙、活动隔墙和玻璃隔墙等。骨架隔墙是指在隔墙龙骨两侧安装墙面板以形成墙体的轻质隔墙，这一类隔墙主要由龙骨作为受力骨架固定于建筑主体结构上。龙骨骨架中根据隔声或保温设计要求可以设置填充材料，根据设备安装要求安装设备管线等。

一、施工材料与机具

（一）材料

骨架隔墙中龙骨常见的有轻钢龙骨、其他金属龙骨以及木龙骨；常见的墙面板有纸面石膏板、人造木板、防火板、金属板、水泥纤维板以及塑料板等。

（1）龙骨：工程所用木龙骨、轻钢龙骨应符合设计和现行国家、行业标准要求。

（2）墙面罩面板：各类墙面罩面板应符合设计和现行国家、行业标准要求，并且表面平整、边缘整齐，不应有污垢、裂纹、缺角、翘曲、起皮、色差和图案不完整等缺陷。胶合板、木质纤维板不应脱胶、变色和腐朽。

（3）配件：射钉、膨胀螺栓、镀锌自攻螺钉、木螺钉等应符合设计要求，有产品合格证。接触砖石、混凝土的木龙骨和预埋的木砖应做防腐处理。

（4）胶粘剂：应与板材配套相容，符合设计要求，并有产品合格证。

（二）施工机具

（1）机具：射钉枪、冲击钻、砂轮切割机、砂轮磨光机、直流电焊机、电动无齿锯、电动螺钉旋具、搅拌器等。

（2）工具：螺钉旋具、扳手、钳子、锤子、斧子、刮刀、锯子、刨子、水平尺、吊线坠、墨斗、钢直尺、塞尺等。

二、木龙骨轻质隔墙施工

（一）木龙骨隔墙构造

木龙骨隔墙指以红、白松木为骨架，以石膏板或木质纤维板、胶合板等为面板组成的墙体。木龙骨隔墙构造组成一般包括上槛（沿顶龙骨）、下槛（沿地龙骨）、立筋（竖龙骨）、横档（横撑、横龙骨）、罩面板（饰面板），如图 13-3 所示。

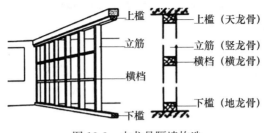

图 13-3 木龙骨隔墙构造

（二）施工准备

（1）木骨架安装前，应对主体结构进行检查，对水暖、电气管线检查，应符合设计要求。

（2）木骨架的木材树种、材质等级、含水率以及防腐、防火处理，必须符合要求。

（3）接触砖、石、混凝土的骨架和预埋木砖，应做防腐处理，所用钉件必须镀锌。

（4）常用的木工工具有手锤、方尺、卷尺、线坠、粉线包、钳子、螺丝刀、割刀等。常用的木工电动工具有电动圆锯、电动曲线锯、电动刨、射钉枪等。

（5）罩面板用的胶合板、纤维板的规格和性能符合要求。

（6）胶粘剂可选用竹木专用的胶粘剂，常用的有脲醛胶；腻子应用油性腻子。

（三）木龙骨轻质隔墙施工工序

基层清理→弹线定位→做踢脚座（按设计要求）→立边框墙筋→安装沿顶、沿地龙骨→安装竖向龙骨（立筋）→安装横龙骨（横筋）→填充隔声材料（按设计要求）→安装罩面板→预留插座位置并设加强垫木（按设计要求）→罩面板处理。

（四）木龙骨轻质隔墙施工要点

1. 弹线定位

在楼地面上弹出隔墙的中心线和边线，并用线坠将边线引到两端墙上，引到楼板或过梁的底部。根据所弹的位置线，检查墙上预埋木砖，检查楼板或梁底部预留钢丝的位置和数量是否正确，如有问题及时修理。

2. 木龙骨的安装

钉靠墙立筋，将立筋靠墙立直，钉牢于墙内防腐木砖上。木龙骨立筋断面尺寸一般为 50mm×70mm 或 50mm×100mm。再将上槛托到楼板或梁的底部，用预埋钢丝绑牢或钉牢，两端顶住靠墙立筋钉牢。将下槛对准地面事先弹出的隔墙边线，两端撑紧于靠墙立筋底部，而后在下槛上画出其他立筋的位置线。

安装立筋，立筋要垂直，其上下端要顶紧上下槛，分别用钉斜向钉牢。然后在立筋之间钉横筋。木龙骨的间距要根据灰板条的不同规格而定，以保证粉抹隔墙具有足够的刚度，间距可采用 400~600mm。在门樘边的立筋应加大断面或者双根并用，门樘上方加设人字撑固定。

钉横筋，横筋钉于相邻立筋之间，每隔 1.2~1.5m 钉一道。横筋不宜与立筋垂直，而应倾斜一些，以便楔紧和着钉。横筋长度应比立筋净空长 10~15mm，两端头应锯成相互平行的斜面，相邻两横筋倾斜方向相反。同一层横筋高度应一致，两端用斜钉与立筋钉牢。

如隔墙上有门窗，门窗框梃应钉牢于立筋上，门窗框上冒头加钉横筋和人字撑。边框龙骨与基体之间，应按设计要求安装密封条。

3. 钉灰板条

灰板条钉在立筋上，板条之间留 7~10mm 空隙，板条接头应在立筋上并留 3~5mm 空隙。板条接头应分段错开，每段长度不宜超过 500mm。为使木隔墙与砖墙的交接部位处理严密，可在灰板条钉好后，用骑马钉钉上转角处的钢丝网，然后粉抹墙面，如隔墙较高，可每隔 8~10 皮砖置放钢丝网一道。

其他板材隔墙的构造基本上与灰板条隔墙相同，仅龙骨与横档的间距需根据板材的厚度和大小确定，一般采用 400~600mm 见方的方格形。可以在骨架一面或两面钉板材（木丝板、胶合板、纤维板等），板材接缝用压缝条盖住，再在表面刷油漆。亦可将板材镶到龙骨和横档中间，两面加钉木压条。

（五）木龙骨轻质隔墙施工注意事项

（1）潮湿房间和钢板网抹灰墙，龙骨间距≤400mm。

（2）安装贯通龙骨时，低于3m的隔墙安装1道，3～5m隔墙安装2道。

（3）沿石膏板周边钉间距≤200mm；板中钉间距≤300mm；螺钉与板边距离10～15mm。

（4）饰面板安装时禁止从两侧同时向中间固定，应从一侧向另一侧推进或从中间向两侧进行。

（5）隔墙中穿越的管线等隐蔽工程必须先在骨架上安装好。

三、轻钢龙骨隔墙施工

（一）轻钢龙骨隔墙构造

轻钢龙骨隔墙是以轻钢龙骨为骨架，以石膏板、人造木板、防火板、水泥纤维板等为面板的墙体，一般包括沿顶龙骨、沿地龙骨、竖向龙骨、横向龙骨、饰面板和配件等，如图13-4所示。轻钢龙骨隔墙防潮防火性能好，广泛应用于室内装饰施工中。

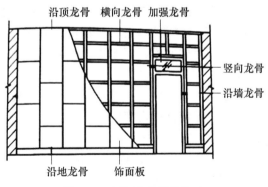

图13-4 轻钢龙骨隔墙构造

（二）轻钢龙骨隔墙施工准备

（1）主要材料及配件要求：轻钢龙骨主件主要有沿顶龙骨、

沿地龙骨、加强龙骨、竖向龙骨、横向龙骨，应符合设计要求。轻钢骨架配件主要有支撑卡、卡托、角托、连接件、固定件、护角条、压缝条等，附件应符合设计要求。紧固材料主要有射钉、膨胀螺栓、镀锌自攻螺钉、木螺钉和嵌缝料并应符合设计要求。填充材料主要有玻璃棉、矿棉板、岩棉板等，按设计要求选用。罩面板材主要有石膏板、水泥压力板等，规格、厚度由设计人员或按图纸要求选定。

（2）主要机具：直流电焊机、电动无齿锯、手电钻、电锤等。

（3）主要工具：电动螺丝刀、螺丝刀、射钉枪、线坠、靠尺、方尺、墨斗等。

（三）轻钢龙骨隔墙施工工艺流程

弹线、分档→固定沿顶、沿地龙骨→安装门、窗洞口框→安装竖向龙骨→安装附加龙骨→电气铺管、安装附墙设备→安装一面罩面板→隐蔽验收→填充隔声材料→安装另一面罩面板→细部处理。

（四）轻钢龙骨隔断墙施工要点

1. 弹线、分档

在隔墙与上、下及两边基体上，按龙骨宽度弹出水平线和竖向垂直线。弹线清楚，位置准确。按设计要求，结合饰面板的长、宽分档，以确定竖向龙骨、横撑及附加龙骨的位置。

2. 做地枕带

当设计有要求时，按设计要求做豆石混凝土地枕带。做地枕带应支模，豆石混凝土应浇捣密实。

3. 安装龙骨

（1）固定沿顶、沿地龙骨。沿弹线位置固定沿顶、沿地龙骨，可用射钉或膨胀螺栓固定，固定点间距应不大于 600mm，龙骨对接应保持平直。

（2）固定边框龙骨。沿弹线位置固定边框龙骨，龙骨的边线应与弹线重合。龙骨的端部应固定，固定点间距应不大于 1m，固定应牢固。边框龙骨与基体之间，应按设计要求安装密封条。

（3）安装竖向龙骨。选用支撑卡系列龙骨时，应先将支撑卡安装在竖向龙骨的开口上，卡距 400～600mm，距龙骨两端的距离为 20～25mm。竖向龙骨应垂直，龙骨间距应按设计要求布置。设计无要求时，其间距可按板宽确定。

（4）安装通贯龙骨。选用通贯系列龙骨时，低于 3m 的隔断安装一道；3～5m 隔断安装两道，5m 以上安装三道。

（5）加横撑龙骨。罩面板横向接缝处，如不在沿顶、沿地龙骨上，应加横撑龙骨固定板缝。

（6）安装附加龙骨。门窗或特殊节点处，使用附加龙骨，安装应符合设计要求。

（7）电气管线铺装、安装附墙设备。按图纸要求预埋管道和附墙设备。要求与龙骨的安装同步进行，或在另一面石膏板封板前进行，并采取局部加强措施，固定牢固。电气设备专业在墙中铺设管线时，应避免切断横、竖向龙骨，同时避免在沿墙下端铺设管线。

（8）龙骨检查校正补强。安装罩面板前，应检查隔断骨架的牢固程度，门窗框、各种附墙设备、管道的安装和固定是否符合设计要求。如有不牢固处，应进行加固。龙骨的立面垂直偏差应 ≤3mm，表面不平整应≤2mm。

4. 安装石膏罩面板

（1）石膏板应竖向铺设，长边接缝应落在竖向龙骨上。

（2）双面石膏罩面板安装，应与龙骨一侧的内外两层石膏板错缝排列，接缝不应落在同一根龙骨上。需要隔声、保温、防火的隔墙，应根据设计要求在龙骨一侧安装好石膏罩面板后，进行隔声、保温、防火等材料的填充；一般采用玻璃丝棉或岩棉板进行隔声、防火处理；按设计要求进行保温处理。最后封闭另一侧的罩面板。

（3）石膏板应采用自攻螺钉固定，周边螺钉的间距不应大于 200mm，中间部分螺钉的间距不应大于 300mm，螺钉与板边缘的距离应为 10～16mm。

（4）安装石膏板时应从板材的中部向板的四周固定。钉头略埋入板内，但不得损坏纸面，钉眼应用石膏腻子抹平。

（5）石膏板应按框格尺寸裁割准确，宜使用整板，就位时应与框格靠紧，但不得强压就位。

（6）隔墙端部的石膏板与周围的墙或柱应留有 3mm 的槽口。铺设罩面板时，应先在槽口处加注嵌缝膏，然后铺板并挤压嵌缝膏，使面板与邻近表层接触紧密。

（7）在丁字形或十字形相接处，如为阴角，应用腻子嵌满，贴上接缝带；如为阳角，应做护角。

（8）石膏板的接缝处应适当留缝，缝宽一般为 3～6mm，坡口与坡口必须相接。

5. 胶合板和纤维复合板安装

（1）安装胶合板的基体表面，用油毡、釉质材料防潮时，应铺设平整，搭接严密，不得有褶皱、裂缝和透孔等。

（2）胶合板如用钉子固定，钉距为 80～150mm，宜采用直钉或凹形钉固定。需要隔声、保温、防火的隔墙，应根据设计要求，在龙骨一侧安装好胶合板罩面板后，进行隔声、保温、防火等材料的填充。然后封闭另一侧的罩面板。

（3）胶合板如涂刷清油等涂料，相邻板面的木纹和颜色应近似。

（4）墙面用胶合板、纤维板装饰时，阳角处宜做护角。

（5）胶合板、纤维板用木压条固定时，钉距不应大于 200mm，钉帽应砸扁，并钉入木压条 0.5～1mm，钉眼用油性腻子抹平。

（6）用胶合板、纤维板作罩面时，应符合防火的有关规定，在湿度较大的房间，不得使用未经防水处理的胶合板和纤维板。

6. 细部处理

细部处理包括钉眼防锈处理、接缝及护角处理。接缝一般按以下程序处理：接缝清理干净→刷 108 胶水一道→接缝腻子用刮刀嵌满板缝并刮平→在接缝坡口处刮约 1mm 厚腻子，粘贴玻纤带并压实刮平。阳角处做护角的方法是在阳角粘贴玻纤布条两层，角两边均拐过 100mm，表面用腻子刮平；当设计要求做金属护角条或木质压条时，按要求的部位、高度固定，以增加装饰效果。

（五）轻钢龙骨石膏板隔墙施工注意事项

（1）龙骨安装时禁止强拉硬拔，应轻拿轻放，避免损坏龙骨，影响安装质量。

（2）为便于安装，龙骨加工时，宜比实际尺寸略短一些。

（3）为防止竖龙骨的滑移，可将天、地龙骨和竖龙骨用铆钉固定。

（4）龙骨与墙体的固定可以用射钉，当墙体为混凝土时射钉射入墙体的深度为 20～30mm。

（5）竖龙骨应按要求长度预先进行切割，切割口应留在上端，且上下方向、冲孔位置不能颠倒，并要在同一水平面上，以利于横撑龙骨的安装。

（6）当石膏板接缝不在天、地龙骨上时，应在接缝处加横龙骨。

（7）石膏板禁止在有应力状态下安装，不得强压就位，应从中间向四周或从一侧向另一侧安装。

（8）石膏板可以横向或纵向铺设，有防水要求的墙体必须纵向铺设。

（9）石膏板对接应错开，隔墙两面的板其横向接缝也应错开，墙两面的接缝不能落在同一龙骨上。

（10）石膏板与周围基体应松散地吻合，留有不小于 5mm 的槽口。

第三节　木地板工程

木地板属于中高档装饰地面。木地板具有天然纹理，给人以淳朴、自然的亲切感。其质量轻、弹性好、保温佳，又易于加工、不老化、脚感舒适，成为较普遍的地面装饰形式。但木地板容易受温度、湿度变化的影响而导致裂缝、翘曲、变色、变形，且不耐火，所以在施工和使用中应当引起注意。

一、木地板施工机具和材料

（一）机具

电动工具：刨地板机、砂带机、电锯、螺机、电刨、磨光机、水平仪等。

手工工具：手锯、刀锯、墨斗、钢卷尺、水平尺、角尺、铅笔、拉线绳、锤子、斧子、橡皮槌、螺丝刀、钳子、扁凿、手刨、刷子、钢丝刷等。

（二）材料要求

（1）实木地板、竹地板：实木地板、竹地板面层所采用的材质和铺设时的木材含水率必须符合设计要求，木龙骨（格栅）、垫木和衬板（毛地板）等必须做防腐、防蛀、防火处理。

（2）实木复合地板：实木复合地板面层所采用的条材和块材，其技术等级和质量要求应符合设计要求，含水率不应大于12％。木龙骨、垫木和衬板等必须做防腐、防蛀及防火处理。

（3）强化复合地板：强化复合地板面层所采用的条材和块材，其技术等级和质量要求应符合设计要求。木龙骨、垫木和衬板等必须做防腐、防蛀、防火处理。木龙骨应选用烘干料，衬板如选用人造板，应有性能检测报告，而且对甲醛含量复验。

（4）胶粘剂：应采用耐老化、防水和防菌、无毒等性能的材料，或按设计要求选用。胶粘剂应符合现行规范《民用建筑工程室内环境污染控制规范》（GB 50325）的规定。

（5）木踢脚板：宽度、厚度、含水率均应符合设计要求，背面应满涂防腐剂，花纹颜色应力求与面层地板相同。

二、木地板分类与构造

木地板分类较多：按地板成品是否油漆可分为原木地板和免漆刨地板；按材料特性可分为普通木地板、硬木地板和复合木地板；按施工方法可分为架空铺设地板和实铺地板；按铺设形式可分为长条地板和拼花地板等。

木地板的铺设方式分平铺和架空两种。相对于平铺式的木地板铺设方法，架空式铺设的木地板可以获得更好的脚感和舒适度。架空式实木地板在铺装过程中应根据使用地区的特点在架空层放置驱虫药剂或樟木碎块以起到驱虫效果。在架空层与木地板表层之间也可增加1～2层衬板（毛地板），可获得更好的脚感和表面平整度，衬板与地板成45°斜铺。

三、木地板施工

（一）木地板施工工艺流程

1. 平铺木地板施工工艺流程

检验木地板质量→技术交底→基层处理→铺木地板衬板→铺泡沫塑料衬垫→铺木地板→清理验收。

2. 架空木地板施工工艺流程

检验木地板质量→技术交底→基层处理→安装木龙骨→铺木地板衬板→铺泡沫塑料衬垫→铺木地板→清理验收。

（二）木地板铺装要点

1. 技术交底

对施工技术要求、质量要求、职业安全、环境保护及应急措施等进行交底。

2. 基层处理

基层表面应平整、坚硬、干燥、密实、洁净、无油脂及其他杂质，不得有麻面、起砂、裂缝等缺陷；与厕浴间、厨房等潮湿场所相邻的木质面层连接处应做防水（防潮）处理；底层底面应做相应的防潮处理。根据设计要求和墙面的标高线确定底面的标高，并在四周墙上弹出水平线。

3. 安装木龙骨

如为架空木地板，先在楼（地）面上弹出木龙骨的安装位置线（间距400mm或按设计要求）及标高，将龙骨（断面梯形，宽面在下）放平、放稳，并找好标高，用膨胀螺栓和角码（角钢上钻孔）把龙骨牢固地固定在基层上，木龙骨下与基层间缝隙用木块或木楔塞实，刷防腐剂及防火剂。木龙骨应垫实钉牢，与墙之间应留出30mm的缝隙，表面应平直。

4. 铺木地板衬板

根据设计要求将衬板（毛地板）下好料（如为架空木地板，

将毛地板牢固钉在木格栅上，钉法采用直钉和斜钉混用，直钉钉帽不得凸出板面）。毛地板可采用条板，也可采用整张的细木工板或中密度板等类产品。采用整张板时，应在板上开槽，槽的深度为板厚的 1/3，间距 200mm 左右。毛地板铺设时，木材髓心应向上，其板间缝隙不应大于 3mm，与墙之间应留 8～12mm 的空隙，表面应刨平。毛地板如选用人造木板，应有性能检测报告，而且应对甲醛含量复验。

5. 铺泡沫塑料衬垫

将衬垫铺平，用胶粘剂点涂固定在基底或衬板上，防潮膜接头应重叠 200mm，四边往上弯。隐蔽验收合格后进入下道工序。

6. 铺木地板

1）实木（竹）地板施工要点

（1）实木（竹）地板应采用符合现行标准的优等品。

（2）实木（竹）地板与木龙骨固定时应采用配套木地板钉钉牢。钉的长度应为面板厚度的 2～2.5 倍，并从地板企口凸槽处斜向钉入木地板内，钉头不能露出。钉子的间距根据地板种类和施工工艺确定，若条件允许最好用木螺钉。

（3）实木（竹）地板的吸水率大于复合木地板，木龙骨的铺设方向应与实木地板的铺设方向垂直。

（4）为获得更好的防潮效果，木龙骨上应再铺设专用防潮垫层。

（5）应严格控制实木地板及木龙骨的含水率，待两者均干燥后方可铺设。

（6）根据木地板尺寸调整木龙骨间距。

（7）竹地板斜向固定钉的要求：当竹地板长度为 600mm 时不得少于 2 只；为 1000mm 时不得少于 3 只；为 1500mm 时不得少于 4 只；超过 1500mm 时不得少于 5 只。

2）实木（竹）复合地板施工要点

（1）复合（多层）木地板的厚度为 8～25mm 不等，厚度不同，其结构及铺装方法也不同。

（2）复合木地板的厚度在 7～15mm 之间时，可直接铺在干燥的地面上，并加铺专用防潮垫层。

（3）铺设复合木地板时板端接缝应间隔错开，错开长度不小于300mm，地板沿长边铺设。面层周边与墙体之间应预留5～10mm缝隙。

（4）企口型复合木地板铺设，应采用配套专用胶以及质量稳定可靠的产品。地板胶应均匀打在凸槽的上方，不得漏涂。应用湿棉丝擦除多余的胶，面上不得有胶痕。

（5）锁扣免胶型复合木地板直接采用斜插式安装。

（三）地板材料用量分析

某房间长宽尺寸为3.6m×3.3m，用规格为900mm×90mm×18mm的实木地板铺设，地板用量及损耗测算步骤如下：

（1）计算纵向地板铺设块数：确定地板的走向，以3.6m的方向为纵向铺设方向，每块地板长900mm，则纵向地板铺设块数＝3.6/0.9＝4（块）。

（2）计算横向地板铺设块数（进位法）：房间3.3m的方向为横向，每块地板宽90mm，则横向地板铺设块数＝3.3/0.09＝36.67（块）≈37块。

（3）计算地板总的用量：需用地板总数＝37×4＝148（块）。

（4）计算需用地板总面积：地板总面积＝148×0.9×0.09＝11.988（m²）。

（5）计算损耗和损耗率：

地板损耗＝地板面积－住房面积＝11.988－3.6×3.3＝0.108（m²）

地板损耗率＝地板损耗/房面积
$$＝[0.108/（3.6×3.3）]×100\%＝1\%$$

考虑房间建筑误差（不呈长方形而呈菱形），加上一排地板即4块，共计损耗面积为0.108＋4×0.9×0.09＝0.432（m²）。

损耗率＝[0.432/（3.3×3.6）]×100%＝3.6%

由此看来，一般铺设地板，其损耗不大于5%。

四、木踢脚线施工要点

踢脚线也称踢脚板，是安装在墙体与地面的交接处，用来防

止墙面受污染并为地面饰面盖缝收口的装饰线。踢脚线一般高
100～200mm，常采用的规格是高 150mm、厚 20～25mm，所用
材质一般应与木地板面层的材质相同。

（1）基层处理。施工前应清理踢脚线位置处的墙面，注意保
持墙面整洁、干净，无凹凸。

（2）测量长度。安装前要先用卷尺等工具测量出各段需要的
踢脚线长度。

（3）切割材料。根据所需要的踢脚线长度，用电锯等工具对
踢脚线进行切割。

（4）安装踢脚线。安装时应从阴角或阳角处开始，实木踢脚
线阴角处应以 45°角斜向小拼缝，阳角处应以 45°角斜向大拼缝，
踢脚线接长时应按板厚 45°角斜向拼接，踢脚线应用扁头钉固定
牢固。

（5）固定踢脚线。用锤子将地板钉钉入踢脚线，使之与墙面
固定，在接头部位应当用多钉加固。踢脚线应该紧贴墙壁，不能
留有缝隙，但是大部分材质的踢脚线都有热胀冷缩的特性，因此
靠墙角的踢脚线如同地板，要留大约 10mm 的缝。为防止损坏插
座、开关的电线，施工时应先查明电线的走向。

（6）安装完毕之后，踢脚线上方有钉眼，使用填补钉眼膏进
行调色填补，待其风干擦拭干净即可。为了使不同段的踢脚线契
合，需要做好踢脚线接头处理。

第四节　细部工程

一、窗帘盒制作安装

窗帘盒有两种形式：一种是房间有吊顶的，窗帘盒应隐蔽在
吊顶内，在做顶部吊顶时一同完成，称为暗窗帘盒；另一种是房
间未吊顶，窗帘盒固定在墙上，与窗框套成为一个整体，称为明
窗帘盒。明窗帘盒一般先加工成半成品，再在施工现场安装。安
装窗帘盒前，顶棚、墙面、门窗、地面的装饰应已完成。

（一）窗帘盒制作安装工艺流程

1. 明窗帘盒的制作流程

下料→刨光→制作卯榫→装配→修正砂光。

2. 暗窗帘盒的安装流程

定位→固定角铁→固定窗帘盒。

（二）窗帘盒制作、安装要点

1. 明窗帘盒的制作

（1）下料：按图纸要求截下的净料要长于要求规格 30～50mm，厚度、宽度要大于 3mm。

（2）刨光：刨光时要顺木纹操作，先刨削出相邻两个基准面，并做上符号标记，再按规定尺寸加工完另外两个基础面，要求光洁、无戗槎。

（3）制作卯榫：最佳结构方式是采用 45°全暗燕尾卯榫，也可采用 45°斜角钉胶接合，但钉帽一定要砸扁后打入木内。上盖面可加工后直接涂胶钉入下框体。

（4）装配：用直角尺测准暗转角度后把结构敲紧打严，注意格角处不要露缝。

（5）修正砂光：结构固化后可修正砂光。用 0 号砂纸打磨掉毛刺、棱角、立槎，注意不可逆木纹方向砂光。要顺木纹方向砂光。

2. 暗窗帘盒的安装

暗装形式的窗帘盒，主要特点是与吊顶部分接合在一起，常见的有内藏式和外接式。

（1）内藏式窗帘盒主要形式是在窗顶部位的吊顶处，做出一条凹槽，在槽内装好窗帘轨。作为隐含在吊顶内的窗帘盒，与吊顶施工一起做好。

（2）外接式窗帘盒是在吊顶平面上，做出一条贯通墙面长度的遮挡板，在遮挡板内吊顶平面上装好窗帘轨。遮挡板可采用木构架双包镶，并把底边做封板边处理。遮挡板与顶棚交接线要用棚角线压住。遮挡板的固定法可采用射钉固定，也可采用预埋木楔、圆钉固定，或用膨胀螺栓固定。

（3）窗帘轨安装。窗帘轨有单、双或三轨之分。单体窗帘盒一般先安装轨道，暗窗帘盒在安装轨道时，轨道应保持在一条直线上。轨道有工字形、槽形和圆杆形三种。工字形窗帘轨用与其配套的固定爪来安装，安装时先将固定爪套入工字形窗帘轨上，每米窗帘轨有三个固定爪安装在墙面上或窗帘盒的木结构上。

槽形窗帘轨的安装，可用 $\phi5.5$mm 的钻头在槽形轨的底面打出小孔，再用螺钉穿过小孔，将槽形轨固定在窗帘盒内的顶面上。

二、窗台板制作安装

（一）窗台板制作与安装流程

窗台板的制作→砌入防火木→窗台板刨光→拉线找平、找齐→钉牢。

（二）窗台板制作与安装要点

1. 窗台板的制作

按图纸要求加工的木窗台表面应光洁，其净料尺寸厚度在 20～30mm，比待安装的窗口长 240mm，板宽视窗口深度而定，一般要凸出窗口 60～80mm，台板外沿要倒楞或起线。台板宽度大于150mm，需要拼接时，背面必须穿暗带防止翘曲，窗台板背面要开卸力槽。

2. 窗台板的安装

（1）在窗台板上，预先砌入防腐木砖，木砖间距 500mm 左右，每樘窗不少于两块，在窗框的下坎裁口或打槽（深 12mm、宽 10mm）。将窗台板刨光起线后，放在窗台墙顶上居中，里边嵌入下坎槽内。窗台板的长度一般比窗樘长度长 120mm 左右，两端伸出的长度应一致。在同一房间内同标高的窗台板应拉线找平、找齐，使其标高一致，凸出墙面尺寸一致。窗台板上表面向室内应略有倾斜（泛水），坡度约 1%。

（2）如果窗台板的宽度大于 150mm，拼接时，背面应穿暗带，防止翘曲。

（3）用明钉把窗台板与木砖钉牢，钉帽砸扁，顺木纹冲入板的表面，在窗台板的下面与墙交角处，要钉窗台线（三角压条）。窗台线预先刨光，按窗台长度两端刨成弧形线脚，用明钉与窗台板斜向钉牢，钉帽砸扁，冲入板内。

三、门窗套制作安装

门窗套是指在门窗洞口的两个立边垂直面，用于保护和装饰门框及窗框。门窗套包括筒子板和贴脸，与墙连接在一起。成品门及门窗套一般是指按照门窗洞口尺寸在工厂加工好后直接到现场安装，在安装门的时候采取安装门套→安装木门→安装贴脸（墙两边装饰压条）流程施工。

（一）门窗套制作安装流程

检查门窗洞口及预埋件→制作及安装木龙骨→装钉面板。

（二）门窗套制作安装要点

1. 制作木龙骨

（1）根据门窗洞口实际尺寸，先用木方制成木龙骨架。一般骨架分三片，两侧各一片。每片两根立杆，当筒子板宽度大于500mm需要拼缝时，中间适当增加立杆。

（2）横撑间距根据筒子板厚度决定。当面板厚度为10mm时，横撑间距不大于400mm；板厚为5mm时，横撑不大于300mm。横撑间距必须与预埋件间距位置对应。

（3）木龙骨架直接用圆钉钉成，并将朝外的一面刨光。其他三面涂刷防火剂与防腐剂。

2. 安装木龙骨

首先在墙面做防潮层，可干铺油毡一层，也可涂沥青。然后安装上端龙骨，找出水平。不平时用木楔垫实打牢。再安装两侧龙骨架，找出垂直并垫实打牢。

3. 装钉面板

（1）面板应挑选木纹和颜色相近的用在同一洞口、同一房间。

（2）裁板时要稍大于木龙骨架实际尺寸，大面净光，小面刮直，木纹根部朝下。

（3）长度方向需要对接时，木纹应通顺，其接头位置应避开视线范围。

（4）一般窗筒子板拼缝应在室内地坪 2m 以上；门洞筒子板拼缝离地面 1.2m 以下。同时接头位置必须留在横撑上。

（5）当采用厚木板时，板背面应做卸力槽，以免板面弯曲。卸力槽一般间距为 100mm，槽宽 10mm，深度 5～8mm。

（6）板面与木龙骨间要涂胶。固定板面所用钉子的长度为面板厚度的 3 倍，间距一般为 100mm，钉帽砸扁后冲进木材面层 1～2mm。

（7）筒子板里侧要装进门窗框预先做好的凹槽里。外侧要与墙面齐平，割角要严密方正。

四、护墙板制作安装

（一）护墙板构造组成

实木护墙板是一种室内墙用护板，它由上下水平框、竖直框、芯板和角框组成，在上、下水平框的内侧有厚度渐小的花边和凹槽，上下水平框可以插接成不同的长度，插接处采用凹凸配合，竖直框横向两边有与上下水平框内侧相同的结构，其纵向两端有与上下水平框内侧插接相对应的结构，角框的横向两边有凹槽，芯板就插接在上下水平框、竖直框或角框形成的框内。实木类护墙板有柚木、水曲柳、橡木、樱桃木等多种木材。

（二）护墙板安装要点

1. 墙面找平

（1）安装之前，准备 80mm×15mm 多层板长板、不同厚度的垫条。

（2）用 2m 靠尺检查墙面平整度。

（3）在设计图纸上护墙板的接缝处，先用射钉枪把 15mm 的垫板固定到墙上，不平整的地方用垫条找平。

2. 护墙板安装

（1）按照图纸在找平好的垫板上画线确定挂件和墙板位置，保证水平度和垂直度的准确。

（2）墙板应从下至上分层安装，同时从左至右或者从右至左安装。

（3）根据踢脚线高度，确定下面第一层挂件位置，并用红外线水平仪找平。

（4）上下墙板之间（水平方向）用整根挂件或者长的挂件对缝，左右墙板之间（垂直方向）需要加 100mm 长的短挂件（每两个短挂件间距不得超过 600mm）。

（5）在每层两侧端头墙板后面需要加 20mm 垫条，以保证墙板背面不空。

第五节 木楼梯制作与安装

一、木楼梯构造与分类

木楼梯是由踏脚板（踏步板）、踢脚板、平台、斜梁、楼梯柱、栏杆和扶手等几部分组成。踏步板是楼梯梯级上的踏脚平板；踢脚板是楼梯梯级的垂直板；平台是楼梯段中间平坦无踏步的地方，即休息平台；楼梯斜梁是支承楼梯踏步的大梁；楼梯柱是装置扶手的立柱；栏杆和扶手装置在梯级和平台临空一边，高度一般为 900～1100mm，起围护和上下依扶的作用。

木质楼梯按造型可分为直梯、弧梯、螺旋梯等；按类型可分为整体实木楼梯和散件楼梯；按构造形式分为明步楼梯和暗步楼梯。

1. 明步楼梯

明步楼梯主要是指在侧面外观时由踏脚板和踢脚板形成的齿状梯级，其效果明露，如图 13-5 所示。它的宽度以 800mm 为限，超过 1000mm 时，中间需加设一根斜梁，在斜梁上钉三角木。三角木可根据楼梯坡度及踏步尺寸预制，在其上铺钉踏脚板和踢脚板。踏脚板的厚度为 30～40mm，踢脚板的厚度为 25～30mm，踏脚板和踢脚板用开槽方法结合。如果无挑口线，踏脚板应挑出踢脚板 20～25mm，如果有挑口线，则应挑出 30～40mm。为了防滑和耐磨，可在踏脚板上口加钉铁板。踏步靠墙处的墙面也需做踢脚板，以保护墙面和遮盖竖缝。

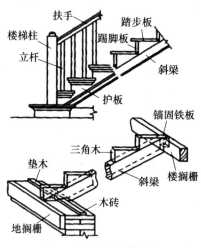

图 13-5 明步楼梯构造

在斜梁上应镶钉外护板，用以遮盖斜梁与三角木的接缝，而使楼梯外侧立面美观。斜梁的上下两端做吞肩榫，与楼梯搁栅（平台梁）及地搁栅接合，同时用铁件进一步加固。在底层斜梁的下端也可做凹槽，将其压在垫木（枕木）上。

2. 暗步楼梯

暗步楼梯是指其踏步被斜梁遮掩，其侧立面外观梯级效果藏而不露，如图 13-6 所示。暗步楼梯的宽度一般可达 1200mm，其结构特点是在安装踏脚板一面的斜梁上开凿凹槽，将踏脚板和踢脚板逐块镶入，然后与另一根斜梁合拢敲实。踏脚板挑出踢脚板的部分与明步楼梯相同；踏脚板应比斜梁稍有缩进。楼梯背面可做板条抹灰，也可铺钉纤维板等，进而用涂料涂饰其他面层。

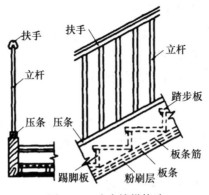

图 13-6　暗步楼梯构造

二、木楼梯制作与安装

（一）木楼梯选材

根据设计要求进行选材。对于木制楼梯踏步板，要选择实木指接板或实木多层复合板。楼梯踏板要选择含水率较低的木材，含水率低的木材受力后不易变形，可以保证稳定性、安全性。楼梯踏板的材料最好经过烘干处理（两次烘干处理的为佳）。

（二）木楼梯制作

根据设计要求对板材进行锯割、裁切、开榫槽、刨、铣、倒圆角、打磨、上色等制作工序，制作楼梯各组成构件。木质楼梯可现场制作，亦可工厂定制，现场组装。

木楼梯制作前，在铺好的木板或水泥地面上，根据施工图纸把楼梯的踏步高度、宽度、级数及平台尺寸放出足尺大样；或者按图纸计算各部分构件的构造尺寸，制出样板。其中踏步三角按设计图一般都是画成直角三角形，其坡度与楼梯坡度一致。

开始配料时，应注意楼梯斜梁长度，必须将其两端的榫头尺寸计算在内。踏脚板应使用整块木板，如果采用拼板，须有防止错缝开裂的措施。制作三角木、踏脚板、斜梁、扶手和栏杆时，其尺寸和形状必须符合设计规定。

（三）木楼梯安装要点

安装开始前，检查现场是否达到安装条件，认真核对图纸及零部件，确定踏步安装尺寸，确定楼梯承重梁固定方案。楼梯基础达到要求、确认楼梯各部件数量准确无误、质量符合要求后，开始安装。

木楼梯的安装顺序一般是固定梁（龙骨）→逐级安装水平踏步板、立面踢脚板→安装踢脚线、封边条→安装立柱、扶手→整修。

1. 无基础楼梯承重梁、柱安装

承重梁的安装应根据图纸进行定位，如图纸定位不精确，可合理调整位置，根据实际情况进行安装。梁（龙骨）一般用膨胀螺栓与混凝土基层固定。根据设计要求，承重梁的安装如需与实心墙进行固定，应保证与墙体的接合强度达到要求且垂直，固定点的数量由实际情况决定。

2. 楼梯踏板、踢板、平台安装

有基础楼梯踏板、踢板、平台的安装应对照图纸号，测量踏板、踢板尺寸，由下而上进行踏板、踢板的安装，踏板、踢板与基层的连接可采用木螺钉或木塞加胶固定，每安装一块，应先对其做好保护。不规则踏板、踢板应采用样板，将样板与基层对好后进行切割，前缘保持一致，反面采用木螺钉加胶连接牢固。

平台面板可以分小块安装，要求拼接处离缝不大于2mm，高度差不大于1mm。无基础楼梯踏板、踢板、平台的安装应与承重梁、柱牢固连接。

3. 小立柱安装

确认小立柱在踏板上的位置，可以用木塞或螺栓连接小立柱与踏板并应加胶固定。测量踏板至扶手下端的垂直距离以确定小立柱高度；小立柱切割时，应先确定上端的斜度，再依据小立柱需求高度切割小立柱下端。小立柱安装后距离应均匀。扶手下面的榫眼应按每根小立柱上端面斜度切面进行钻孔安装。

4. 扶手安装

立柱与扶手通常用扣板条、木塞或直接嵌入连接，安装时应注意：

（1）确定扶手高度以及与大立柱的安装位置，标记大立柱与扶手连接点。

（2）确定扶手切割角度，先预切割，判断其角度是否与设计吻合，有误差应反复微调。

（3）扶手上端与大立柱连接时，应采用螺栓或木塞，涂胶加固，下端与大立柱连接时应采用两根螺栓并涂胶加固。

5. 大（中）立柱安装

根据图纸进行定位，依据实际情况进行切割，大（中）立柱应用螺栓与螺母的连接方式与底面连接，并且底面涂胶。

6. 其他部件安装

其他类型的楼梯部件安装也应保证立柱垂直、间隔均匀、扶手连续平滑的基本原则，保证其连接强度。

三、木扶手制作与安装

（一）施工准备

1. 技术准备

（1）熟悉图纸，明确设计要求，编制施工方案。

（2）对操作人员进行施工技术交底和安全技术交底。

2. 物资准备

（1）楼梯木扶手：楼梯木扶手分为两种类型，一种是与楼梯组合安装的栏杆扶手，另一种是不设楼梯栏杆的靠墙扶手。木扶手一般用硬杂木加工而成，其树种、规格、尺寸、形状按设计要求。木材质量应纹理顺直，颜色一致，不得有腐朽、节疤、裂缝、扭曲等缺陷；含水率不得大于 12%。弯头一般以 45°角断面相接，断面特殊的木扶手按设计要求备弯头料。

（2）胶粘剂：一般多用聚醋酸乙烯（乳胶）等胶粘剂。

（3）其他材料：木螺钉、木砂纸、加工配件等。

3.施工机具准备

（1）施工机械：电锯、电刨等。

（2）工具用具：手提刨、手工锯、手电锯、冲击电钻、窄条锯、二刨、小刨、小铁刨、斧子、羊角锤、钢锉、木锉、螺丝刀、卡子等。

（3）监测装置：方尺、割角尺。

4.作业条件准备

（1）楼梯间墙面、楼梯踏板等抹灰全部完成。

（2）金属栏杆或靠墙扶手的固定埋件安装完毕。

（3）楼梯踏步、平台的地坪等抹灰均已完成，预埋件已留好。

（二）施工工艺流程

施工准备→找位与画线→弯头配置→连接预装→固定→整修→检验批质量验收。

（三）木扶手制作与安装操作要点

1.找位与画线

安装扶手的固定件、位置、标高、坡度、找位校正后弹出扶手纵向中心线。按扶手构造，根据折弯位置、角度画出折弯或割角线。楼梯栏板和栏杆定面，画出扶手直线段与折弯段的起点和终点位置。

2.弯头配置

按栏板或栏杆顶面的斜度，配好起步弯头。一般木扶手可用扶手料割配弯头，采用割角对缝粘结，在断块割配区段内最少要考虑用三个螺钉与支撑固定件连接固定。大于70mm断面的扶手接头配置时，除粘结外，还应在下面做暗榫或用铁件接合。

3.连接预装

预制木扶手须预装，预装木扶手由下往上进行，先预装起步弯头及连接第一跑扶手的折弯弯头，再配上折弯之间的直线扶手料，进行分段预装粘结，粘结时操作环境温度不得低于5℃。

4.固定

分段预装检查无误，扶手与栏杆（栏板）上固定件用木螺钉拧紧固定，固定间距控制在 400mm 以内，操作时，应在固定点处先将扶手料钻孔，再将木螺钉拧入。

5. 整修

扶手弯折处如有不平顺，应用细木锉锉平，找顺磨光，使其折角线清晰，坡角合适，弯曲自然，断面一致，最后用木砂纸打光。

四、木楼梯验收

1. 楼梯外观质量应符合的要求

（1）与人体接触部位不应有毛刺、刃口或棱角。

（2）部件的外表应光滑，倒棱、圆角、弧线应保持流畅光滑、均匀一致。

（3）雕刻的图案部分应均匀、清晰、层次分明，对称部位应对称，棱角、圆弧处应无缺角，各部位不应有锤印和毛刺。

（4）表面不应有崩槎、刀痕、砂痕。

（5）封边、包边不应出现脱胶、鼓泡、开裂现象。

（6）贴面应严密、平整，不应有明显透胶。

（7）榫、塞角等各零部件的接合应紧密、端正，结合部位无开裂或松动。

（8）所有连接和切割部位应连接顺滑，平面接头处高差不超过 0.3mm。

（9）小立柱应垂直，间距均匀，排列整齐，与扶手底面间隙不大于 0.5mm。

（10）承重梁与墙体和横梁连接应牢固无松动。

2. 整梯尺寸验收

（1）木质楼梯扶手上方的净宽应按照设计方案验收，最小不小于 700mm。

（2）木质楼梯扶手下方的净宽不小于 850mm。

（3）木质楼梯一侧扶手至另一侧墙体之间的净宽不应小于 700mm。

（4）楼梯栏杆垂直杆件间净距按照设计规定，但不大于 110mm。

（5）踏板尺寸变化长度方向（顺纹方向）范围不大于 0.5%，宽度方向不大于 1.2%，各面平整光滑，圆边处应自然流畅，无变形。

第六节 室内装修工程质量标准与安全技术

一、质量标准

（一）吊顶施工质量标准

1. 一般规定

（1）吊顶工程应对人造木板的甲醛含量进行复验。

（2）吊顶工程应对下列隐蔽工程项目进行验收：①吊顶内管道、设备的安装及水管试压。②木龙骨防火、防腐处理。③预埋件或拉结筋。④吊杆安装。⑤龙骨安装。⑥填充材料的设置。

（3）各分项工程检验批的划分：同一品种的吊顶工程每50间（大面积和走廊按吊顶面积 $30m^2$ 为一间）应划分为一个检验批，不足50间也应划分为一个检验批。

（4）检查数量应符合下列规定：每个检验批应至少抽查10％，并不得少于3间，不足3间时应全数检查。

（5）安装龙骨前，应按设计要求对房间净高、洞口标高和吊顶内管道、设备及其他支架的标高进行交接检验。

（6）吊顶工程的木吊杆、木龙骨和木饰面板必须进行防火处理，并应符合有关设计防火规范的规定。

（7）吊顶工程中的预埋件、钢筋吊杆和型钢吊杆应进行防锈处理。

（8）安装饰面板前应完成吊顶内管道和设备的调试及验收。

（9）吊杆距主龙骨端部距离不得大于300mm，当大于300mm时，应增加吊杆。当吊杆长度大于1.5m时，应设置反支撑。当吊杆与设备相遇时，应调整并增设吊杆。

（10）重型灯具、电扇及其他重型设备严禁安装在吊顶工程的龙骨上。

2. 暗龙骨吊顶工程

主控项目是指建筑工程中对安全、卫生、环境保护和公众利益起决定性作用的检验项目。一般项目是指除主控项目以外的检验项目。

1）主控项目

（1）饰面标高、尺寸、起拱和造型应符合设计要求。检验方法：观察；尺量检查。

（2）饰面材料的材质、品种、规格、图案和颜色应符合设计要求。检验方法：观察；检查产品合格证书、性能检测报告、进场验收记录和复验报告。

（3）暗龙骨吊顶工程的吊杆、龙骨和饰面材料的安装必须牢固。检验方法：观察；手扳检查；检查隐蔽工程验收记录和施工记录。

（4）吊杆、龙骨的材质、规格、安装间距及连接方式应符合设计要求。金属吊杆、龙骨应经过表面防腐处理；木吊杆、龙骨应进行防腐、防火处理。检验方法：观察；尺量检查；检查产品合格证书、性能检测报告、进场验收记录和隐蔽工程验收记录。

（5）石膏板的接缝应按其施工工艺标准进行板缝防裂处理。安装双层石膏板时，面层板与基层板的接缝应错开，并不得在同一根龙骨上接缝。检验方法：观察。

2）一般项目

（1）饰面材料表面应洁净、色泽一致，不得有翘曲、裂缝及缺损。压条应平直、宽窄一致。检验方法：观察；尺量检查。

（2）饰面板上的灯具、烟感器、喷淋头、风口算子等设备的位置应合理、美观，与饰面板的交接应吻合、严密。检验方法：观察。

（3）金属吊杆、龙骨的接缝应均匀一致，角缝应吻合，表面应平整，无翘曲、锤印。木质吊杆、龙骨应顺直，无劈裂、变形。检验方法：检查隐蔽工程验收记录和施工记录。

（4）吊顶内填充吸声材料的品种和铺设厚度应符合设计要求，并应有防散落措施。检验方法：检查隐蔽工程验收记录和施工记录。

（5）暗龙骨吊顶工程安装的允许偏差和检验方法应符合表13-1的规定。

表 13-1　暗龙骨吊顶工程安装的允许偏差和检验方法

项次	项目	允许偏差（mm）				检验方法
		纸面石膏板	金属板	矿棉板	木板、塑料板、格栅	
1	表面平整度	3	2	2	2	用 2m 靠尺和塞尺检查
2	接缝直线度	3	1.5	3	3	拉 5m 线，不足 5m 拉通线，用钢直尺检查
3	接缝高低差	1	1	1.5	1	用钢直尺和塞尺检查

3. 明龙骨吊顶工程

1）主控项目

（1）吊顶标记、尺寸、起拱和造型应符合设计要求。检验方法：观察；尺量检查。

（2）饰面材料的材质、品种、规格、图案和颜色应符合设计要求。当饰面材料为玻璃板时，应使用安全玻璃或采取可靠的安全措施。检验方法：观察；检查产品合格证书、性能检测报告和进场验收记录。

（3）饰面材料的安装应稳固严密。饰面材料与龙骨的搭接宽度应大于龙骨受力面宽度的 2/3。检验方法：观察；手扳检查；尺量检查。

（4）吊杆、龙骨的材质应进行表面防腐处理；木龙骨应进行防腐、防火处理。检验方法：观察；尺量检查；检查产品证书、进场验收记录和隐蔽工程验收记录。

（5）明龙骨吊顶工程的吊杆和龙骨安装必须牢固。检验方法：手扳检查；检查隐蔽工程验收记录和施工记录。

2）一般项目

（1）饰面材料表面应洁净、色泽一致，不得有翘曲、裂缝及缺损。饰面板与明龙骨的搭接应平整、吻合，压条应平直、宽窄一致。检验方法：观察；尺量检查。

（2）饰面板上的灯具、烟感器、喷淋头、风口箅子等设备的位置应合理、美观，与饰面板的交接应吻合、严密。检验方法：观察。

（3）金属龙骨的接缝应平整、吻合、颜色一致，不得有划伤、擦伤等表面缺陷。木质龙骨应平整、顺直，无劈裂。检验方法：观察。

（4）吊顶内填充吸声材料的品种和铺设厚度应符合设计要求，并应有防散落措施。检验方法：检查隐蔽工程验收记录和施工记录。

（5）明龙骨吊顶工程安装的允许偏差和检验方法应符合表13-2的规定。

表 13-2　明龙骨吊顶工程安装的允许偏差和检验方法

项次	项目	允许偏差（mm）				检验方法
		石膏板	金属板	矿棉板	塑料板、玻璃板	
1	表面平整度	3	2	3	2	用2m靠尺和塞尺检查
2	接缝直线度	3	2	3	3	拉5m线，不足5m拉通线，用钢直尺检查
3	接缝高低差	1	1	2	1	用钢直尺和塞尺检查

（二）骨架隔墙施工质量标准

1. 轻质隔墙工程应对人造板的甲醛含量进行复验

2. 轻质隔墙工程隐蔽工程项目验收

（1）骨架隔墙中设备管线的安装及水管试压；

（2）木龙骨防火、防腐处理；

（3）预埋件或拉结筋；

（4）龙骨安装；

（5）填充材料的设置。

3. 各分项工程的检验批划分

（1）同一品种的轻质隔墙工程每 50 间（大面积房间和走廊按轻质隔墙的墙面 30m² 为一间）应划分为一个检验批，不足 50 间也应划分为一个检验批。

（2）轻质隔墙与顶棚和其他墙体的交接处应采取防开裂措施。

（3）民用建筑轻质隔墙工程的隔声性能应符合现行《民用建筑隔声设计规范》（GB 50118）的规定。

4. 骨架隔墙工程的质量验收

骨架隔墙工程的检查数量应符合下列规定：每个检验批应至少抽查 10%，并不得少于 3 间；不足 3 间时应全数检查。

1）主控项目

（1）骨架隔墙所用龙骨、配件、墙面板、填充材料及嵌缝材料的品种、规格、性能和木材的含水率应符合设计要求。有隔声、隔热、阻燃、防潮等特殊要求的工程，材料应有相应性能等级的检测报告。检验方法为观察，检查产品合格证书、进场验收记录、性能检测报告和复验报告。

（2）骨架隔墙工程边框龙骨必须与基体结构连接牢固，并应平整、垂直、位置正确。检验方法为手扳检查，尺量检查，检查隐蔽工程验收记录。

（3）骨架隔墙中龙骨间距和构造连接方法应符合设计要求。骨架内设备管线的安装、门窗洞口等部位的加强龙骨应安装牢固、位置正确，填充材料的设置应符合设计要求。检验方法为检查隐蔽工程验收记录。

（4）木龙骨及木墙面板的防火和防腐处理必须符合设计要求。检验方法为检查隐蔽工程验收记录。

（5）骨架隔墙的墙面板应安装牢固，无脱层、翘曲及缺损。检验方法为观察，手扳检查。

（6）墙面板所用接缝材料的接缝方法应符合设计要求。检验方法为观察。

2）一般项目

（1）骨架隔墙表面应平整光滑、色泽一致、洁净、无裂缝，接缝应均匀、顺直。检验方法为观察，手摸检查。

（2）骨架隔墙上的孔洞、槽、盒应位置正确、套割吻合、边缘整齐。检验方法为观察。

（3）骨架隔墙内的填充材料应干燥，填充应密实、均匀、无下坠。检验方法为轻敲检查，检查隐蔽工程验收记录。

（4）骨架隔墙安装的允许偏差和检验方法应符合表13-3的规定。

表13-3　骨架隔墙安装的允许偏差和检验方法

项次	项目	允许偏差（mm）		检验方法
		纸面石膏板	人造木板、水泥纤维板	
1	立面垂直度	3	4	用2m垂直检测尺检查
2	表面平整度	3	3	用2m靠尺和塞尺检查
3	阴阳角方正	3	3	用直角检测尺检查
4	接缝直线度	—	3	拉5m线，不足5m拉通线，用钢直尺检查
5	压条直线度	—	3	拉5m线，不足5m拉通线，用钢直尺检查
6	接缝高低差	1	1	用钢直尺和塞尺检查

（三）地板工程施工质量标准

1. 地板工程施工质量检验批的划分

地板工程施工质量检验批的划分和检查数量应符合现行《建筑地面工程施工质量验收规范》（GB 50209）的规定。

（1）基层（各构造层）和各类面层的分项工程的施工质量验收应按每一层次或每层施工段（或变形缝）划分检验批。高层建筑的标准层可按每三层（不足三层按三层计）划分检验批。

（2）每检验批应以各子分部工程的基层（各构造层）和各类面层所划分的分项工程按自然间（或标准间）检验，抽查数量应随机检验不应少于3间；不足3间，应全数检查；其中走廊（过道）应以 10 延长米为 1 间，工业厂房（按单跨计）、礼堂、门厅应以两个轴线为 1 间计算。

（3）有防水要求的建筑地面子分部工程的分项工程施工质量每检验批抽查数量应按其房间总数随机检验不应少于 4 间，不足 4 间，应全数检查。

2. 木地板工程施工质量检验合格规定

木地板工程施工质量检验的主控项目，应达到规范规定的质量标准，认定为合格；一般项目 80％以上的检查点符合规范规定的质量要求，其他检查点（处）不得有明显影响使用且最大偏差值不超过允许偏差值的 50％为合格。凡达不到质量标准时，应按现行《建筑工程施工质量验收统一标准》（GB 50300）的规定处理。

3. 地板质量验收的一般规定

（1）木地板施工质量检验包括实木地板面层、实木集成地板面层、竹地板面层、实木复合地板面层、强化地板（浸渍纸层压木质地板）面层、软木类地板面层、地面辐射供暖的木板面层等（包括免刨、免漆类）面层分项工程的施工质量检验。

（2）木、竹地板面层下的木搁栅、垫木、垫层地板等采用木材的树种、选材标准和铺设时木材含水率以及防腐、防蛀处理等，均应符合现行《木结构工程施工质量验收规范》（GB 50206）的有关规定。所选用的材料应符合设计要求，进场时应对其断面尺寸、含水率等主要技术指标进行抽检，抽检数量应符合国家现行有关标准的规定。

（3）用于固定和加固用的金属零部件应采用不锈蚀或经过防锈处理的金属件。

（4）与厕浴间、厨房等潮湿场所相邻的木、竹面层的连接处应做防水（防潮）处理。

（5）木、竹面层铺设在水泥类基层上，其基层表面应坚硬、平整、洁净、不起砂，表面含水率不应大于 8％。

（6）木、竹面层的允许偏差和检验方法应符合表 13-4 的规定。

表 13-4　木、竹面层的允许偏差和检验方法

项次	项目	允许偏差（mm）				检验方法
		实木地板、实木集成地板、竹地板面层			强化地板、实木复合地板、软木地板	
		松木地板	硬木地板、竹地板	拼花地板		
1	板面缝隙宽度	1.0	0.5	0.2	0.5	用钢尺检查
2	表面平整度	3.0	2.0	2.0	2.0	用 2m 靠尺和楔形塞尺检查
3	踢脚线上口平齐	3.0	3.0	3.0	3.0	拉 5m 线和用钢尺检查
4	板面拼缝平直	3.0	3.0	3.0	3.0	
5	相邻板材高差	0.5	0.5	0.5	0.5	用钢尺和楔形塞尺检查
6	踢脚线与面层的接缝	1.0				楔形塞尺检查

4. 实木地板、实木集成地板、竹地板面层

1）主控项目

（1）面层采用的地板、铺设时的木（竹）材含水率、胶粘剂等应符合设计要求和国家现行有关标准的规定。检验方法：观察检查和检查型式检验报告、出厂检验报告、出厂合格证。检查数量：同一工程、同一材料、同一生产厂家、同一型号、同一规格、同一批号检查一次。

（2）面层采用的材料进入施工现场时，应有以下有害物质限量合格的检测报告：地板中的游离甲醛（释放量或含量）；溶剂型胶粘剂中的挥发性有机化合物（VOC）、苯、甲苯＋二甲苯；水性胶粘剂中的挥发性有机化合物（VOC）和游离甲醛。检验方法：检查检测报告。检查数量：同一工程、同一材料、同一生产厂家、同一型号、同一规格、同一批号检查一次。

（3）木龙骨、垫木和垫层地板等应做防腐、防蛀处理。检验

方法：观察检查和检查验收记录。检查数量：按规范规定的检验批检查。

（4）木龙骨（搁栅）安装应牢固、平直。检验方法：观察、行走、钢尺材料等检查和检查验收记录。检查数量：按规范规定的检验批检查。

（5）面层铺设应牢固；粘结处应无空鼓、松动。检验方法：观察、行走或用小锤轻击检查。检查数量：按规范规定的检验批检查。

2）一般项目

（1）实木地板、实木集成地板面层应刨平、磨光，无明显刨痕和毛刺等现象；图案应清晰、颜色应均匀一致。检验方法：观察、手摸和行走检查。

（2）竹地板面层的品种与规格应符合设计要求，板面应无翘曲。检验方法：观察、用 2m 靠尺和楔形塞尺检查。

（3）面层缝隙应严密；接头位置应错开，表面应平整、洁净。检验方法：观察检查。

（4）面层采用粘、钉工艺时，接缝应对齐，粘、钉应严密；缝隙宽度应均匀一致；表面应洁净，无溢胶现象。检验方法：观察检查。

（5）踢脚线应表面光滑，接缝严密，高度一致。检验方法：观察和用钢尺检查。

（6）面层的允许偏差和检验方法应符合规范规定。

（7）面层的允许偏差应符合规范规定。

实木复合地板面层、强化复合木地板面层、软木类地板面层的质量验收同实木地板面层。

5. 木地板工程施工质量验收案例分析

某楼面实木地板工程质量检验情况统计如下：主控项目全部合格；一般项目检查 12 个检查点，其中 11 个检查点合格，1 个检查点无明显影响使用且最大偏差值不超过允许偏差值的 50％。评定该木地板工程施工质量检验是否合格。

分析：根据规定，本例主控项目全部合格，符合"木地板工程施工质量检验的主控项目，应达到规范规定的质量标准，认定为合格"；一般项目合格率 $11\div12=91.7\%>80\%$，满足"一般项目 80％以上的检查点（处）符合规范规定的质量要求"，允许偏差项目满足"其他检查点（处）不得有明显影响使用且最大偏差值不超过允许偏差值的 50％为合格"。综合评价为合格。

（四）细部工程施工质量标准

1. 窗帘盒、窗台板制作与安装工程

1）主控项目

（1）窗帘盒、窗台板制作与安装所使用材料的材质、规格、木材的燃烧性能等级和含水率、花岗石的放射性及人造木板的甲醛含量应符合设计要求及国家现行标准的有关规定。检验方法：观察；检查产品合格证书、进场验收记录、性能检测报告和复验报告。

（2）窗帘盒、窗台板的造型、规格、尺寸、安装位置和固定方法必须符合设计要求。窗帘盒、窗台板的安装必须牢固。检验方法：观察；尺量检查；手扳检查。

（3）窗帘盒配件的品种、规格应符合设计要求，安装应牢固。检验方法：手扳检查；检查进场验收记录。

2）一般项目

（1）窗帘盒、窗台板表面应平整、洁净，线条顺直，接缝严密，色泽一致，不得有裂缝、翘曲及损坏。检验方法：观察。

（2）窗帘盒、窗台板与墙、窗框的衔接应严密，密封胶缝应顺直、光滑。检验方法：观察。

（3）窗帘盒、窗台板安装的允许偏差和检验方法应符合表 13-5 的规定。

表 13-5　窗帘盒、窗台板安装的允许偏差和检验方法

项次	项目	允许偏差（mm）	检验方法
1	水平度	2	用 1m 水平检测尺和塞尺检查
2	上口、下口直线度	3	拉 5m 线，不足 5m 拉通线，用钢直尺检查

项次	项目	允许偏差（mm）	检验方法
3	两端距窗洞口长度差	2	用钢直尺检查
4	两端出墙厚度差	3	用钢直尺检查

2. 门窗套制作与安装工程

1）主控项目

（1）门窗套制作与安装所使用材料的材质、规格、花纹和颜色、木材的燃烧性能等级和含水率、花岗石的放射性及人造木板的甲醛含量应符合设计要求及国家现行标准的有关规定。检验方法：观察；检查产品合格证书、进场验收记录、性能检测报告和复验报告。

（2）门窗套的造型、尺寸和固定方法应符合设计要求，安装应牢固。检验方法：观察；尺量检查；手扳检查。

2）一般项目

（1）门窗套表面应平整、洁净，线条顺直，接缝严密，色泽一致，不得有裂缝、翘曲及损坏。检验方法：观察。

（2）门窗套安装的允许偏差和检验方法应符合表 13-6 的规定。

表 13-6 门窗套安装的允许偏差和检验方法

项次	项目	允许偏差（mm）	检验方法
1	正、侧面垂直度	3	用 1m 垂直检测尺检查
2	门窗套上口水平度	1	用 1m 水平检测尺和塞尺检查
3	门窗套上口直线度	3	拉 5m 线，不足 5m 拉通线，用钢直尺检查

3. 护栏和扶手制作与安装工程

1）主控项目

（1）护栏和扶手制作与安装所使用材料的材质、规格、数量和木材、塑料的燃烧性能等级应符合设计要求。检验方法：观察；检查产品合格证书、进场验收记录和性能检测报告。

（2）护栏和扶手的造型、尺寸及安装位置应符合设计要求。检验方法：观察；尺量检查；检查进场验收记录。

（3）护栏和扶手安装预埋件的数量、规格、位置以及护栏与预埋件的连接节点应符合设计要求。检验方法：检查隐蔽工程验收记录和施工记录。

（4）护栏高度、栏杆间距、安装位置必须符合设计要求。护栏安装必须牢固。检验方法：观察；尺量检查；手扳检查。

2）一般项目

（1）护栏和扶手转角弧度应符合设计要求，接缝应严密，表面应光滑，色泽应一致，不得有裂缝、翘曲及损坏。检验方法：观察；手摸检查。

（2）护栏和扶手安装的允许偏差和检验方法应符合表 13-7 的规定。

表 13-7　护栏和扶手安装的允许偏差和检验方法

项次	项目	允许偏差（mm）	检验方法
1	护栏垂直度	3	用 1m 垂直检测尺检查
2	栏杆间距	3	用钢直尺检查
3	扶手直线度	4	拉通线，用钢直尺检查
4	扶手高度	3	用钢直尺检查

4. 室内墙面装饰工程施工质量标准

1）主控项目

（1）饰面板的品种、规格、颜色和性能应符合设计要求，木龙骨、木饰面板和塑料饰面板的燃烧性能等级应符合设计要求。检验方法：观察；检查产品合格证书、进场验收记录和性能检测报告。

（2）饰面板孔、槽的数量、位置和尺寸应符合设计要求。检验方法：检查进场验收记录和施工记录。

（3）饰面板安装工程的预埋件（或后置埋件）、连接件的数量、规格、位置、连接方法和防腐处理必须符合设计要求。后置埋件的现场拉拔强度必须符合设计要求。饰面板安装必须牢固。检验方法：手扳检查；检查进场验收记录、现场拉拔检测报告、隐蔽工程验收记录和施工记录。

2）一般项目

（1）饰面板表面应平整、洁净、色泽一致，无裂痕和缺损。石材表面应无泛碱等污染。检验方法：观察。

（2）饰面板嵌缝应密实、平直，宽度和深度应符合设计要求，嵌填材料色泽应一致。检验方法：观察；尺量检查。

（3）饰面板上的孔洞应套割吻合，边缘应整齐。检验方法：观察。

（4）饰面板安装的允许偏差和检验方法应符合表13-8的规定。

表13-8 饰面板安装的允许偏差和检验方法

项次	项目	允许偏差（mm）			检验方法
		木材	塑料	金属	
1	立面垂直度	1.5	2	2	用2m垂直检测尺检查
2	表面平整度	1	3	3	用2m靠尺和塞尺检查
3	阴阳角方正	1.5	3	3	用直角检测尺检查
4	接缝直线度	1	1	1	拉5m线，不足5m拉通线，用钢直尺检查
5	墙裙、勒脚上口直线度	2	2	2	拉5m线，不足5m拉通线，用钢直尺检查
6	接缝高低差	0.5	1	1	用钢直尺和塞尺检查
7	接缝宽度	1	1	1	用钢直尺检查

二、安全技术

1. 安全技术内容

（1）装修期间各类脚手架较多，要切实抓好施工作业面的防护，使用高梯作业时，2m以上的高梯要设专人扶梯。

（2）交叉作业时常发生，施工中切实做好防护，设专人负责监督检查，制定专项的防护方案（措施）和交底、教育。

（3）现场易燃品较多，要加强电气焊防火管理和各种明火作业管理，尤其在外围架子上及室内各种管道竖井内动用明火，要设防止火花下落的容器。

（4）分包商较多，要提前做好安全协议的签订，分清责任；在施工中做好监督检查。

（5）做好安全技术交底，操作工人必须坚持使用安全带和保险绳。

（6）加强日常安全检查，及时排除施工中出现的各种险情。特别应注意外装修架与建筑物的拉接措施、架子的防护措施。

2. 安全工作内容

（1）各种洞口、临边的防护是否齐全。

（2）电梯、电动机具等是否符合安全技术规定。

（3）内装修用的脚手架是否符合安全技术标准要求。

（4）内装修作业时所使用的各种染料、涂料和胶粘剂是否挥发有毒气体，如有此种问题，应做好通风和人员防毒作业的保护工作。

第十四章 古建筑修缮工程

第一节 古建筑木构架体系

一、木构架体系构造

中国古建筑以木构架结构为主。木构架由柱、梁、檩、构架连接件和屋面基层五部分组成，各有不同的名称。殿堂楼阁、亭廊轩榭、石舫牌楼等各种建筑，有着不同的特点和韵味。

中国古建筑的平面和立面形式丰富多彩，有方形、长方形、三角形、六角形、八角形、十二角形、圆形、半圆形、日形、月形、桃形、扇形、梅花形、菱形相套等形式。屋顶形式有平顶、坡顶、圆拱顶、尖顶等。坡顶中又分庑殿、歇山、悬山、硬山、攒尖等种类。

1. 硬山式建筑木构架

硬山式建筑是指双坡屋顶的两端山墙与屋面封闭相交，将木构架全部封砌在山墙以内的一种建筑。它的特点是山墙面没有伸出的屋檐，山尖显露凸出。硬山式建筑根据屋檩的多少，常分为五～九檩等几种构造，其中五檩建筑最简单，七檩建筑最为豪华。硬山建筑的骨架由柱、梁、枋、垫板、檩木以及椽子、望板等基本构件组成。

2. 悬山式建筑木构架

屋面有前后两坡，屋面两端悬挑于山墙或山面梁架之外的建筑，称为悬山式建筑。悬山式建筑与硬山式建筑不同的是梢间檩木的变化。硬山式建筑梢间檩木完全包砌在山墙内，悬山式建筑梢间檩木则挑出山墙之外。悬山式建筑的构件基本同硬山式建筑构件。

3. 庑殿式建筑木构架

屋面具有四面坡、五条脊，并有正脊的建筑，称为庑殿式建筑，故又称"四阿殿""五脊殿"，是古建筑屋顶的最高型制。屋檐根据层数分为单檐和重檐两大形式。它的木构架主要由两大部分组成，即正身部分、山面及其转角部分。单檐庑殿正身部分构架与硬山式建筑正身相同，重檐庑殿正身部分只需加高金柱，并在重檐檐步架外端施立童柱和横向承椽枋、围脊枋和围脊板等连接件，其他同单檐一样。庑殿山面及其转角部分是庑殿建筑的主要特色。

4. 歇山式建筑木构架

歇山式建筑具有悬山式建筑和庑殿式建筑的某些特征。如果以建筑物的下金檩为界将屋面上下分为两段，上段具有悬山建筑的形象和特征，如屋面分为前后两坡，梢间檩子向山面挑出，檩木外端安装博风板等，下段则有庑殿建筑的形象和特征。踩步金是歇山建筑山面的特有构件。

5. 攒尖式建筑木构架

亭子属于攒尖式建筑，建筑物的若干坡屋面在顶部交会成一点，形成尖顶，称为攒尖式建筑。攒尖式建筑平面为正多变形，如正三角形、正四边形、正五边形、正六边形、正八边形、圆形等。

二、木构架体系特点

中国古代建筑以它优美柔和的轮廓和变化多样的形式而引人注意，令人赞赏。由于木构架结构主要以柱梁承重，墙体只作间隔之用，并不承受上部屋顶的质量，因此墙体的位置可以按所需室内空间的大小而设置，并可以随时按需要改动。"墙倒屋不塌"是梁柱式结构体系的特点。正因为墙体不承重，墙体上的门窗也可以按需要而开设，可大可小，可高可低，甚至可以开成空窗、敞厅或凉亭。

木材建造的梁柱式结构是一个富有弹性的框架，这就使它具有抗震性能强的优点，有许多建于地震区的木构架建筑，上千年来至今仍然保存完好。如山西应县辽代木塔的高度超过 67m，为现存世界上最高的木塔。天津蓟县辽代独乐寺观音阁高达 23m，曾经历八级以上的大地震而安然无恙，充分显示了木结构体系抗震性能的优越。

第二节　古建筑修缮施工

木构架所用的木材树种、材质应符合设计要求，满足耐久性要求，并符合相应规范的规定。在木构架构件制作、安装全过程中应节约用材、综合用材、材尽其用，不得大材小用、好材误用。

一、木构件选材与配料

（一）木构架配料

（1）木构架各构件配料应按设计图纸的要求进行编制，并编制配料单。

（2）木构架各构件的配料应按实际使用尺寸放加工余量进行配制，加工余量宜符合表 14-1 的规定。

表 14-1　木构件下料加工余量

序号	构件种类	加工余量			
		长（mm）	宽（mm）	厚（mm）	直径（mm）
1	φ250 以内圆柱	60	—	—	15～25
2	φ250～350 圆柱	80	—	—	20～30
3	φ350 以上圆柱	100	—	—	20～30
4	面宽 250 以内方柱	60	8	8	—
5	面宽 250～350 方柱	80	9	9	—
6	面宽 350 以上方柱	100	10	10	—
7	φ200 以内桁条	40	—	—	20～30
8	φ200 以上桁条	50	—	—	20～30
9	长边 200 以内矩形桁条	40	6	4	—

续表

序号	构件种类		加工余量			
		长（mm）	宽（mm）	厚（mm）	直径（mm）
10	长边200以上矩形桁条	50	8	6	—
11	枋类构件	50	8	8	—
12	φ200以内梁类构件	50	—	—	20～30
13	φ200以上梁类构件	80	—	—	25～35
14	板类构件 单面光	50	10	3	—
	双面光	50	10	5	—
15	方形椽	30	6	5	—
16	圆形椽	30	—	—	10～20

（3）按配料单统一配料，先配大构件，后配小构件；在各构件毛料大头断面上应注有该构件专用名称。直径或面宽350mm以内构件下料口歪斜不得大于20mm。直径或面宽350mm以上构件下料口歪斜不得大于30mm。

（二）材料质量要求

（1）各类木构件的选材标准应符合有关规范的规定。

（2）大木构架遇有下列情况时，应按现行《木结构试验方法标准》（GB/T 50329）的规定，进行木材物理力学性能试验合格后才可使用。

①对其性能不熟悉的新树种。

②对使用多年的旧木材，重新用作主要梁柱使用。

③用于制作木构架的木材色泽和质量明显与同类木材有差异或可能变质的木材。

④木材心材的平均年轮宽度大于6mm的木材。

⑤对木材性能质量有怀疑的木材。

（3）弯曲的木构件应用木纹交织的树种制作。

（4）用于木构架的胶结材料，其粘力不应小于被粘结构件的自身强度；胶结材料应根据所在的使用环境条件选用。应具备耐水、耐潮、耐热、耐久等性能。

二、木构架制作与安装顺序

（1）大木构架制作之前应制作丈杆（总丈杆、分丈杆），丈杆制作应符合下列要求：

①总丈杆上应标出各开间的面宽（面宽丈杆）；各架梁头的位置，有抱头梁的还应标出廊步架和抱头梁的位置（进深丈杆）；廊柱（檐柱）、步柱（金柱）柱高，有重檐步柱（金柱）的还应标出重檐柱的高度尺寸、榫卯位置（柱高丈杆）；房屋挑檐挑出的尺寸（由廊柱中至檐椽或飞椽的外端）。

②柱类构件分丈杆应标出柱高、柱上榫眼的位置侧脚的大小。

③梁类构件分丈杆应标出梁头、梁身各侧面上的榫卯位置尺寸。

④枋类构件分丈杆应标出枋的长度、榫卯位置尺寸。

⑤桁（檩）类构件分丈杆应标出榫卯、椽花的位置。

⑥丈杆应用质量优良、不易变形的木材制作。

（2）木构架制作、安装应按下列顺序进行，前道工序检验合格后方可进行下一道工序。

①放样应按设计图纸或原构件放足尺大样、排柱头杆、开间杆、制样板。样板应用胶合板或不易变形的干燥板材制作。

②配料应按样板、设计图纸尺寸及数量放加工余量，编制配料单，按配料单断料。

③加工应按样板和设计图纸加工。

④汇榫（试组装）应按图纸要求将相关的两根或两根以上构件在加工场试组合，符合设计要求后拆开堆放。

⑤安装前应按设计图纸尺寸，复核柱顶石或柱础等地盘的轴线、标高、尺寸，合格后才可进行安装。

（3）文物古建筑修缮和复建工程必须保持原结构、原材料、原工艺、原形制不变。使用新材料必须有成功的经验，或经试验证明其效果能满足上述要求后才可使用。

（4）在确定木构件的受力方向时，应选择材质较好、年轮较密、质量较好的一面作为受拉区。

三、斗拱制作与安装

（一）斗拱构造

斗拱是中国古代建筑特有的一种结构。在立柱和横梁交接处，从柱顶上加的一层层探出成弓形的承重结构称为拱，拱与拱之间垫的方木块称为斗，合称斗拱，如图 14-1 所示。

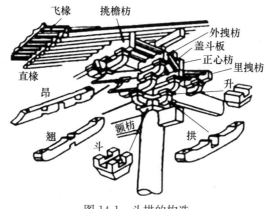

图 14-1 斗拱的构造

1. 斗拱的组成

斗拱主要由水平放置的斗、升、横向的拱、纵向的翘及斜放的昂等构件组成。斗拱包括各类不出踩斗拱、出踩斗拱、柱头科、角科、平身科、三滴水平台品字科、门里品字科、溜金斗拱以及藻井等处用装饰斗拱等。

各类斗拱制作之前必须按设计尺寸放实样、套样板。每件样板外形、尺寸必须准确，各层叠放在一起，总尺寸符合设计要求。斗拱昂、翘、要头、六分头、麻叶头、拱头卷杀等必须符合设计要求或不同时期、不同地区的造型特点。

2. 斗拱榫卯节点的做法要求

在通常情况下，斗拱榫卯节点的做法必须符合以下规定：

（1）斗拱纵横构件刻半相交，要求翘、昂、要头、撑头木等构件必须在腹面刻口，瓜拱、万拱、厢拱等构件在背面刻口。角

403

科、斗拱等三层构件相交时，向斜向挑出的构件如斜翘、斜昂等，必须在腹面刻口，其余二层构件的刻口规定以山面压檐面。

（2）斗拱纵横构件刻半相交，节点处必须做包掩，包掩深度为0.1斗口。

（3）斗拱昂、翘、耍头等水平构件相叠，每层用于固定作用的暗梢不少于2个，坐斗、二才升、十八斗等暗梢每件1个。

文物古建筑的斗拱，其尺度、做法、斗饰、尾饰的形状及雕饰纹样等须按法式要求，或按原文物建筑的做法。

斗拱分件制作完成后，在正式安装前需以攒为单位进行草验摆放，注明每攒的位置号。并以攒为单位进行保存，以待安装。

3. 清式斗拱的模数制

清式带斗拱的建筑，各部位及构件尺寸都是以"斗口"为基本模数的。斗拱作为木结构的重要组成部分，也同样严格遵循这个模数制度。清工部《工程做法则例》卷二十八《斗科各项尺寸做法》规定："凡算斗科上升、斗、拱、翘等件长短高厚尺寸，俱以平身科迎面安翘昂斗口宽尺寸为法核算。""斗口有头等材、二等材，以至十一等材之分。头等材迎面安翘昂，斗口六寸；二等材斗口宽五寸五分；自三等材以至十一等材各递减五分，即得斗口尺寸。"这项规定，将斗拱各构件的长、短、高、厚尺寸以及比例关系，讲得十分明确。

（二）斗拱放样与制作

1. 斗拱放样

（1）应放足尺大样，尺寸应符合设计要求，大样应能满足做斗拱各构件样板要求。斗拱构件样板组合在一起，总尺寸应符合设计要求；

（2）大样中各构件的形状应符合建筑时代特征和地区的特点。同一建筑斗拱尺度、规格、形状应一致。

2. 斗拱制作

（1）坐斗底做斗桩榫与平板枋（斗盘枋）联结、斗桩榫做成0.4斗口正方形。埋入平板枋深不小于平板枋（斗盘枋）厚3/8，不大于 1/2。埋入坐斗深应为 1.2～1.5 倍榫宽。坐斗内留胆高应按斗高的 1/10，长应按斗高的 1/2。拱升间用硬木销连接。销宽为升面 1/10。木销两端各埋入构件深度为 1/2 升高。牌楼斗拱应自坐斗至顶贯以宽为斗面宽 1/8～1/10 方硬木方销，连接顶部木构件。斗拱各水平构件相叠，每层用于固定的暗销不少于 2 个。

（2）用于梁头以下承压的柱头科应做实叠足材斗拱。用于实叠斗拱上的挑尖梁头（云头）翘（拱）等构件应比桁间斗拱构件加厚。实叠斗拱两拱（或翘）相叠应在两端避开升口的位置设硬木销连接，销厚应为斗面宽 1/15，宽应为厚的 2 倍，上、下埋深应为 1/5 斗高。

（3）丁字形出踩斗拱、翘相交，翘（丁字拱）根之背部做燕尾榫与桁间拱相连，榫宽应为拱宽的 3/4～1/2，榫长为拱宽的 3/4，榫高为翘高的 1/2，榫做在翘面上。十字形出踩斗拱拱翘相交应用拷交做法连接，十字翘应留面交，即刻去腹部。当同高度三根构件相交时，斜出构件留面交，其余二层构件以"山面压檐面"规定做。斗拱纵、横构件拷交之节点必须做包掩，包掩深为0.1 斗口。

（4）平身科（桁间斗拱）之蚂蚱头（云头、麻叶头）背面应做燕尾榫与檐桁底面的正心枋（正心桁、连机）连接，燕尾榫尺寸、做法按照规定执行。平身科十字形斗拱之蚂蚱头（麻叶头、云头）应用拷交做法与正心桁、正心枋（廊桁连机）连接。

（5）位于柱头科的挑尖梁头（麻叶头、云头）等悬挑受力构件必须与梁在同一根构件上做成。角斗拱（角科）的横向、纵向蚂蚱头（云头）必须用与同方向正心枋（连机）的同一构件做成。角斗拱中间斜出的蚂蚱头（云头）与落翼斜梁用同一构件做成。

（6）斗拱用垫拱板、鞋麻板厚宜为坐斗高 1/10，与坐斗、拱必须开槽连接、槽深不小于板厚，且不小于 12mm。封拱板与拱拷交连接。

（7）柱顶坐斗的斗底边长应与柱头直径一致。斗面相应调正。斗高按该建筑所用坐斗高。随梁斗拱斗底宽度与随梁枋宽一致，斗面宽相应调正，斗长、高同该建筑坐斗尺寸一致。

（8）当木构架柱伸入草架，其露明部分与露明梁类构件连接处设坐斗者，露明梁应做榫卯与柱连接，在梁底部设两半坐斗复于柱上，仅在形式上做成柱头坐斗。

（9）斗拱制作前应先试做样品，样品检验合格后，再展开斗拱制作，斗拱分件制作完成后，应按要求进行验收。合格后应以座（攒）为单位进行摆放、保存，并注明安装位置。

四、古建筑木构架安装

1. 木构架会榫头

木构架会榫头应在木构架各构件制作结束，经验收合格后方可进行各构件有序的会榫。会榫应符合下列规定：

（1）会榫头应在木构件加工场内进行，不得在安装现场进行。

（2）应核准柱的名称、方向与其连接的梁类构件、枋类构件及所有与柱相关构件的名称、方向、位置正确，不得会错。

（3）无侧脚的木构件之柱、梁、枋等构件会榫，梁的基面线（机面线）、枋夹底的底面应与柱侧中线为直角，不得大于或小于直角；有生起、侧脚的柱、梁、枋等构件会榫应正确控制柱的中线，垂直线（生线）、横向构件的基面线和侧脚、生起尺寸。梁、枋、夹底的底面或其背部的中线必须与柱端同方向中线重合，不得二线翘曲。

（4）必须准确地控制柱与柱之间的水平距离。殿、厅、堂等较大规模建筑木构件应采用"大会中"方法会榫头，不得用"小会中"方法。会榫头用的开间杆或进深杆长度准确，且应与地盘尺度一致。

（5）梁的基面线（机面线）应与柱上的基面线重合。

（6）和榫卯连接应用硬木销串牢，销眼应在榫的中心位置。榫上的销眼宜比柱上的销眼偏向该构件长度中心 $3\sim5$mm。销眼的直径应为金柱径的 $1/15\sim1/12$，且不得小于 12mm。厅、堂类规模建筑出榫与柱外表平齐。大殿类大型建筑的出榫外露长度应为柱径的 $1/6\sim1/4$。大殿类建筑的柱下端应按纵、横中线方向开透气槽，槽深、宽为柱径的 $1/15$。

（7）三步梁与金柱相交之出榫应长出柱边 100～150mm，以支承金穿，金穿与三步梁（攒金）基面线（机面线）应在同一个水平直线上。柱、三步梁（攒金）应用木销连接。

（8）柱、童柱（矮柱）的顶端与梁类构件连接应用箍头做法。其基面线（机面线）、中线应按规定执行。

（9）构架平面尺寸、基面线高度应正确，柱、梁、枋等构件横平竖直，各节点结合紧密。

2. 复核平面尺寸

安装应按设计要求复核平面尺寸，在地盘各柱顶面磉石上，正确地弹出各落地柱地盘中线，地盘中线应与木结构尺寸一致且用同一尺丈量。

3. 木构架安装

（1）木构架会榫工作结束且应全部合格。木构架各构件应按照安装顺序先后运至现场，且按各构件名称到其就位点，严禁构件错位、错方向。

（2）大木构件安装应遵循"先内后外，先下后上，对号入位"的原则进行：应先安装下架里边的柱梁枋，再安装下架外围的柱梁枋，经丈量校正后安装上架构件的里边部分，最后安装外边部分，将各构件依次安装齐全。

（3）穿斗式木构架安装，应从房屋的端头开始，应在地上将柱和梁及各横向构件连接成一整榀，经校正无误后，将构架整榀吊装就位，再按先下后上、先里后外的次序安装枋类、桁类等构件。

（4）殿、堂、厅等矩形平面建筑的安装顺序应先从正间（明间）之内四界（五架梁）开始，然后安装前后廊界（檐架）及左、右边间。亭、廊连接的条形建筑木构架安装，宜从亭开始安装。

（5）大木构架安装应边安装边吊柱中线，边用支撑临时固定（开间、进深两个方向）木构架。木撑必须支撑牢固可靠，下端应顶在斜形木板上（上山爬），能前、后、左、右灵活调整木柱的垂直度。所有柱底部中线必须与磉石中线重合，发现与中线不符应及时校准，柱中线应垂直。有侧脚的柱中线应符合设计要求。支撑应待墙体、屋面工程结束后方可拆除。

（6）榫眼接合时应用木质大槌，用替打（衬垫）方式敲击就位。严禁用木槌或铁锤直接敲击木构件。

（7）木构架各构件安装完毕，应对各构件复核、校正、固定，将胀眼堵塞严密。

4. 斗拱安装

坐斗必须在下构架安装结束，经检查正确、固定后方可安装斗拱。斗拱安装应符合下列规定：

（1）自坐斗开始，自下而上、对号就位、逐件安装，逐组安装，严禁不同开间的不同构件相互套用、换位。

（2）封拱板、鞋麻板、垫拱板应与其相关的构件同步安装，不得后装，整体构件齐全，一次到位。

（3）斗拱各构件应用硬木销连接，各构件接合紧密，整体稳定。

（4）正立面斗口与翘、拱、升、昂、蚂蚱头（云头）等外挑构件在一垂直线上，侧立面之斗口、拱、升等所有桁向构件应在正心枋（连机）中线与平板枋（斗盘枋、坐斗枋）中线垂直线上。

5. 桁条安装

对于脊桁、金桁、下金桁（步桁）、檐桁（廊桁）、轩桁、草架等各式方形、圆形桁条的安装工程，桁条安装应符合下列规定：

（1）桁条（檩）安装应按桁条名称、对名就位，严禁错位。桁中线应在柱或童柱的中线上。桁底与柱口或梁之桁碗接合紧密、牢固，桁底高度应落在梁基面线（机面线）或柱头线上。

（2）桁连接的榫卯接合紧密，桁底与机、枋连接应紧密。同一轴线、同高度桁条的中线及底面都应在一条直线上。

（3）桁条的接头缝都应在构架的中心线上，两桁连接处桁背平服。各架的中心线上的各桁背正确地反映举架曲线。

五、木构架拆卸移建

古建筑木构架拆卸移建工程应符合下列规定：

（1）构架拆卸前，应对房屋进行全面检查和测绘，在测绘图和构件实物上应标明构件号码和安装方向。文物古建筑的测绘尚应按现行《古建筑木结构维护与加固技术规范》（GB 50165）的有关规定执行。

（2）拆卸木构架应按照安装木构架相反顺序进行，即先上后下、先外后内。榫卯节点应先抽销后退卯。严禁在拆卸构件时未按榫卯接合的形式乱拆、损坏榫卯。

（3）拆卸应有安全保障措施。

（4）斗拱拆卸应先编号、后拆卸，拆好后就地组装好，成组入库堆放保管。各相似斗拱构件不得串垛，相互套用。

（5）对拆下的构件应逐件检查，重点检查柱、梁的榫卯部位，以及梁、桁构件的支承部位及受拉区。

（6）对木构件的修补或更换应按规定执行。

（7）确有资料或经考证证明该拆建木构架在以前修缮过，且在本次移建中发现确有部分做法改变了原来法式或做法，可根据实际情况在移建中予以恢复。

（8）除恢复的部分和缺陷修补的部分外，构架的平面尺寸、标高、侧脚、生起、做法、风格应与原样一致。

六、木构架修缮

1. 修缮依据

古建筑修缮应遵守"修旧如旧"及"保持文物原状"的原则。修缮前应对原构架各构件的材料、材质、法式、做法、尺寸、风格特征、损坏情况进行认真的勘察、测绘、摄影、记录，并以此作为编制修缮方案的主要依据。文物古建筑的勘查测绘应按现行《古建筑木结构维护与加固技术规范》（GB 50165）的有关规定执行。

2. 柱类构件

柱类构件损坏面积不大于柱断面积 1/3、明柱下端损坏高度不大于柱高或底层高的 1/5、暗柱损坏长度不大于柱高（底层高）1/3 应做墩接。损坏高度大于以上规定应替换。木柱墩接应符合下列规定。

（1）墩接应根据损坏程度不同采用巴撑榫（图 14-2）、抄手榫（图 14-3）、平头榫（图 14-4）进行墩接。墩接后接缝应严密，柱应垂直。墩接半榫宽度应为柱径的 1/10～1/15，高度与宽度一致。平头榫接头长不得大于柱直径。只能用于自柱础起，损坏长度不大于 600mm 的底层柱。

 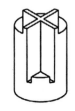 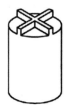

图 14-2　巴掌榫　　图 14-3　抄手榫　　图 14-4　平头榫

（2）柱墩接搭接长度宜为柱径的 2～3 倍。当柱径为 160～250mm，搭接两端接缝处应设铁箍，铁箍厚度不小于 4mm，宽度不小于 40mm；柱径 250mm 以上两端接缝处设铁箍厚度不小于 4mm，宽度不小于 60mm，铁箍表面与柱外表平齐。柱径小于 160mm 者搭接处可用螺栓加固。

（3）当柱损坏断面面积小于柱断面面积 1/3，损坏高度明柱小于 1/5 柱高，暗柱小于 1/3 柱高，可用拼接方法加固。拼接的上、下两端用铁箍箍牢。也可用耐久性、强度、稳定性能均满足建筑要求的化学材料碳纤维布加固。

（4）墩接柱接头与原柱四条中线应对齐在一条直线上，接缝应严密。

（5）当柱的外表完好且完好厚度不小于 50mm，髓心部分已腐烂，可用化学法加固，其顺序应为：自柱底端挖面积不大于 25cm^2 孔，且每 300～600mm 打一孔。应先清除腐木，进行白蚁防治后用化学胶结材料浇注加固。化学胶结材料的配制方法与施工应按现行规范《古建筑木结构维护与加固技术规范》（GB 50165）的有关规定执行。

（6）位于柱梁连接部位柱的断裂深度在柱直径 1/2 以内，应根据断裂相应位置用钢夹板加固，钢夹板厚度不小于8mm，长度不小于柱径4倍；宽度不小于柱直径1/3且不小于60mm，夹板上设固定螺栓不应少于4个；螺栓直径不小于12mm，或根据现场情况也可只用钢箍加固。当断裂深度大于柱径1/2、现场又不具备更换柱的条件时，可用钢套管加固，钢套管长度不小于柱径4倍。

3. 梁、枋、桁等构件

（1）当主梁（四界、五架梁、楼面大梁）挠度小于跨度的1/150，桁条（檩条）、搁栅挠度小于跨度的1/120，构件两端或搁支部位完好，顺纹裂缝深度小于构件直径和断面高的1/4，裂缝长度小于跨度1/3，裂缝宽度小于20mm时，可用化学材料浇注、碳纤维布、镶木片加铁箍等方法加固修补。当构件损坏超过上述规定时应更换构件，或在梁的底面加补强构件。

（2）当构件两端有一端搁置部位腐烂断面面积大于该构件断面面积1/5，或虽然两端搁支部位损坏小于上述规定，但其他部位有2处或2处以上损坏断面面积占该构件断面面积1/6以上时，应更换或补强构件。损坏小于以上规定者，可用镶补、化学材料、铁件加固办法修补。

（3）当梁底搁置点压缩变形，小于梁高0.8/10，其他部位无明显变形，受剪部位也良好时，可用硬木块垫平后用钢板垫于底面，增加其搁置面积，钢板应隐蔽。当压缩变形超过梁高度0.8/10或虽然压缩变形小于0.8/10但在受剪区或受拉区有明显的变形、裂痕时，应更换构件或支抱柱加固、加代梁加固。

（4）椽类构件背部腐烂深度不大于椽高的1/8，或椽头、搭接部位腐烂时，应更换；椽背腐烂小于以上规定且强度满足荷载要求，则可清除腐烂木质，做防腐处理后继续使用。

（5）板类构件腐烂、损坏平均深度达板厚的1/4时应更换；损坏小于1/4板厚且完好部分最小厚度在25mm以上时，宜去除腐烂或损坏部分木质、做防腐处理后继续使用。

（6）严禁将已损坏的构件未经修补加固再行使用，或将无法修补加固的构件整修后再安装在工程中使用。使用原构件，其受力方向、位置应与原方向、位置一致，不得翻用、倒置。

（7）当梁、柱严重腐蚀或折断时，可采用"托梁换柱"方法进行替换，但应有详细的施工方案，当不具备托梁换柱条件时，可用辅柱和辅梁方法加固。

七、斗拱修缮

斗拱构件损坏修缮或更换构件应符合下列规定：

（1）斗拱修缮应严格掌握原各构件尺度、法式、做法特征。更换构件应与原样一致，昂等弯曲构件应拓样后按样制作。当拆修时应对原构件编号，安装时各就其位，不得错位。

（2）以装饰为主的斗拱之坐斗劈裂为两半，裂纹能对齐者，应用胶结法或用螺栓连接，螺栓的两端螺母应隐蔽。当柱头斗拱等以承压力为主的坐斗，其裂缝深度达到斗高的 1/3 以上，或压缩变形大于斗高 1.5/10 时，宜更换坐斗。斗拱受压整体歪斜变形在斗拱总高的 2/10 以上时，应更换部分变形的构件。小于以上变形时对原构件修补。

（3）坐斗压缩变形深度小于 1.5/10 斗高，斗其余各部位无损坏者宜用硬木片填补方法修正；当承压坐斗变形虽然在 1.5/10 斗高以内，尚有其他裂缝损坏情况时，应更换。升开裂成两半时，应更换。

（4）以装饰为主的拱、翘等构件，一端损坏，另一端尚好宜更换损坏的一端，且与尚好的一端在斗口内或拱的中心部位相接，接头做法应各刻去拱高 1/2，相叠、接头端做榫，胶结。当拱为受力构件时，其损坏断面面积超过拱之断面面积 1/4，或因受力后顺纹裂缝深度超过拱高的 1/2 者应更换。拱压缩变形大于 1.5/10 拱高时应更换，小于 1.5/10 且无其他损坏时应修补。

（5）拽枋（牌条）损坏断面面积大于该拽枋（牌条）断面面积 1/2 时，应局部更换，更换构件的接头应设置在拱的中心部位。接头必须牢固平直。当拽枋（牌条）的损坏面积小于其断面 1/2 时应修补。

（6）溜金斗拱（琵琶科）的起秤杆（琵琶撑）等构件损坏面

积小于该杆断面面积 2/5 时，应修补、加固。坏断面积大于该构件断面面积 2/5 时应更换。

（7）斗拱上的雕花构件损坏面积大于该构件面积 1/2 时应更换；损坏面积小于该构件 1/2 时应局部修补。更换或修补所用木材应与原构件相同或相似。其图案应拓原图样、用同样手法进行雕刻制作。修补件应用胶结材料、竹销与原件连接。

（8）斗拱修正后应构件齐全，不得有已损坏未修补的构件重新安装。斗拱各暗销齐全，正立面斗口、昂、翘、云头应在同一条垂直线上。斗拱修缮后的允许偏差和检验方法应符合表 14-2 的规定。

表 14-2　斗拱修缮后的允许偏差和检验方法

序号	项目	允许偏差（mm）	检验方法
1	上口平直	12	用仪器或尺量检查
2	出挑齐直	8	用仪器或尺量检查
3	榫卯缝隙	2	用仪器或尺量检查
4	垂直度	6	用楔形塞尺检查
5	轴线移位	12	用仪器或尺量检查
6	对接部位平整度	2	用尺量检查
7	铁件加固部位表面平整度	—2	用仪器或拉线和尺量检查

第三节　古建筑修缮工程验收与安全技术

一、古建筑修缮工程验收

木构架验收应在木构架安装结束、油漆前进行。

1. 工程验收检查数量

柱、梁枋、桁条（檩），搁栅制作抽查 10%，不应少于 3 根；板类构件制作抽查 10%，不应少于 3 件或一个开间；屋面木基层制作抽查 10%，不应少于 10 根椽；斗拱制作抽查 10%，每种斗拱不应少于一攒（座）；大木构架下架安装抽查 10%，不应少于一间；斗拱安装抽查 10%，不应少于 3 攒；上架安装抽查 10%，不应少于 2 榀构架；木基层安装应抽查 10％；走廊每 10 延米应抽查一处，不应少于 3 处；翼角不少于 3 处；大木构架修缮抽查30％，不应少于 3 榀屋架；基层修缮抽查 30％，不应少于两间；斗拱修缮逐件检查。

2. 验收标准和允许偏差

柱、梁、枋、桁条（檩），搁栅、板、木基层、斗拱等制作、安装、修缮验收标准和允许偏差项目检查标准均应按规定执行。

3. 检查项目

应对柱距中心距、总进深、开间、总开间进行复核。应对柱的垂直度、侧脚吊线检查。对梁类构件的底面高度、桁底高度、翼角底面高度应测量检查。应对构件的各连接节点、榫卯严密程度、木销齐全等进行检查。其检查方法及允许偏差应符合有关规定。

4. 工程验收应提供的验收资料

（1）构件配料单；

（2）各类构件加工验收记录；

（3）各隐蔽工程验收记录；

（4）各构件的安装检查验收记录；

（5）各种修缮工程验收资料记录；

（6）施工中形成的各种文字图片资料；

（7）木构架制作、安装各分项、分部工程验收资料；

（8）施工图及一切设计、变更文件；

（9）防腐、防火、防虫蛀施工记录及验收文件；

（10）木材含水率测定文件；

（11）木材材种、材质认可或试验文件。

二、古建筑修缮安全技术

（1）电源线、照明灯具不应直接敷设在古建筑的柱、梁上。照明灯具应安装在支架上或吊装，同时安装防护罩。

（2）古建筑工程的修缮若在雨期施工，应考虑安装避雷设备对古建筑及架子进行保护。

（3）加强用火管理，对电、气焊实施动焊的审批管理制度。

（4）室内油漆彩画时，应逐项进行，每次安排油漆彩画量不宜过大，以不达到局部形成爆炸极限为前提。油漆彩画时禁止一切火源。夏季对剩下的油皮子及时处理，防止因高温造成自燃。施工中的油棉丝、手套、油皮子等不要乱扔，应集中进行处理。

（5）古建筑施工中，剩余的刨花、锯末、贴金纸等可燃材料，应随时进行清理，做到活完料清。

（6）易燃、可燃材料应选择在安全地点存放，不宜靠近树林等。

（7）施工现场应设置消防给水设施、水池或消防水桶。

参考文献

［1］中华人民共和国住房和城乡建设部. 建筑工程施工职业技能标准：JGJ/
　　T 314—2016［S］. 北京：中国建筑工业出版社，2016.

［2］《木工从新手到高手》编委会. 木工从新手到高手工［M］. 北京：机械
　　工业出版社，2014.

［3］《就业金钥匙》编委会. 图解木工技能一本通［M］. 北京：化学工业出
　　版社，2013.

［4］中华人民共和国住房和城乡建设部人事教育司. 木工［M］. 北京：中
　　国建筑工业出版社，2002.

［5］张盾，李玉珊. 木工入门与技巧［M］. 北京：化学工业出版社，2013.

［6］中华人民共和国住房和城乡建设部. 木结构设计标准：GB 50005—
　　2017［S］. 北京：中国建筑工业出版社，2017.

［7］中华人民共和国住房和城乡建设部，中华人民共和国国家质量监督检验
　　检疫总局. 木结构工程施工质量验收规范：GB 50206—2012［S］. 北
　　京：中国建筑工业出版社，2012.

［8］中华人民共和国住房和城乡建设部. 建筑工程施工质量验收统一标准：
　　GB 50300—2013［S］. 北京：中国建筑工业出版社，2013.

［9］中华人民共和国住房和城乡建设部. 建筑施工安全技术统一规范：GB
　　50870—2013［S］. 北京：中国建筑工业出版社，2018.

［10］中华人民共和国住房和城乡建设部. 建筑装饰装修工程质量验收标准：
　　　GB 50210—2018［S］. 北京：中国建筑工业出版社，2018.

［11］中华人民共和国住房和城乡建设部，中华人民共和国国家质量监督检
　　　验检疫总局. 建筑工程工程量清单计价规范：GB 50500—2013［S］.
　　　北京：中国建筑工业出版社，2013.